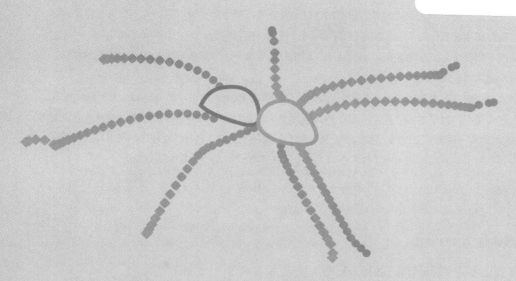

Python 3 爬虫实战

数据清洗、数据分析与可视化

姚良 | 编著

中国铁道出版社有限公司
CHINA RAILWAY PUBLISHING HOUSE CO., LTD.

内 容 简 介

作为一个自学爬虫的过来人，曾经走过很多弯路，在自学的道路上也迷茫过。每次面对一个全新的网站，都像是踏进一个未知的世界。你不知道前面有哪些反爬手段在等着你；你不知道你会踩进哪个坑里。我做爬虫的几年时间里，爬过很多的网站、遇到过很多的难题。这本书就是我这几年经验的总结，从最开始的工具的学习使用，到实战项目的爬取，难度一步一步的升级，需求也越来越复杂，有各式各样的爬取方式。

本书主要内容与数据爬取相关，包括编写爬虫所需要的基础编程知识，如 Requests 包、Scrapy 框架和数据库的使用，到项目实战教程，适合 Python 基础入门的读者。如果你是其他行业的从业者，想进入 IT 行业成为一位爬虫工程师，又或者你已经是 IT 行业的从业者，本书在能够让你在对爬虫工程师的工作内容有所了解的同时，也能让你掌握作为一个爬虫工程师所需要具备的基础技能。

图书在版编目（CIP）数据

Python3 爬虫实战：数据清洗、数据分析与可视化/姚良编著. —北京：中国铁道出版社有限公司，2019.10（2020.11 重印）

ISBN 978-7-113-26059-0

Ⅰ.①P… Ⅱ.①姚… Ⅲ.①软件工具－程序设计Ⅳ.①TP311.561

中国版本图书馆 CIP 数据核字（2019）第 149591 号

书　　名：	Python3 爬虫实战——数据清洗、数据分析与可视化
作　　者：	姚　良

责任编辑：	张　丹	读者热线电话：	010-63560056
责任印制：	赵星辰	封面设计：	MX DESIGN STUDIO

出版发行：中国铁道出版社有限公司（100054，北京市西城区右安门西街 8 号）
印　　刷：中煤（北京）印务有限公司
版　　次：2019 年 10 月第 1 版　2020 年 11 月第 3 次印刷
开　　本：787 mm×1 092 mm　1/16　印张：16.75　字数：451 千
书　　号：ISBN 978-7-113-26059-0
定　　价：59.80 元

版权所有　侵权必究

凡购买铁道版图书，如有印制质量问题，请与本社读者服务部联系调换。电话：（010）51873174

打击盗版举报电话：（010）51873659

前言

随着 5G 的落地,网速越来越快,网上的信息也越来越多,但是无效、冗余的信息也更加泛滥。很多公司都需要特定专业的数据,为公司的决策提供科学依据。比如爬取某部电影的评论,进而分析观众的兴趣点;爬取羽绒服在各个销售平台的价格、销量等,这就需要网络爬虫的帮助了。因此各大互联网公司都有数据分析部门,而数据分析的前置工作,就是数据获取,本质上就是使用爬虫。

笔者是文科生,大学专业为工商管理。在机缘巧合之下,走上了自学编程的道路。在自学的过程中遇到过各式各样的困难,遇到过许多难题。有时候一个简单问题,就把我卡在那里几天时间,无法继续工作。做爬虫,每一个新的网站爬取都是一个挑战。因为你不知道前面有什么坑在等着你去踩。

正是这个原因,激发了我的写作热情,我想把自己的学习体会、开发技巧分享出来,让读者对现有网站的爬取方式有一个全面的了解。针对不同网站,选择合适的爬取方式,用最省力的方法获取数据。

本书特色

1. 从零开始,适合新手学习

对于只有代码入门基础的新手来说,看文档学习使用工具是十分困难的一件事。因为对代码的不理解、没有编程思维,看文档简直就像是在看天书。另外大部分的最新文档都是英文版的,国内的中文文档都是翻译过来的,在翻译过程中容易产生偏差。而本书基础知识篇中,从各官方文档中直接整理出爬虫爬取需要用到的部分。没有繁杂啰唆的文字,用最简单的语言告诉你学习的重点知识,让你快速上手爬虫。在实战阶段,详细介绍每一个步骤,便于理解,让你也能靠自己写出爬虫。

2. 实例丰富,解决各种爬虫问题

网上很多爬虫的各种教程,大部分都是爬取豆瓣电影、招聘网站职位进行分析。本书实战项目挑选的都是网上少有人爬取的网站,让你可以学习到各式各样的爬取方式。

3. 站得更高,设计自己的产品

本书除了教你如何爬取网站外,还有很多以爬虫为基础的多功能设计教程,如爬虫机器人、爬虫网站、爬虫搜索功能。让你在学会爬取技术的同时,形成产品的思维去设计自己的产品。

本书内容及体系结构

第 1~3 章 环境搭建以及包的使用:介绍 Python、Requests 和 Scrapy 的安装以及爬虫常用库

Requests 和 Scrapy 的简单使用方法。用简单的例子和语言让读者顺利搭建爬虫环境,但同时快速上手编写爬虫。

自动化测试工具 selenium:从事爬虫工作并不总是一帆风顺的。总有一些网站让你什么办法都没有,源代码中没有数据、接口也加了密。这时候 selenium 是你最后的希望,它可以加载渲染 JS 帮助你获取页面的元素使之顺利完成爬取。

第 4 章 数据库的选择:本章介绍了主流的几个数据库,包括如何下载安装和使用,涉及一些基本的查询语句。让读者对 MySQL 和 Mongodb 有一个大致的了解,并学会两个数据库的基本使用方法。在读者自己编写爬虫的时候可以根据自己的需要去选择使用数据库。

第 5 章 效率为王之分布式爬虫:本章介绍了分布式爬虫的概念:将爬虫分布在多台服务器上,同时介绍提高爬取效率的方式。并介绍了几种分布式爬虫的实现方式,既有简单容易实现的,也有复杂高效的方式。让读者全面了解分布式爬虫的实现方式,并能亲自实践操作。

第 6 章 抓包分析:本章介绍如何利用工具对接口进行抓包分析,找到爬取接口的方法。需要有浏览器抓包和软件抓包。浏览器抓包是指使用浏览器自带的 network 工具对接口进行分析,找到目标接口。软件抓包是指通过 fiddler 工具对接口进行分析,找到目标接口。

第 7 章 Websocket 通信网站爬取:本章介绍了如何爬取使用 Websocket 通信协议的网站。使用 Websocket 通信协议的网站和一般网站不一样,需要服务端和客户端保持连接状态才能获取数据,如聊天室。通过模拟口令的方式实现成功握手,保持长连接接收网站的数据。

第 8 章 验证码破解:验证爬虫必须面对的一道坎,你可以选择绕过去也可以选择正面跨过去。介绍了两种从正面破解验证码的方式。

第 9 章 多线程与多进程并发爬取:本章介绍如何使用多线程和多进程去进行并发爬取,提高爬虫效率。

第 10 章 爬虫接口优化:爬虫爬取的数据有两种保存方式,保存到数据库和直接通过接口返回到前端。爬虫接口就是一种在线即时爬取数据并返回的接口。本章介绍如何对爬虫接口进行优化,使其支持高并发的访问和爬取。

第 11 章 使用 Docker 部署爬虫:部署爬虫是指将爬虫放置在一个稳定的环境中开始工作。爬虫部署的方式有很多种,本章介绍使用 Docker 对爬虫进行部署。

第 12 章 建立代理 IP 池:本章开始进入实战,演示爬取网站的整个过程。介绍防止爬虫被封的有效方式——建立代理 IP 池。通过使用爬虫爬取免费的代理来建立属于自己的代理 IP 池,为爬取工作顺利进行提供强有力的支持。

第 13 章 爬取磁力链接:爬取磁力搜索网站,获取想要的影视资源下载链接。将爬虫制作成自己的搜索小工具。

第 14 章 爬虫管家:利用 QQbot 制作一个监控爬虫状况的工具,定时检查并发送消息通知。

第 15 章 数据可视化:爬虫爬取的数据量多且杂,十分不利于数据的整理分析。但将数据可视化处理之后,就可以全面了解数据背后的信息。

第 16 章 爬取贴吧中大学邮箱:从全国高校的贴吧清洗数据获取邮箱。贴吧的帖子数据量大且杂,要从这些帖子中准确无误地清洗出邮箱。这是一个大项目,需要花费数天完成爬取。

第 17 章 批量爬取企业信息:从一个第三方平台中批量获取企业的名称,然后通过抓包工具获取企业的搜索查询接口爬取企业的详细信息。

第 18 章 爬取公众号历史文章:公众号是一个热门的爬取对象,很多人都想获得里面的文章用于转载。本章通过微信 PC 端连接公众号，使用抓包工具获取接口并爬取公众号历史文章。

第 19 章 异步爬虫：本章介绍爬虫中的高效爬虫——异步爬虫。异步爬虫作为一个更快速高效的爬虫，无论是理解上和编写上都存在一定的难度。对于难度不大的网站，使用异步爬虫可以将爬取速度提升到极限。

第 20 章 漫画网站的爬取：本章介绍使用爬虫爬取漫画网站漫画。演示爬取单集、全集和全站漫画的爬取。

第 21 章 给 kindle 推送爬取的小说：本章介绍一个简单的小任务，爬取 fate 小说并通过代码推送到 kindle 中阅读。

第 22 章 爬取游民星空壁纸：本章介绍爬取游民星空高清壁纸，通过分页和筛选将 PC 壁纸和手机壁纸下载到本地。

第 23 章～第 26 章是一个爬虫网站项目：通过爬虫获取电影网站的资源，然后重新整理和展示数据，并整合成自己的网站。

本书读者对象

- Python 初学者；
- 数据分析师；
- 金融证券从业人员；
- 编程爱好者；
- 大数据从业人员；
- 创业公司老板。

目 录

第一篇　基础知识

第 1 章　Python 环境搭建

1.1　Python 的安装 2
    1.1.1　Windows 下 Python 的安装 2
    1.1.2　Mac OS X 下 Python 的安装 3
    1.1.3　Linux 下 Python 的安装 3
    1.1.4　安装 pip 工具 4
1.2　虚拟环境 Virtualenv 5
    1.2.1　Virtualenv 的安装 5
    1.2.2　创建虚拟环境 5
    1.2.3　激活虚拟环境 5
    1.2.4　创建指定 Python 版本的虚拟环境 5
1.3　选择合适的编辑器 6
    1.3.1　Vim 6
    1.3.2　Atom 6
    1.3.3　Sublime Text 6
    1.3.4　Notepad++ 6
    1.3.5　Pycharm 6

第 2 章　常用爬虫库 Requests

2.1　安装 Requests 7
    2.1.1　用 pip 安装 7
    2.1.2　用 github 源码安装 7
    2.1.3　用 curl 安装 7
2.2　了解 Requests 的功能 8
    2.2.1　使用 GET 和 POST 发送请求 8
    2.2.2　通过 URL 传递参数 9

        2.2.3 设置超时 9
        2.2.4 查看返回内容 9
        2.2.5 设置请求头 10
        2.2.6 更多复杂的 Post 请求 10
        2.2.7 返回对象状态码 12
        2.2.8 设置代理 IP 13
    2.3 BeautifulSoup 的安装和使用 14
        2.3.1 使用 pip 安装 BeautifulSoup 14
        2.3.2 使用 BeautifulSoup 定位元素 14
    2.4 初识自动化测试工具 Selenium 15
        2.4.1 Selenium 安装 15
        2.4.2 使用 Selnium 爬取网站 15
    2.5 Selenium 定位元素 16
        2.5.1 通过属性定位 17
        2.5.2 通过 xpath 定位 17
    2.6 Selenium 反爬设置 18
        2.6.1 设置请求头 18
        2.6.2 设置代理 IP 19

第 3 章 常用爬虫框架 Scrapy

    3.1 认识 Scrapy 21
        3.1.1 Scrapy 爬取 quotes 简单示例 21
        3.1.2 安装所需依赖包 23
        3.1.3 使用虚拟环境 23
    3.2 Scrapy shell 的使用 24
        3.2.1 运行 shell 24
        3.2.2 使用 Scrapy shell 爬取 Scrapy.org 24
        3.2.3 爬虫调用 shell 26
    3.3 使用 Scrapy 爬取 quotes 26
        3.3.1 创建 Scrapy 项目并新建爬虫 27
        3.3.2 爬取和提取数据 27
        3.3.3 通过脚本运行 Scrapy 爬虫 29
        3.3.4 在同一进程下运行多个爬虫 29
        3.3.5 简易的分布式爬虫思路 30
        3.3.6 防止爬虫被 ban 31
    3.4 setting 基本配置 31
    3.5 Pipeline 模块 32

3.5.1 爬取文字板块 32
3.5.2 编写 Pipeline 模块 35
3.5.3 通过 Pipeline 将数据写入 MongoDB 数据库 36
3.5.4 ImagesPipeline 处理图片 37
3.5.5 FilePipeline 下载文件 40
3.6 Middleware 中间件 41
3.6.1 Downloader Middleware 41
3.6.2 随机请求头中间件 42
3.6.3 更换代理 IP 中间件 45
3.6.4 通过 Downloader Middleware 使用 Selenium 46
3.6.5 Spider Middleware 47
3.7 新功能拓展 48
3.7.1 信号 signals 48
3.7.2 自定义拓展 51

第 4 章　数据存储——数据库的选择

4.1 MySQL 数据库 53
4.1.1 MySQL 的安装 53
4.1.2 几款可视化工具 54
4.1.3 数据库连接 55
4.1.4 数据库插入操作 55
4.1.5 数据库查询 56
4.1.6 数据库更新操作 56
4.1.7 爬取写入数据库 57
4.2 MongoDB 数据库 58
4.2.1 MongoDB 安装 58
4.2.2 连接数据库 59
4.2.3 查询数据库 59
4.2.4 插入和更新数据库 59
4.2.5 爬取数据并插入到 MongoDB 数据库中 60
4.3 Redis 数据库 60
4.3.1 Redis 安装 60
4.3.2 连接 Redis 数据库 61
4.3.3 Python 操作 Redis 数据库 61
4.3.4 爬取并写入 Redis 做缓存 62

第 5 章 效率为王——分布式爬虫

5.1 什么是分布式爬虫 64
　　5.1.1 分布式爬虫的效率 64
　　5.1.2 实现分布式的方法 64
5.2 Celery 65
　　5.2.1 Celery 入门 65
　　5.2.2 Celery 分布式爬虫 66
5.3 使用 Scrapy-redis 的分布式爬虫 67
　　5.3.1 Scrapy-redis 安装与入门 67
　　5.3.2 创建 Scrapy-redis 爬虫项目 68

第 6 章 抓包的使用与分析

6.1 利用抓包分析目标网站 72
　　6.1.1 如何抓包 72
　　6.1.2 网页抓包分析 72
6.2 手机 APP 抓包 74
　　6.2.1 使用 fiddler 抓包 75
　　6.2.2 HTTPS 证书安装 75
　　6.2.3 booking 手机端抓包 76

第 7 章 Websocket 通信网站爬取

7.1 什么是 Websocket 79
　　7.1.1 Websocket-clinet 79
　　7.1.2 Websocket-clinet 简单入门 79
7.2 使用 Websocket 爬取财经网站 81

第 8 章 验证码破解

8.1 关于验证码 84
　　8.1.1 一般的验证码 84
　　8.1.2 极验验证 84
8.2 极验滑动验证破解 85
　　8.2.1 准备工具 85
　　8.2.2 分析滑动验证码 85
　　8.2.3 开始破解极限滑动验证码 87
8.3 图片验证码破解 89

8.3.1 准备工具 89
  8.3.2 文字图像识别 89
  8.3.3 识别验证码 90

第 9 章 多线程与多进程并发爬取

9.1 多线程 92
  9.1.1 堵塞与非堵塞 92
  9.1.2 继承 threading.Thread 创建类 96
  9.1.3 多线程的锁 98
  9.1.4 queue 队列 100
  9.1.5 线程池 101
9.2 多线程爬虫 103
  9.2.1 爬虫框架 103
  9.2.2 编写爬虫 104
  9.2.3 以多线程方式启动 105
9.3 多进程 107
  9.3.1 multiprocessing 模块 107
  9.3.2 通过 Pool 进程池创建进程 108
  9.3.3 multiprocessing.Queue 队列 109
  9.3.4 multiprocessing.Pipe 管道 112
  9.3.5 multiprocessing.Lock 锁 113
9.4 多进程爬虫 114
  9.4.1 多进程爬取音频 114
  9.4.2 多进程加多线程进行爬取 116

第 10 章 爬虫接口优化

10.1 Gunicorn 的安装与使用 119
10.2 Gunicorn 配置 121
  10.2.1 配置参数 121
  10.2.2 通过 config 文件启动 123

第 11 章 使用 Docker 部署爬虫

11.1 Docker 125
  11.1.1 Docker 的安装 125
  11.1.2 Docker 的镜像 125
  11.1.3 构建自己的 Docker 镜像 127
  11.1.4 容器使用 127

11.1.5 Dockerfile 129
11.2 爬虫部署 130
11.2.1 爬虫接口 130
11.2.2 部署爬虫接口 131

第二篇 实战案例

第 12 章 实战 1：建立代理 IP 池

12.1 爬取免费代理 IP 136
12.1.1 爬取代理 IP 136
12.1.2 检验代理 IP 138
12.2 建立代理 IP 池 138
12.2.1 检验代理 IP 138
12.2.2 Redis 消息队列 140
12.2.3 master 爬虫 142

第 13 章 实战 2：磁力链接搜索器

13.1 爬取磁力搜索平台 145
13.1.1 磁力平台 145
13.1.2 slave 爬虫 146
13.2 实现磁力搜索器 148
13.2.1 展示与交互 148
13.2.2 数据查询 150

第 14 章 实战 3：爬虫管家

14.1 QQ 机器人 152
14.1.1 qqbot 152
14.1.2 基本操作 152
14.1.3 实现自己的机器人 153
14.2 爬虫监控机器人 153

第 15 章 实战 4：数据可视化

15.1 可视化包 Pyecharts 156
15.1.1 Pyecharts 的安装 156
15.1.2 地图展示数据 157
15.2 爬取最低价机票数据 158

	15.2.1 破解旅游网站价格日历接口	159
15.2.2 爬取旅游网站	160
15.2.3 将数据可视化	161

第 16 章 实战 5：爬取贴吧中的邮箱

16.1 爬取网站 164
16.1.1 爬取高校名单 164
16.1.2 利用正则表达式匹配号码 165
16.2 分析贴吧搜索页面并提取号码 165
16.3 使用 Scrapy 开始编码 167
16.3.1 创建贴吧 Scrapy 项目 167
16.3.2 新建爬虫并编写爬虫逻辑 168
16.3.3 数据处理 170

第 17 章 实战 6：批量爬取企业信息

17.1 从第三方平台获取企业名 172
17.2 如何爬取企业详细信息 174

第 18 章 实战 7：爬取公众号历史文章

18.1 分析公众号接口 177
18.1.1 开始抓包 177
18.1.2 分析接口 179
18.1.3 尝试请求数据 179
18.2 爬取公众号 180
18.2.1 爬取思路 180
18.2.2 请求接口获取文章 URL 180
18.2.3 解析文章网页源码 181
18.2.4 合并代码 183

第 19 章 实战 8：高效爬取——异步爬虫

19.1 异步编程 186
19.1.1 asyncio 库 186
19.1.2 aiohttp 库 187
19.1.3 访问多个 URL 188
19.2 爬取图片 189
19.2.1 为函数命名 189

19.2.2 对网页进行解析 190
19.2.3 异步爬取图片 190

第20章 实战9：爬取漫画网站

20.1 爬取单部漫画 193
    20.1.1 单集漫画的爬取 193
    20.1.2 全集漫画的爬取 195
20.2 爬取漫画全站 196

第21章 实战10：给kindle推送爬取的小说

21.1 用Python发送邮件 199
    21.1.1 纯文本邮件的发送 199
    21.1.2 带附件邮件的发送 200
21.2 爬取小说 201
    21.2.1 制作word文档 201
    21.2.2 爬取baka-tsuki.org 202

第22章 实战11：爬取游民星空壁纸

22.1 星空壁纸的爬取准备 205
22.2 爬取壁纸 206
    22.2.1 获取图片和下一页地址 206
    22.2.2 爬取列表页 208
    22.2.3 爬取高清图片资源 209

第23章 综合实战：建立一个小网站

23.1 Flask框架 210
    23.1.1 写一个简单的hello word网页 210
    23.1.2 添加html模板 210
23.2 Bootstrap框架 212
    23.2.1 使用Bootstrap框架 213
    23.2.2 Bootstrap在线模板 213
    23.2.3 添加壁纸板块 215

第24章 综合实战：爬取电影网站

24.1 理清爬虫的思路 218
24.2 分步编码实现爬取 219

  24.2.1 爬取详情页 219
  24.2.2 爬取列表页 220
  24.2.3 爬取首页 221
  24.2.4 写入数据库 222

第 25 章 综合实战：建立电影小站

 25.1 搭建项目 224
  25.1.1 sqlite 数据库 224
  25.1.2 创建项目 225
  25.1.3 通过蓝图建立电影板块 226
 25.2 建立模板 229
  25.2.1 flask-bootstrap 229
  25.2.2 电影页面 231
  25.2.3 电影分类 233
  25.2.4 电影详情页 237
  25.2.5 电影搜索页 239

第 26 章 综合实战：磁力搜索

 26.1 磁力搜索 241
  26.1.1 如何高效爬取 241
  26.1.2 建立 Celery 任务 244
 26.2 Web 部分 248
  26.2.1 建立模型 248
  26.2.2 视图函数 248
  26.2.3 关于产品 251

第一篇 基础知识

第 1 章

Python 环境搭建

在开始学习爬虫之前，需要先搭建 Python 的环境。环境的搭建虽然麻烦又枯燥，但只需要做一次就可以了。

1.1 Python 的安装

Python 是一门可以让你的工作和系统的运行变得更高效的编程语言。一个资深的程序员可以快速上手 Python。即使是一个从未接触过编程的新手，也能够在短时间内学会和掌握。

官网上 Python 的版本目前有两个，Python3.6 和 Python2.7。网上大部分的有关 Python 的教程都是来源于 Python2.7，之前也有人说很多的第三方包不支持 Python3。但是 2.7 已经是过去，Python3 逐渐已经成为主流。所以让我们从 Python3 开始吧。

1.1.1 Windows 下 Python 的安装

Windows 的 Python 安装很简单，打开 Python 的官网找到最近的版本下载 https://www.Python.org/downloads/release/Python-364/ 如图 1-1 所示。

Files

Version	Operating System	Description	MD5 Sum	File Size	GPG
Gzipped source tarball	Source release		9de6494314ea199e3633211696735f65	22710891	SIG
XZ compressed source tarball	Source release		1325134dd525b4a2c3272a1a0214dd54	16992824	SIG
Mac OS X 64-bit/32-bit installer	Mac OS X	for Mac OS X 10.6 and later	9fba50521dffa9238ce85ad640abaa92	27778156	SIG
Windows help file	Windows		17cc49512c3a2b876f2ed8022e0afe92	8041937	SIG
Windows x86-64 embeddable zip file	Windows	for AMD64/EM64T/x64, not Itanium processors	d2fb546fd4b189146dbefeba85e7266b	7162335	SIG
Windows x86-64 executable installer	Windows	for AMD64/EM64T/x64, not Itanium processors	bee5746dc6ece6ab49573a9f54b5d0a1	31684744	SIG
Windows x86-64 web-based installer	Windows	for AMD64/EM64T/x64, not Itanium processors	21525b3d132ce15cae6ba96d74961b5a	1320128	SIG
Windows x86 embeddable zip file	Windows		15802be75a6246070d85b87b3f43f83f	6400788	SIG
Windows x86 executable installer	Windows		67e1a9bb336a5eca0efcd481c9f262a4	30653888	SIG
Windows x86 web-based installer	Windows		6c8ff748c554559a385c986453df28ef	1294088	SIG

图 1-1 Python for Windows

在选择版本的时候是根据系统来选的。如果 Windows 是 64 位的，下载时选择带有 64 位的标识的版本。如果安装的是 Python3.6 版本，文件夹名会是 Python36。这样的设计是为了在系统安装多个版本的 Python 时不会造成冲突。当然，像浏览器一样只会选择一个作为默认的启动版本。需要自己手动修改和切换版本。在环境变量中把 Python 的目录写进 path。比如你的 Python3.6 安装在 C:\Python36\，在系统环境变量的设置里把下面的路径写进 path：

```
C:\Python36\;C:\Python36\Scripts\
```

也可以直接在终端输入：

```
[Environment]::SetEnvironmentVariable("Path", "$env:Path;C:\Python36\;C:\Python36\Scripts\", "User")
```

1.1.2 Mac OS X 下 Python 的安装

其实 Mac 自带了 Python2，但是需要用的是 Python3，所以还得重新下载。与 Python 类似，直接打开官网的下载页面选择版本下载 https://www.Python.org/downloads/mac-osx/ 如图 1-2 所示。

图 1-2 Python for Mac

建议选择最新的版本进行下载安装。

1.1.3 Linux 下 Python 的安装

Linux 系统大部分自带了 Python2，为了使用 Python3，应该先去官网下载最新的 Python 进行安装。https://www.Python.org/downloads/source/ 如图 1-3 所示。

如果用的是 ubuntu16.10 或者更新的版本，可以用更简单的方式来安装 Python3.6。直接在终端输入：

```
$ sudo apt-get update
$ sudo apt-get install Python3.6
```

使用 Python3，当你把 Python 安装到系统后，打开终端输入：

```
$ Python
```

然后终端会显示默认 Python 版本。

如果系统同时安装了 Python2 和 Python3，可以通过下面的命令来分别运行不同的版本。

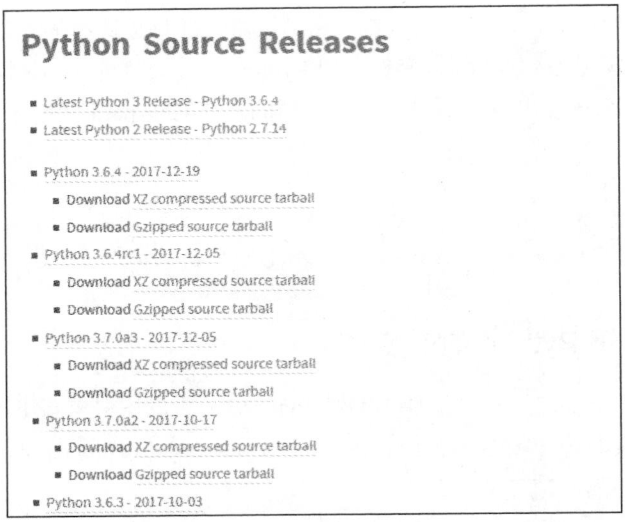

图 1-3　Python source

```
$Python2
```

运行 Python2。

```
$Python3
```

运行 Python3。

1.1.4　安装 pip 工具

Pip 是一个安装和管理 Python 包的工具，非常方便。通过 pip 下载和安装或者卸载 Python 的第三方包都只是一行命令的事情。

在 Python2>=2.7.9 或者 Python3>=3.4 的版本中，已经自带了 pip。

如果系统里没有安装 pip，可以在官网下载安装包。

```
https://pypi.Python.org/pypi/pip#downloads
```

解压缩后进入文件夹，在当前目录下打开终端输入命令：

```
$ Python setup.py install
```

然后 pip 会自动被安装，安装成功后在终端输入 pip，终端会输出，如图 1-4 所示。

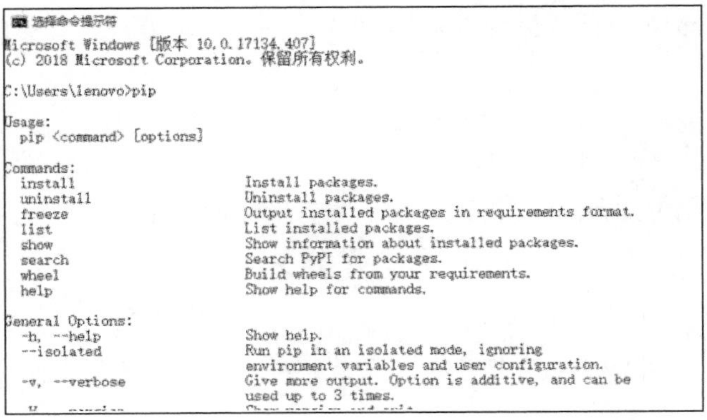

图 1-4　pip

1.2 虚拟环境 Virtualenv

Virtualenv 是一个可以创造 Python 独立环境的工具。可以使多个 Python 版本或环境互相隔离，互不干扰。你可以在系统中通过 Virtualenv 安装 Python2 和 Python3，根据你的需要在 Python2 和 Python3 之间切换。virtualenv 可以建立多个独立的 Python 环境，保证主环境的纯净，避免因为安装的包之间发生冲突导致整个环境崩溃。

1.2.1 Virtualenv 的安装

系统已经安装 pip 工具之后，可以通过 pip 来安装 Virtualenv。打开终端输入：

```
$ pip install virtualenv
```

或者指定 URL 安装：

```
$ pip install https://github.com/pypa/virtualenv/tarball/develop
```

这样，Virtualenv 便简单快速地被安装了。还可以通过下载源代码的方式来进行安装，这种方式相对而言比较复杂。

1.2.2 创建虚拟环境

安装完成后，开始创建第一个虚拟环境，打开终端进入指定目录输入：

```
$ virtualenv ENV
```

ENV 文件夹会被创建在当前目录下。ENV/lib/ 和 ENV/include/ 包含了安装的第三方包和新的 Python。所有的第三方包都会被安装在这个目录下 ENV/lib/PythonX.X/site-packages/。

1.2.3 激活虚拟环境

创建完虚拟环境以后，需要激活使用。进入 Env 目录，打开终端 Linux 和 Mac 输入：

```
$ Source bin/activate
```

Windows 下的虚拟环境有点儿不一样，它没有 bin 这个文件夹。Windows 要先进入 Scripts 目录下运行命令 activate：

```
cd ENV
cd Scripts
activate
```

虚拟环境激活后会带有虚拟环境名字的标识。
如果想在任何时候退出虚拟环境，只需要在命令行输入命令：deactivate

```
(python3env) C:\Users\lenovo\python3env\Scripts>deactivate
```

系统就会退出虚拟环境返回主环境。

1.2.4 创建指定 Python 版本的虚拟环境

如果系统里同时安装了 Python2 和 Python3，在主环境中来回切换版本和安装第三方包是十分麻烦的一件事。但现在有了 virtualenv，可以创建指定 Python 版本的虚拟环境。如创建 Python3

的虚拟环境：

```
virtualenv -p Python3 envname
```

然后系统会在当前目录下创建你自定义名字的 Python3 虚拟环境。

1.3 选择合适的编辑器

作为一个程序员，选择一款合适的编辑器来写代码可以极大地提高工作效率。下面有几款比较好用的代码文本编辑器，是当前比较流行的。你可以通过比较选择一个最适合自己的编辑器。

1.3.1 Vim

Vim，纯键盘操作，对新人不太友好，但熟悉之后可以带来极大地效率提升。Vim 的操作全部在命令行中完成，使用快捷键操作。新人刚开始使用时比较困难，熟练以后会发现这是一个十分好用的编辑器。

1.3.2 Atom

Atom 也叫阿童木，界面很酷炫，配合 activate-mode 这个插件，写代码整个屏幕都在抖动，超带劲儿。Atom 有代码自动补全功能，代码高亮，对提升写代码的效率有极大帮助。Atom 是 github 专门为程序员推出的一款编辑器，有着多种多样的插件支持，可以通过 Atom 搜索直接安装插件，十分方便。

1.3.3 Sublime Text

Sublime Text 是一款具有代码高亮、语法提示、自动完成且反应快速的编辑器软件，不仅具有华丽的界面，还支持插件扩展机制，用它来写代码，绝对是一种享受。Sublime Text 是一款收费软件，喜欢的可以付费购买。

1.3.4 Notepad++

Notepad++是 Windows 操作系统下的一套文本编辑器。Notepad++功能比 Windows 中的 Notepad（记事本）强大，除了可以用来制作一般的纯文字说明文件，也十分适合编写计算机程序代码。Notepad++不仅有语法高亮度显示，也有语法折叠功能，并且支持宏以及扩充基本功能的外挂模组。

1.3.5 Pycharm

Pycharm 编辑器可以跨平台，代码可以直接运行，界面美观，还可以随意切换环境，安装第三方包等多种功能，能做的它都帮着做了，我们只负责写代码就好，是真正让开发变成享受的一种编辑器。

第 2 章 常用爬虫库 Requests

爬取网站是通过 Python 代码发送请求到目标网页返回数据的一个过程。一般是通过 Python 自带的库 Urllib 或 Requests 来发送请求获取数据。Requests 是 Python 的一个 HTTP 库，用来向网页发送网络请求获取数据。Python 自带的 Urllib 库操作起来比较烦琐，而且无法对 headers 进行伪装，很容易就会被封掉。相比之下 Requests 发送一个请求只需要两行代码就可以完成，并且可以对 headers 进行伪装。

2.1 安装 Requests

由于 Requests 不是 Python 自带的包，属于第三方包。使用任何第三方包前的第一步就是先安装，接下来介绍安装 Requests。

2.1.1 用 pip 安装

pip 安装比较简单，只需要在终端输入：

```
$ pip install requests
```

如果还没有安装 pip 工具，请参考前面的章节。先安装 pip 工具，然后进行 Requests 的安装。

2.1.2 用 github 源码安装

如果因为镜像源的原因，网速很卡、很慢，可以通过 github 上的源码进行安装。在终端输入：

```
$ git clone git://github.com/requests/requests.git
$ cd requests
$ python setup.py install
```

系统需要先安装 git，然后用 clone 命令将源码下载回来，进入目录下手动安装。

2.1.3 用 curl 安装

如果系统安装了 pip 但因为镜像源原因导致下载缓慢。可以通过 curl 将包下载到本地，然后进入目录使用 pip 安装。在终端输入：

```
$ curl -OL https://github.com/requests/requests/tarball/master
```

把源码下载下来以后安装十分简单。

```
$ cd requests
$ pip install
```

2.2 了解 Requests 的功能

Requests 主要用途为发送网络请求，根据对方服务器的要求不同，可以使用 GET、POST、PUT 等方式进行请求。并且可以对请求头进行伪装、使用代理访问等。安装完成后，先从一些简单的例子开始了解 Requests 的使用方法。通过这些例子就会发现 Requests 的代码十分简单明了，很快就能上手。

2.2.1 使用 GET 和 POST 发送请求

HTTP 中常见发送网络请求的方式有两种，GET 和 POST。GET 是从指定的资源请求数据，POST 是向指定的资源提交要被处理的数据。

（1）首先使用 Requests 发送 GET 请求将百度搜索的页面源码爬回来。

```
>>> import requests                                    #引入 requests 库
>>> r = requests.get('https://www.baidu.com')          #向百度发送请求并返回一个对象
```

现在已经获得了一个名为 r 的 response 对象。如果成功访问的话，所有的网页信息都将存放在 r 这个对象里。如果看不到这个 r 对象，就需要把这个 r 对象提取出来以字符串的格式进行展示。

```
>>> r = r.text                                         #获取对象文本
>>> print(r)                                           #打印结果
```

打印结果：

```
<!--STATUS OK--><html> <head><meta http-equiv=content-type content=text/html;charset=
utf-8><meta http-equiv=X-UA-Compatible content=IE=Edge><meta content=always name=referrer>
<link rel=stylesheet type=text/css href=http://s1.bdstatic.com/r/www/cache/bdorz/baidu.
min.css><title>ç™å°¦|ä¸ä¸‹ï¼Œä½ å°±ç¥¥éŠ "</title></head> <body link=#0000cc> <div
id=wrapper> <div id=head> <div class=head_wrapper> <div class=s_form> <div class=
s_form_wrapper> <div id=lg> <img ..........
```

上面打印的就是百度搜索的 HTML 源码，因为百度搜索中的页面元素不多，所以源码十分简短。

（2）用 POST 的方法向 httpbin.org 这个网站发送请求并获取返回数据。

```
>>> r = requests.post(http://httpbin.org/post, data = {'key':'value'})
>>> r = r.text
>>> print(r)
```

返回的结果是一堆 json 数据：

```
{"args":{},"data":"","files":{},"form":{"key":"value"},"headers":{"Accept":"*/*",
"Accept-Encoding":"gzip, deflate","Connection":"close","Content-Length":"9","Content-
Type":"application/x-www-form-urlencoded","Host":"httpbin.org","User-Agent":"python-r
equests/2.18.1"},"json":null,"origin":"113.100.140.34","url":"http://httpbin.org/post"}
```

除了 GET 和 POST 两种请求方式，还有 PUT、DELETE 和 OPTIONS。不过经常用到的只有 GET 和 POST，所以其他的在这里不做讲解。

2.2.2 通过 URL 传递参数

URL 不仅仅是一个网址，我们在访问 URL 的时候经常带上一些查询的字符串，这就是所谓的请求参数。如果分析 URL，会发现里面有很多类似 key/value 之类的键值。Requests 允许通过字典或者字符串来传参。

```
>>> payload = {'key1': 'value1', 'key2': 'value2'}
>>> r = requests.get('http://httpbin.org/get', params=payload)
```

然后打印 response 的 URL 可以发现，参数已经被正确写进 URL 里了。

```
>>> print(r.url)
http://www.example.com?key2=value2&key1=value1
```

如果一个 key 的 value 比较多，可以把列表作为入参传进去。

```
>>> payload = {'key1': 'value1', 'key2': ['value2', 'value3']}
>>> r = requests.get('http://www.example.com', params=payload)
>>> print(r.url)
http://www.example.com?key1=value1&key2=value2&key2=value3
```

2.2.3 设置超时

在请求的时候设置超时等待时间，可以避免等待太久。在请求的时候给参数 timeout 一个数字，单位是秒。如果请求超过这个值，就会断开并报错。

```
>>> requests.get('http://github.com', timeout=0.001)
Traceback (most recent call last):
  File "<stdin>", line 1, in <module>
requests.exceptions.Timeout: HTTPConnectionPool(host='github.com', port=80): Request timed out. (timeout=0.001)
```

2.2.4 查看返回内容

我们可以将返回的 response 对象打印出来，查看内容。

```
>>> import requests
>>> r = requests.get('https://api.github.com/events')
>>> r.text
u'[{"repository":{"open_issues":0,"url":"https://github.com/...
```

当发起一个请求的时候，Requests 会根据 HTTP 的 headers 进行编码。

```
>>> r.encoding
'utf-8'
```

也可以改变编码的方式：

```
>>> r.encoding = 'ISO-8859-1'
```

输入这条命令后再用查看会发现 response 的编码已经由原来的 utf-8 变成了后来的 ISO-8859-1，因为有些时候没使用正确的编码方式，返回的内容是一串乱码。幸运的是，HTTP 和 XML 都会将编码写在内容里。所以可以通过查看返回的内容来找到正确编码方式，然后用 r.encoding 来设定正确的编码方式。

2.2.5 设置请求头

HTTP 消息头,以明文的字符串格式传送,是以冒号分隔的键/值对,如:Accept-Charset: utf-8。HTTP 消息头是指客户端请求或服务器响应的时候传递的头部信息,内容包含了浏览器信息、请求数据类型等。发送请求时候的消息头称为请求头,服务器返回内容时的消息头称为响应头。

如果发现请求不到数据,而又没加请求头,在确认请求正确的前提下,多半是爬虫的身份被发现了。所以,作为一个爬虫,必须让自己看起来不那么的像爬虫。因此,爬虫需要伪装。设置请求头,可以让爬虫的爬取过程看起来是一个用户在使用浏览器浏览。

```
>>> url = 'https://www.example.com'
>>> headers = {'user-agent': 'Opera/9.80 (Macintosh; Intel Mac OS X 10.6.8; U; fr) Presto/2.9.168 Version/11.52'}
>>> r = requests.get(url, headers=headers)
```

2.2.6 更多复杂的 Post 请求

POST 的请求参数有多种多样的类型,如字典、元祖。http://httpbin.org/post 这个网站可以将传递的参数返回,通过返回的结果可以判断传入的参数是否正确。

参数中 key 和 value 一一对应的情况,可以使用字典的类型进行传递。把需要传递的参数装进一个字典里进行 POST。

```
>>> payload = {'key1': 'value1', 'key2': 'value2'}#提交的参数
>>> r = requests.post("http://httpbin.org/post", data=payload)#发起post请求
>>> print(r.text)#打印返回结果
```返回的结果```
{
  "args": {},
  "data": "",
  "files": {},
#post 请求参数
  "form": {
    "key1": "value1",
    "key2": "value2"
  },
#请求头
  "headers": {
"Accept": "*/*",
#解码方式
    "Accept-Encoding": "gzip, deflate",
"Connection": "close",
#内容长度
    "Content-Length": "23",
"Content-Type": "application/x-www-form-urlencoded",
#主机域名
"Host": "httpbin.org",
#请求头 UA
    "User-Agent": "python-requests/2.18.4"
  }, "json": null,
#请求者 IP
  "origin": "183.15.183.198",
```
```

```
#请求 url
  "url": "http://httpbin.org/post"
}
```

请求成功并返回结果,form 字段中字典和刚才传入的字典{"key1": "value1", "key2": "value2"}一样。

如果同一个 key 对应多个值,可以把多个值放在一个元组列表里进行传递发送请求。

```
>>> payload = (('key1', 'value1'), ('key1', 'value2'))#key1 对应多个 value
>>> r = requests.post('http://www.example.com', data=payload)# 发起 post 请求
>>> print(r.text)#打印返回结果
```返回的结果```
{
  "args": {},
  "data": "",
  "files": {},
#请求参数
  "form": {
    "key1": [
      "value1",
      "value2"
    ]
  },
#请求头
  "headers": {
    "Accept": "*/*",
    #解码方式
    "Accept-Encoding": "gzip, deflate",
    "Connection": "close",
    #内容长度
    "Content-Length": "23",
    "Content-Type": "application/x-www-form-urlencoded",
    #主机域名
    "Host": "httpbin.org",
    #请求头 UA
    "User-Agent": "python-requests/2.18.4"
  },
  "json": null,
#请求者 IP
  "origin": "113.116.140.18",
#请求 url
  "url": "http://httpbin.org/post"
}
  },
  ...
}
```

请求成功并返回结果,返回的请求参数字段 form 和请求时的元祖(('key1', 'value1'), ('key1', 'value2'))一样。

payload 可以理解为一系列信息中最为关键的信息。payload 的类型可以是字典,也可以是字符串。只要符合对方接口的参数要求,无论是字典还是字符串都可以返回数据。
```

2.2.7 返回对象状态码

状态码是指发起的请求返回的状态通过数字来表示成功或者失败。而不同的状态码代表不同的状态,我们可以查看 response 的状态码。

```
>>> r = requests.get('http://httpbin.org/get')
>>> r.status_code
200
```

当请求成功的时候返回的状态码是 200,如果发生异常可以和下面状态码进行比对,找到错误产生的原因,如表 2-1 所示。

表 2-1 各种状态码

状态码	英文	说明
100	Continue	继续。客户端应继续其请求
101	Switching Protocols	切换协议。服务器根据客户端的请求切换协议。只能切换到更高级的协议,例如,切换到 HTTP 的新版本协议
200	OK	请求成功。一般用于 GET 与 POST 请求
201	Created	已创建。成功请求并创建了新的资源
202	Accepted	已接受。已经接受请求,但未处理完成
203	Non-Authoritative Information	非授权信息。请求成功。但返回的 meta 信息不在原始的服务器,而是一个副本
204	No Content	无内容。服务器成功处理,但未返回内容。在未更新网页的情况下,可确保浏览器继续显示当前文档
205	Reset Content	重置内容。服务器处理成功,用户终端(例如:浏览器)应重置文档视图。可通过此返回码清除浏览器的表单域
206	Partial Content	部分内容。服务器成功处理了部分 GET 请求
300	Multiple Choices	多种选择。请求的资源可包括多个位置,相应可返回一个资源特征与地址的列表用于用户终端(例如:浏览器)选择
301	Moved Permanently	永久移动。请求的资源已被永久的移动到新 URI,返回信息会包括新的 URI,浏览器会自动定向到新 URI。今后任何新的请求都应使用新的 URI 代替
302	Found	临时移动。与 301 类似。但资源只是临时被移动。客户端应继续使用原有 URI
303	See Other	查看其他地址。与 301 类似。使用 GET 和 POST 请求查看
304	Not Modified	未修改。所请求的资源未修改,服务器返回此状态码时,不会返回任何资源。客户端通常会缓存访问过的资源,通过提供一个头信息指出客户端希望只返回在指定日期之后修改的资源
305	Use Proxy	使用代理。所请求的资源必须通过代理访问
306	Unused	已经被废弃的 HTTP 状态码
307	Temporary Redirect	临时重定向。与 302 类似。使用 GET 请求重定向
400	Bad Request	客户端请求的语法错误,服务器无法理解
401	Unauthorized	请求要求用户的身份认证
402	Payment Required	保留,将来使用
403	Forbidden	服务器理解请求客户端的请求,但是拒绝执行此请求
404	Not Found	服务器无法根据客户端的请求找到资源(网页)。通过此代码,网站设计人员可设置"您所请求的资源无法找到"的个性页面
405	Method Not Allowed	客户端请求中的方法被禁止
406	Not Acceptable	服务器无法根据客户端请求的内容特性完成请求

续上表

407	Proxy Authentication Required	请求要求代理的身份认证，与 401 类似，但请求者应当使用代理进行授权
408	Request Time-out	服务器等待客户端发送的请求时间过长，超时
409	Conflict	服务器完成客户端的 PUT 请求是可能返回此代码，服务器处理请求时发生了冲突
410	Gone	客户端请求的资源已经不存在。410 不同于 404，如果资源以前有现在被永久删除了可使用 410 代码，网站设计人员可通过 301 代码指定资源的新位置
411	Length Required	服务器无法处理客户端发送的不带 Content-Length 的请求信息
412	Precondition Failed	客户端请求信息的先决条件错误
413	Request Entity Too Large	由于请求的实体过大，服务器无法处理，因此拒绝请求。为防止客户端的连续请求，服务器可能会关闭连接。如果只是服务器暂时无法处理，则会包含一个 Retry-After 的响应信息
414	Request-URI Too Large	请求的 URI 过长（URI 通常为网址），服务器无法处理
415	Unsupported Media Type	服务器无法处理请求附带的媒体格式
416	Requested range not satisfiable	客户端请求的范围无效
417	Expectation Failed	服务器无法满足 Expect 的请求头信息
500	Internal Server Error	服务器内部错误，无法完成请求
501	Not Implemented	服务器不支持请求的功能，无法完成请求
502	Bad Gateway	充当网关或代理的服务器，从远端服务器接收到了一个无效的请求
503	Service Unavailable	由于超载或系统维护，服务器暂时的无法处理客户端的请求。延时的长度可包含在服务器的 Retry-After 头信息中
504	Gateway Time-out	充当网关或代理的服务器，未及时从远端服务器获取请求
505	HTTP Version not supported	HTTP 版本不支持

2.2.8　设置代理 IP

访问网络用的协议是 TCP/IP，也就是访问网络必须要有一个 IP 地址，每个人的 IP 地址是唯一的。代理 IP 是指本机先访问代理服务器，然后代理服务器通过代理 IP 去访问指定网页。这样在网页上留下的记录是代理 IP。爬虫一般是以每分钟数百次甚至上千上万次的频率访问目标网站。这种操作对目标网站的服务器造成了极大的压力。所以，一般的服务器如果发现某个 IP 访问的频率非常高，就会采取封禁 IP 的操作，也就是平时说的爬虫被 ban 了。代理 IP 对于防止爬虫被 ban 是非常有效的。因为你使用的是代理 IP，服务器无法判断这些 IP 的真实来源到底是爬虫还是机器人。有很多网站提供免费的代理 IP 可以使用，但高质量的代理 IP 还是需要付费购买的。代理 IP 的使用只需要获取 IP 和端口，请求的时候作为参数带上。

```
import requests
proxies = {
  'http': 'http://10.10.1.10:3128',
  'https': 'http://10.10.1.10:1080',
}
requests.get('http://example.org', proxies=proxies)
```

这里字典中把 HTTP 和 HTTPS 都写进去了，Requests 可以根据需要请求的网站是 HTTP 或者是 HTTPS 协议来进行自动切换。但有时候代理需要用户名密码认证才能使用，可以把用户名密码都写在代理 IP 里，以这样的形式 http://user:password@ip:port。

```
proxies = {'http': 'http://user:pass@10.10.1.10:3128/'}
```

如果爬虫是进行长时间大量的爬取的工作的话,那一定要给爬虫配上代理 IP。

2.3 BeautifulSoup 的安装和使用

使用 Requests 发送请求获取源码后,还需要使用类似 BeautifulSoup 的解析库来对源码进行解析和数据提取。

2.3.1 使用 pip 安装 BeautifulSoup

使用 pip 安装 BeautifulSoup:

```
$ pip install beautifulsoup4
```

BeautifulSoup 使用的解析器有三种:lxml,html.parser,html5lib。除了 lxml,另外两个解析器都是自带的。lxml 解析器可以使用 pip 进行安装:

```
$ pip install lxml
```

2.3.2 使用 BeautifulSoup 定位元素

BeautifulSoup 的主要作用就是在爬虫爬取的过程中快速帮我们定位到元素并提取数据。下面是一段简单的 html 网页源码,我们要使用 BeautifulSoup 从中提取指定元素的文本:

```
from bs4 import BeautifulSoup#导入 BeautifulSoup
html_doc = """
<html><head><title>The Dormouse's story</title></head>
<body>
<p class="title"><b>The Dormouse's story</b></p>
<p class="story">Once upon a time there were three little sisters; and their names were
<a href="http://example.com/elsie" class="sister" id="link1">Elsie</a>,
<a href="http://example.com/lacie" class="sister" id="link2">Lacie</a> and
<a href="http://example.com/tillie" class="sister" id="link3">Tillie</a>;
and they lived at the bottom of a well.</p>
<p class="story">...</p>
"""
soup = BeautifulSoup(html_doc, 'html.parser')#对源码进行解析。
```

可以看到 html 代码中有三个<a>标签,现在要从这三个 a 标签中分别提取出 Elsie,Lacie 还有 Tillie 三个名字:

soup.find_all('a',class_='sister')[0].get_text()

soup.find_all('a',class_='sister')[1].get_text()

soup.find_all('a',class_='sister')[2].get_text()

这里使用了 find_all 的方式,通过定位 class='sister'的<a>标签来获取所有名字的元素然后逐一提取出文本。因为 class 的值是统一的,都是 sister,所以可以使用 find_all 的方法来定位。但如果通过 id 定位,因为每一个 id 都不一样,就不能使用 find_all 方法,要改为 find 方法:

soup.find('a',id='link1').get_text()

soup.find('a',id='link2').get_text()

```
soup.find('a',id='link3').get_text()
```

上面代码通过 id='link1'、id='link2'、id='link3'三个<a>标签来定位元素然后提取文本数据。BeautifulSoup 的使用方法就是这样，要获取某条数据首先要得到它的标签，然后找到这标签里可以用来定位的属性，例如：class，id。通过标签加属性的组合，就可以定位到任何想要的元素然后提取数据。

2.4 初识自动化测试工具 Selenium

爬取网站的时候经常会遇到两种情况，一种是想要获取的数据存在于源代码中，另一种则是网页通过异步请求接口获取数据，源代码中无法找到数据，但是可以通过检查元素查看数据。对于第二种情况除了可以爬取接口，还可以使用渲染 JS 的方式从源代码获得数据。

Selenium 是一个在网页上使用的自动化测试工具，支持各种浏览器包括火狐、谷歌还有无头浏览器 PhantomJS。其实 Selenium 也是一个浏览器，可以通过代码驱动实现各种动作的浏览器，并且可以把 JS 都渲染出来。当遇到一个十分棘手的网站，尝试了各种方法都拿不到数据的时候，Selenium 可以说是你最后的手段。

2.4.1 Selenium 安装

在 pypi 页面下载 Selenium 的 Python 版本包。不过使用 pip 更方便快捷，Python3 现在也可以使用 Selenium。

```
pip install selenium
```

Selenium 需要使用浏览器的 driver 打开浏览器来进行交互。一般的浏览器直接安装 webdriver 就可以直接使用。但是火狐浏览器，需要另外安装一个 geckodriver，不然的话会报错 "selenium.common.exceptions.WebDriverException: Message: 'geckodriver' executable needs to be in PATH."，驱动下载地址如表 2-2 所示。

表 2-2 驱动下载地址

Chrome	https://sites.google.com/a/chromium.org/chromedriver/downloads
Edge	https://developer.microsoft.com/en-us/microsoft-edge/tools/webdriver/
FireFox	https://github.com/mozilla/geckodriver/releases
Safari	https://webkit.org/blog/6900/webdriver-support-in-safari-10/
FireFox geckodriver	https://github.com/mozilla/geckodriver/releases
PhantomJS	http://phantomjs.org/download.html

安装在一个容易找到的目录下，在调用的时候把目录的路径写进去就可以成功调用。

2.4.2 使用 Selnium 爬取网站

完成安装 Selenium 以后，就可以开始写代码了。先写一个爬取 Python 官网的小 demo，网页界面如图 2-1 所示，主要实现两个小功能：
- 对标题进行判断，标题是否为 Python。
- 找到输入框，清空并输入文字发送。

图 2-1　Python 官网界面

```
``引入Selenium及其部分功能``
from selenium import webdriver
from selenium.webdriver.common.keys import Keys
driver = webdriver.Chrome(输入你的webdriver路径)    #创建谷歌驱动的实例
driver.get("http://www.python.org")                #driver.get方式和requests.get方式一样,会向所给予的URL发送请求。Webdriver会等待直到页面完全加载,然后将页面返回
assert "Python" in driver.title                    #对页面标题进行判断网页标题是否是"python",如果不是的话,会报AssertionError错误
elem = driver.find_element_by_name("q")            #找到参数名为q的输入框
elem.clear()                                       #清空输入框
elem.send_keys("pycon")                            #输入文字
elem.send_keys(Keys.RETURN)                        #按回车发送
driver.close()                                     #最后记得关闭,释放内存
```

Selenium 通过谷歌浏览器的驱动打开了一个模拟的浏览器并且成功访问了 Python 的主页,通过 assert 语句判断页面标题中是否有"Python"字符,然后通过属性 name 查找值为 q 的元素——一个输入框。在清空输入框之后,输入文字"Python"然后使用按回车。所有动作完成之后,关闭浏览器。所有的一切操作都是通过代码去模拟人的操作来完成。

2.5　Selenium 定位元素

爬虫爬取的过程,定位元素是很关键的一环。如果你不能准确定位元素,那就意味着抓不到数据或者抓取错误的数据。有多种方法可以定位网页的元素,可以根据自己的需要选择最适合的那种方式。Selenium 提供了下面这些方法可供选择。

- find_element_by_id
- find_element_by_name
- find_element_by_xpath
- find_element_by_link_text
- find_element_by_partial_link_text
- find_element_by_tag_name
- find_element_by_class_name

- find_element_by_css_selector

除了这些公共的方法，还有两个特别的方法可以使用。

```
from selenium.webdriver.common.by import By
driver.find_element(By.XPATH, '//button[text()="Some text"]')
driver.find_elements(By.XPATH, '//button')
```

2.5.1 通过属性定位

如果知道一个元素的属性，可以通过属性的方法定位。Selenium 只会寻找第一个匹配该属性的元素并返回。如果没有，则会报 NoSuchElementException 错误。写一段网页代码举例：

```html
<html>
 <body>
  <form id="loginForm" class="login" name="Form">
   <input name="username" type="text" />
   <input name="password" type="password" />
   <input name="continue" type="submit" value="Login" />
  </form>
 </body>
<html>
```

然后通过 id 属性来定位元素。

```
login_form = driver.find_element_by_id('loginForm')
```

通过 tag 标签定位元素。

```
login_form = driver.find_element_by_tag('form')
```

通过 name 定位元素。

```
login_form = driver.find_element_by_name('Form')
```

通过 class 定位元素。

```
login_form = driver.find_element_by_class('login')
```

2.5.2 通过 xpath 定位

xpath 是用来定位 XML 文档的一种语言，不过 HTML 也同样可以使用 xpath，因为结构上非常相似。Selenium 用户同样可以在代码中使用 xpath 来定位元素。xpath 比定位 id 或 name 来定位元素要更简单和准确，它可以匹配出页面中所有符合条件的元素并返回。

使用 xpath 的优点在于，如果想定位一个元素碰巧它又没有 id 或者 name，这时候可以定位它的上一层，或者定位有 id 和 name 的某一层。xpath 不仅可以通过 id 和 name 来进行准确定位，也可以通过 id 或 name 定位到一个区间时，再通过 xpath 使用其他属性来进行精确定位，来一段 html。

```html
<html>
 <body>
  <form id="loginForm">
   <input name="username" type="text" />
   <input name="password" type="password" />
   <input name="continue" type="submit" value="Login" />
```

```
    <input name="continue" type="button" value="Clear" />
  </form>
</body>
<html>
```

使用 xpath 定位：

```
login_form = driver.find_element_by_xpath("/html/body/form[1]")
login_form = driver.find_element_by_xpath("//form[1]")
login_form = driver.find_element_by_xpath("//form[@id='loginForm']")
```

（1）第一个 xpath 输入的是绝对路径，如果 html 稍微改动则会定位失败。
（2）第二个 xpath 定位 html 中的第一个 form。
（3）第三个 xpath 定位 html 中 form 下 id 名为 loginForm 的元素。

定位 username 这个元素可以这样来写 xpath：

```
username = driver.find_element_by_xpath("//form[input/@name='username']")
username = driver.find_element_by_xpath("//form[@id='loginForm']/input[1]")
username = driver.find_element_by_xpath("//input[@name='username']")
```

（1）定位第一个 form 中的 input 的 name 为 username 的子元素。
（2）定位 form 中第一个 input 的 id 为 loginForm 的子元素。
（3）定位所有 name 为 username 的 input。

定位"Clear"button：

```
clear_button=driver.find_element_by_xpath("//input[@name='continue'][@type='button']")
clear_button = driver.find_element_by_xpath("//form[@id='loginForm']/input[4]")
```

（1）定位 input 中 name 为 continue，type 为 button 的元素。
（2）定位第 4 个 input 元素，id 为 loginForm 的元素。

Xpath 的写法多种多样，但只要最后能定位到想要的元素，怎么写都可以。Xpath 并不难掌握，只需要对网页的 html 结构有一定的了解就可以设计出自己的 xpath 路径了。

2.6　Selenium 反爬设置

Selenium 是一个自动化的模拟浏览器，同样也是一个爬虫。因此，在使用 Selenium 的过程中，可以设置请求头或者设置代理 IP 等措施来防止被封。

2.6.1　设置请求头

webdriver 是浏览器的驱动。Selenium 可以使用的 webdriver 有多个，如谷歌、火狐和 PhantomJS。Requests 和 Scrapy 设置请求头只需要一行代码。Selenium 每个 webdriver 的请求头设置方式都不一样，代码也比较烦琐。

PhantomJS 是一个无头浏览器，它没有可视化界面，可以通过终端查看文字信息或者截图查看浏览器运行状态。

```
from selenium import webdriver
from selenium.webdriver.common.desired_capabilities import DesiredCapabilities#引入
设置
```

```
dcap = dict(DesiredCapabilities.PHANTOMJS)         #字典化 PhantomJS 参数
dcap["phantomjs.page.settings.userAgent"] = (
    "Mozilla/5.0 (Windows NT 10.0; WOW64) AppleWebKit/537.36 (KHTML, like Gecko)
Chrome/55.0.2883.103 Safari/537.36" )              #手动设置 PhantomJS 的 useragent
browser = webdriver.PhantomJS(desired_capabilities=dcap)    #启用参数
```

Firefox 需要用到 firefoxprofile 来自定义请求头。firefoxprofile 保存你的个人设置，启动 Firefox 时加载 firefoxprofile 则可以启用你的自定义设置。

```
from selenium import webdriver
user_agent='Mozilla/5.0 (X11; Linux x86_64; rv:58.0) Gecko/20100101 Firefox/58.0'
#设定请求的 UA
profile = webdriver.FirefoxProfile()               #实例化 firefoxprofile
profile.set_preference("general.useragent.override", user_agent)  #手动设置请求头 UA
driver = webdriver.Firefox(profile)                #启用请求头
```

Chrome 的操作和 Firefox 差不多，需要先实例化一个参数对象，然后添加请求头。

```
from selenium import webdriver
options = webdriver.ChromeOptions()                #实例化 chrome 浏览器参数设置
options.add_argument('lang=zh_CN.UTF-8')           #设置中文
options.add_argument('user-agent="Mozilla/5.0 (iPod; U; CPU iPhone OS 2_1 like Mac
OS X; ja-jp) AppleWebKit/525.18.1 (KHTML, like Gecko) Version/3.1.1 Mobile/5F137
Safari/525.20"')                                   #增加请求头 UA
browser = webdriver.Chrome(chrome_options=options) #启用请求头
```

2.6.2 设置代理 IP

一般的网站使用请求头可以有效伪装，防止被发现是爬虫。不过真正能够防止被对方网站 ban 的方法，还是使用代理 IP。

PhantomJS 添加代理的方法与请求头不太一样。设置请求头是在 DesiredCapabilities 中添加 UA。而添加代理则是先在 webdriver 的 proxy 模块下设置代理 IP 和端口，然后通过 add_to_capabilities 方法添加到 DesiredCapabilities 中。

```
from selenium import webdriver
from selenium.webdriver.common.proxy import Proxy
from selenium.webdriver.common.proxy import ProxyType
from selenium.webdriver.common.desired_capabilities import DesiredCapabilities
proxy = Proxy(
    {
        'proxyType': ProxyType.MANUAL,
        'httpProxy': 'ip:port'   # 代理 ip 和端口
    }
)#初始化代理 IP 和端口
desired_capabilities = DesiredCapabilities.PHANTOMJS.copy()#复制 DesiredCapabilities
参数
proxy.add_to_capabilities(desired_capabilities)#将代理参数添加到 DesiredCapabilities 中
driver = webdriver.PhantomJS(
        desired_capabilities=desired_capabilities
)#启用代理
```

Firefox 继续使用 firefoxprofile 来进行自定义设置，将代理的类型、IP 和端口逐一写进 firefoxprofile 中。

```
from selenium import webdriver
profile = webdriver.FirefoxProfile()                              #实例化firefoxprofile
profile.set_preference('network.proxy.type', 1)                   #0为直接连接,1为手工配置代理
profile.set_preference('network.proxy.http','ip')                 #代理ip
profile.set_preference('network.proxy.http_port', 'ip的端口')#端口,必须为整型 int
profile.update_preferences()
driver = webdriver.Firefox(firefox_profile=profile)
```

Chrome 添加代理 IP 的方式最为简单,只需要把 IP 和端口写入 ChromeOptions 中即可使用。

```
from selenium import webdriver
chrome_options = webdriver.ChromeOptions()                        #实例化chromeoptions
chrome_options.add_argument('--proxy-server=http://ip:端口')       #添加代理ip和端口
driver = webdriver.Chrome(chrome_options=chrome_options)          #启用
```

第 3 章 常用爬虫框架 Scrapy

写程序的时候,别人写好的工具、库、框架被称作轮子。有现成的,写好的东西不用,自己又去写一遍,这叫作重复造轮子。今天认识一个爬虫的常见轮子 Scrapy。

3.1 认识 Scrapy

Scrapy 是一个为了爬取网站数据并提取结构性数据的应用框架,是爬虫常用的框架之一,其功能十分强大并且使用方便。

3.1.1 Scrapy 爬取 quotes 简单示例

Scrapy 是一个用于抓取网页并提取数据的应用框架。即使 Scrapy 最初是被设计用于网页爬取,但也同样可以用于提取 API 的数据。

接下来通过一个简单的 Scrapy 爬虫例子来展示 Scrapy 的用法。这里有一段爬取国外名人名言网页的代码:

```
import scrapy
class QuotesSpider(scrapy.Spider):#定义一个爬虫
    name = "quotes"#爬虫名
    start_urls = [
        'http://quotes.toscrape.com/tag/humor/',
    ]#待抓取的 url
    def parse(self, response):#parse 默认为抓取回调函数,在此定义抓取网页后的操作
        for quote in response.css('div.quote'):#通过 css 选择器查找所有 class 名为 quote 的 div 标签
            yield {
                'text': quote.css('span.text::text').extract_first(),
                'author': quote.xpath('span/small/text()').extract_first(),
            }#使用生成器 yield 将字典内容传到 pipeline 中进行下一步处理
        next_page = response.css('li.next a::attr("href")').extract_first()#使用 css 选择器找到下一页的链接
        if next_page is not None:
            yield response.follow(next_page, self.parse)#访问下一页,回调到 parse 函数
```

将代码保存为 spider.py 文件,然后在当前目录下用命令行运行爬虫,输入:

```
Scrapy runspider quotes_spider.py -o quotes.json
```

当爬虫运行结束,会得到一个 quotes.json 文件,打开发现是一个列表里面包含了经过 json 格式化的名人名言。字段有作者、内容,就像下面这样。

```
[{
    "author": "Albert Einstein",
    "text": "he world as we have created it is a process of our thinking. It cannot be changed without changing our thinking"
},
{
    "author": " J.K. Rowling",
    "text": "It is our choices, Harry, that show what we truly are, far more than our abilities"
},
{
    "author": "Jane Austen",
    "text": "The person, be it gentleman or lady, who has not pleasure in a good novel, must be intolerably stupid"
},
...]
```

刚才发生了什么?

Scrapy runspider quotes_spider.py,这个命令运行,Scrapy 会寻找目录中同名的爬虫并启动。爬虫开始向目标 URL 发送请求。start_urls 列表中存储的就是目标 URL。默认访问返回的结果会回调到 parse 函数,返回的结果是一个 response 对象。在 parse 里可以通过 CSS 选择器检索返回的内容,从中寻找下一页的链接并调度下一个请求,同样将结果回调到 parse 中去,如图 3-1 所示。

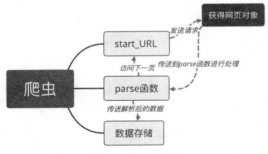

图 3-1　运行流程

Scrapy 的优点之一就是发送请求时,调度和处理是异步进行的,这意味着 Scrpay 不需要等待请求完成才能进行处理,它可以同时发送其他请求或者做其他事。也就是说,即使有一些请求失败或者发生错误,其他的请求也会照常工作。

同样,它也允许进行快速地爬取(用容错率高的方式,同时发送大量的并发请求。因为速度加快会导致爬取失败)。Scrapy 在 setting 中提供了一些选择可以让我们使用比较暴力的方式进行爬取,可以在两个请求之间设置延迟,也可以限制每个网站或者 IP 的并发请求数量。

现在已经知道如何使用 Scrapy 来爬取网页并提取数据,但这只是一个很简单的例子。Scrapy 还提供了大量超赞的功能让爬取网页时更简单更高效:

- 支持使用 css 选择器或者 xpath 从 HTML/XML 源码中检索和提取数据。
- 交互式的 shell 在写爬虫和 debugging 的时候非常有用。

- 支持多种格式的输出：如 json，CSV，xml，并提供多种方式储存如（FTP，s3，本地文件）。
- 一些非标准的或者其国家的语言，Scrapy 能够很好地进行编码。
- 可以自行编写属于自己的函数，实现自己的需求。

Scrapy 支持 Python2.7 和 Python3.3 或者更高的 Python 版本。如果使用的是 Anaconda 或者 Miniconda，可以在 conda-foge 安装 Scrapy 最新的版本。conda 安装运行以下命令：

```
conda install -c conda-forge Scrapy
```

如果习惯使用 Python 的 pip 安装，可以直接输入命令：pip install Scrapy。一般来说，输入命令后 Scrapy 会自动下载并完成安装。但是有些时候由于本机没有把 Scrapy 所需的依赖包安装，所以容易造成安装的失败。

3.1.2 安装所需依赖包

Scrapy 安装前需要先安装依赖包，不然会因缺少依赖包导致安装失败，如表 3-1 所示。

表 3-1 需安装的依赖包

lxml	parsel	w3lib	twisted	cryptography	pyOpenSSL
解析 XML 和 HTML 非常高效的工具	HTML/XML 数据提取	网页解码	异步网络编程框架	用于加密	进行一些加解密操作

这些包通过 pip 单独安装的话会有点麻烦，有更快捷的方法去安装。首先创建一个 requirements.txt 的文件，然后把包的名字写入并保存即可。

```
lxml
parsel
w3lib
twisted
cryptography
pyOpenSSL
```

然后在终端输入：

```
pip install -r requirements.txt
```

系统就会自动将所有的包进行下载安装。

3.1.3 使用虚拟环境

不管是哪个平台，推荐在虚拟环境 virutualenv 中使用 Scrapy。virtualenv 会建立一个与主环境互不干扰的虚拟环境。在虚拟环境中安装的包不会引发与主环境的冲突。

（1）安装虚拟环境。

```
pip install virtualenv
```

（2）创建虚拟环境。

```
virtualenv ENV
```

创建名为 ENV 的虚拟环境，会在当前目录下创建一个 ENV 的文件夹。进入 ENV 目录下。

```
cd ENV
```

（3）激活虚拟环境。

MAC 和 Linux 系统进入 ENV 目录后在终端输入：

```
source bin/activate
```

如果你使用的是 Sindows，则有一点不一样：

```
path\to\ENV\Scripts\activate
```

Windows 环境下需要进入到 ENV 的 Scripts 目录下在终端输入 activate 来进行激活。

虚拟环境激活后命令行前会有（ENV），然后可以使用 pip 命令来安装 Scrapy 和各种依赖包。

3.2 Scrapy shell 的使用

Scrapy shell 是一个可交互的终端，可以在不运行爬虫状态下快速地调试你的代码，其本意是用来测试提取数据的代码。在 shell 里，你可以测试 XPath 或者 CSS 的表达式，通过从网页提取的数据判断是否正确。当适应了 Scrapy shell 以后就会发现这是一个相当好用的开发和 debugging 工具。

3.2.1 运行 shell

打开终端直接运行：Scrapy shell<URL>，<URL>填写想爬取的网页的 URL，当然填写本地 html 文件路径也是可以的。

- shelp() -调出帮助菜单。
- fetch(URL) -从定义的 URL 中获取一个新的 response 对象。
- view(response) -用浏览器打开一个 response 对象，这个对象被保存在本地。

3.2.2 使用 Scrapy shell 爬取 Scrapy.org

官方有一个如何使用 shell 的简单例子。这个例子是通过 shell 来直接抓取一个网页，并对返回的对象进行解析和查看，让我们可以快速地了解 shell 的各种功能。输入：

```
Scrapy shell 'http://Scrapy.org' --nolog
```

然后，shell 会爬取 URL 并把对象和功能打印在终端：

```
[s] Available Scrapy objects:                                              #可用的选项
[s]   Scrapy     Scrapy module (contains Scrapy.Request, Scrapy.Selector, etc)
[s]   crawler    <Scrapy.crawler.Crawler object at 0x7f07395dd690>
[s]   item       {}
[s]   request    <GET http://Scrapy.org>                                   #请求方法
[s]   response   <200 https://Scrapy.org/>                                 #返回对象
[s]   settings   <Scrapy.settings.Settings object at 0x7f07395dd710>       #设置
[s]   spider     <DefaultSpider 'default' at 0x7f0735891690>
[s] Useful shortcuts:
[s]   fetch(URL[, redirect=True]) Fetch URL and update local objects (by default,
redirects are followed)
[s]   fetch(req)              Fetch a Scrapy.Request and update local objects#抓取
一个网页
[s]   shelp()           Shell help (print this help)                       #帮助
[s]   view(response)    View response in a browser                         #浏览器打开网页
>>>
```

这里有很多个选项，但一般用到的只有 response、request、fetch 等几个。response 是 Scrapy shell 请求返回的对象，可以对 response 对象进行数据提取的操作。request 则是请求的方式，默认为 GET，可以修改为 POST。

开始调试对象：

```
>>> response.xpath('//title/text()').extract_first()    #使用 xpath 提取标题
Scrapy | A Fast and Powerful Scraping and Web Crawling Framework'
>>> fetch("http://reddit.com")                          #抓取 reddit 网站
>>> response.xpath('//title/text()').extract()          #使用 xpath 提取标题
['reddit: the front page of the internet']
```

使用 xpath 对 response 对象进行数据提取，获取网页标题。fetch 方法可以发起一个新的请求，抓取新的 URL。

```
>>> request = request.replace(method="POST")            #修改请求方式
>>> response.status200                                  #返回成功状态 200
>>> from pprint import pprint                           #引入标准格式化输出模块
>>> pprint(response.headers)                            #打印请求头
```

通过 request 方法修改请求方式为 POST。使用 pprint 打印 resposne 对象 headers 属性的得到结果。

```
```输出内容```
{'Accept-Ranges': ['bytes'],
 'Cache-Control': ['max-age=0, must-revalidate'],
 'Content-Type': ['text/html; charset=UTF-8'],
 'Date': ['Thu, 08 Dec 2016 16:21:19 GMT'],
 'Server': ['snooserv'],
 'Set-Cookie': ['loid=KqNLou0V9SKMX4qb4n; Domain=reddit.com; Max-Age=63071999; Path=/; expires=Sat, 08-Dec-2018 16:21:19 GMT; secure',
                'loidcreated=2016-12-08T16%3A21%3A19.445Z; Domain=reddit.com; Max-Age=63071999; Path=/; expires=Sat, 08-Dec-2018 16:21:19 GMT; secure',
                'loid=vi0ZVe4NkxNWdlH7r7; Domain=reddit.com; Max-Age=63071999; Path=/; expires=Sat, 08-Dec-2018 16:21:19 GMT; secure',
                'loidcreated=2016-12-08T16%3A21%3A19.459Z; Domain=reddit.com; Max-Age=63071999; Path=/; expires=Sat, 08-Dec-2018 16:21:19 GMT; secure'],
 'Vary': ['accept-encoding'],
 'Via': ['1.1 varnish'],
 'X-Cache': ['MISS'],
 'X-Cache-Hits': ['0'],
 'X-Content-Type-Options': ['nosniff'],
 'X-Frame-Options': ['SAMEORIGIN'],
 'X-Moose': ['majestic'],
 'X-Served-By': ['cache-cdg8730-CDG'],
 'X-Timer': ['S1481214079.394283,VS0,VE159'],
 'X-Ua-Compatible': ['IE=edge'],
 'X-Xss-Protection': ['1; mode=block']}>>>
```

使用 Scrapy shell 可以对网页快速请求获取 response，使用 xpath 从源码中提取数据进行调试，同时 Scrapy shell 还可以修改请求的方式和请求头。在编写 Scrapy 爬虫之前，使用 Scrapy shell 进行调试可以帮助编写爬虫过程中少犯错误。
```

3.2.3 爬虫调用 shell

有时候检查 responses 是爬虫必不可少的一个重要环节。这时候可以使用 Scrapy.shell.inspect_response 函数。

（1）首先创建项目 test。

```
Scrapy startproject test
```

（2）创建文件 spider.py，并保存在 spiders 目录下。

```
import Scrapy
class MySpider(Scrapy.Spider):
    name = "myspider"#爬虫名字
    start_urls = [#
        "http://example.com",
        "http://example.org",
        "http://example.net",
    ]#开始爬取的 url 列表
    def parse(self, response):
        # We want to inspect one specific response.
        if ".org" in response.url:
            from Scrapy.shell import inspect_response#引入 shell
            inspect_response(response, self)#调用 parse 函数时调用 shell
        # Rest of parsing code.
```

（3）在 test 项目目录下，运行爬虫。

```
scrapy crawl myspider
```

爬虫运行的时候，shell 同样会被调用：

```
2018-01-23 17:48:31-0400 [Scrapy.core.engine] DEBUG: Crawled (200) <GET http://example.com> (referer: None)2018-01-23 17:48:31-0400 [Scrapy.core.engine] DEBUG: Crawled (200) <GET http://example.org> (referer: None)#状态码200 请求成功
[s] Available Scrapy objects:
[s]   crawler    <Scrapy.crawler.Crawler object at 0x1e16b50>
...
>>> response.url 查看地址
'http://example.org'
```

然后可以通过操作 response 对象检查各项参数或者提取数据。如：response.url 查看 response 对象的 URL。

3.3 使用 Scrapy 爬取 quotes

现在开始建立自己的爬虫项目去爬取 quotes.toscrape.com，名人名言网站。建立项目需要完成以下几个简单的步骤：

（1）创建自己的 Scrapy 项目。
（2）编写一个网页爬虫并抓取数据。
（3）通过命令行输出数据。
（4）让爬虫自动爬取下一页的内容。
（5）学会使用爬虫参数。

3.3.1 创建 Scrapy 项目并新建爬虫

在开始爬取之前，需要新建一个 Scrapy 的项目。在当前目录下运行终端输入命令：Scrapy startproject tutoria，然后就会创建一个 tutorial 文件夹，内部的结构是这样的。

```
tutorial/
    Scrapy.cfg                          # deploy configuration file
    tutorial/                           # 你的项目包
        __init__.py
        items.py                        # 项目 items, 定义你的数据字段
        pipelines.py                    # 项目 pipelines, 如何处理数据的方法
        settings.py                     # 项目的 setting
        spiders/                        # 存放爬虫的地方
            __init__.py
```

spiders 是定义的爬虫类，用来编写爬取网页的逻辑。编写爬虫的类 class 时必须继承 Scrapy.Spider。同时需要定义最初的 URL，可以通过列表形式的 start_urls，也可以通过 start_requests() 函数来定义。发起的请求会回调到 parse() 函数。在 parse() 函数下选择如何进入下一页，还有如何解析下载回来的网页内容以便提取数据。这是第一个爬虫的代码，命名为 quotes_spider.py 保存在项目 tutorial/spiders 目录下。

```python
import scrapy
class QuotesSpider(Scrapy.Spider):
    name = "quotes"                                     #爬虫名
    def start_requests(self):                           #定义初始爬取的 URL
        urls = [
            'http://quotes.toscrape.com/page/1/',
            'http://quotes.toscrape.com/page/2/',
        ]
        for url in urls:                                #发起请求并指定回调函数
            yield scrapy.Request(url=url, callback=self.parse)
    def parse(self, response):                          #回调函数, 进行下一步操作
        page = response.url.split("/")[-2]              #提取页码
        filename = 'quotes-%s.html' % page              #定义文件名
        with open(filename, 'wb') as f:                 #建立文件
            f.write(response.body)                      #写入爬取的内容
        self.log('Saved file %s' % filename)            #打印日志成功保存
```

从代码中可以看到爬虫继承了 Scrapy.Spider 并且定义了一些参数和方法：
- name：是爬虫的名字，必须是唯一的。
- start_requests()：你可以返回一个请求的列表，里面是 URL。或者自己写一个生成器的功能。这是爬虫开始爬取的一个或多个链接。
- urls：存储爬取链接的列表，遍历列表，yield 可以不中断函数并继续发起下一个请求。
- parse()：从 start_requests() 下载回来的网页内容回调到 parse()。下载回来的内容是一个 response 对象，然后从中提取数据并找到新的 URL 进行下一页的爬取。

3.3.2 爬取和提取数据

运行爬虫需要在项目的目录最顶层运行命令：Scrapy crawl quotes，然后爬虫会运行刚刚新建的名字为 quotes 的爬虫，它会发送请求到网站 quotes.toscrape.com。这时候当前目录下有两个新

文件被创建了：quotes-1.html 和 quotes-2.html，里面的内容是刚才爬取的两个网页的源代码。

除了使用 start_requests()这个函数来开始请求 URL，还可以使用更简单的方式，定义一个 start_urls 列表。比如：

```python
import scrapy
class QuotesSpider(Scrapy.Spider):
    name = "quotes"
    start_urls = [#请求url列表
        'http://quotes.toscrape.com/page/1/',
        'http://quotes.toscrape.com/page/2/',
    ]
    def parse(self, response):
        page = response.url.split("/")[-2]
        filename = 'quotes-%s.html' % page
        with open(filename, 'wb') as f:
            f.write(response.body)
```

请求的每一个 URL 返回的 response 会默认回调到 parse()方法中。对入门者来说提取数据是个比较头疼的问题。因为对工具和网页源码的不熟悉，很难准确定位到数据的位置。通过 shell 来学习数据提取是一个不错的选择。

直接在终端输入命令：

```
Scrapy shell 'http://quotes.toscrape.com/page/1/'
```

然后会出现这些选项：

```
[ ... Scrapy log here ... ]2016-09-19 12:09:27 [Scrapy.core.engine] DEBUG: Crawled
(200) <GET http://quotes.toscrape.com/page/1/> (referer: None)
[s] Available Scrapy objects:
[s]   Scrapy     Scrapy module (contains Scrapy.Request, Scrapy.Selector, etc)
[s]   crawler    <Scrapy.crawler.Crawler object at 0x7fa91d888c90>
[s]   item       {}
[s]   request    <GET http://quotes.toscrape.com/page/1/>
[s]   response   <200 http://quotes.toscrape.com/page/1/>
[s]   settings   <Scrapy.settings.Settings object at 0x7fa91d888c10>
[s]   spider     <DefaultSpider 'default' at 0x7fa91c8af990>
[s] Useful shortcuts:
[s]   shelp()           Shell help (print this help)
[s]   fetch(req_or_url) Fetch request (or URL) and update local objects
[s]   view(response)    View response in a browser
```

通过 shell，可以使用 CSS 选择器来选择对象里的元素。

```
>>> response.css('title')
[<Selector xpath='descendant-or-self::title' data='<title>Quotes to Scrape</title>'>]
```

这里返回的是一个类似列表的对象，但我们需要的是从列表对象中提取文本内容。

```
>>> response.css('title::text').extract()
['Quotes to Scrape']
```
```这里我们加了`::text`，意思是只选择文本内容，如果没有这个的话，它会返回连标签页一起返回。就像这样
```>>> response.css('title').extract()
['<title>Quotes to Scrape</title>']
```

这里返回的对象还是个列表，列表中有时候会有多个文本内容，如：
```

```
['<title>Quotes to Scrape1</title>',
['<title>Quotes to Scrape2</title>'],['<title>Quotes to Scrape3</title>']
```

但如果确定返回的文本内容就是列表中的第一个元素 Quotes to Scrape1，可以直接用：

```
>>> response.css('title::text').extract_first()'Quotes to Scrape'
```

这样就直接获取了第一个元素 Quotes to Scrape1。

3.3.3 通过脚本运行 Scrapy 爬虫

有时候需要在 API 中通过代码调用 Scrapy 爬虫，建立项目运行的方式就变得不适合了。可以直接新建一个 py 文件 crawl.py。

```
import Scrapyfrom Scrapy.crawler
import CrawlerProcess
class MySpider(Scrapy.Spider):
    name = 'test'                                   #爬虫名
    start_urls = ['http://quotes.toscrape.com']     #初始爬取的url
process = CrawlerProcess({
    'USER_AGENT': 'Mozilla/4.0 (compatible; MSIE 7.0; Windows NT 5.1)'
})                                                  #增加 headers
process.crawl(MySpider)
process.start()                                     #爬取结束后自动关闭
```

可以在脚本直接写一个爬虫，MySpider 这个类就是一个现成的爬虫，运行文件。

```
Python crawl.py
```

爬虫就会跑起来直到爬取结束或者被中断为止。

也可以通过脚本代码来运行 Scrapy project。在项目目录下新建脚本文件，并且把爬虫的名字作为参数传入到 CrwalerProcess 中，另外通过 get_project_settings 方法获取 Settings 里项目爬虫的设定。

```
from scrapy.crawler import CrawlerProcess
from scrapy.utils.project import get_project_settings
process = CrawlerProcess(get_project_settings())        #使用项目中的设定
process.crawl('', domain='quotes.toscrape.com')         #可另外添加限制 domain
process.start()                                         # 脚本会一直运行直到爬取完成
```

这个脚本运行与前面的爬虫不一样。前者是通过将爬虫和运行代码写在同一个文件中，通过运行文件启动。后者是已有的 Scrapy 项目前提下，调用 Scrapy 下 spiders 目录的爬虫进行爬取。

3.3.4 在同一进程下运行多个爬虫

在启动 Scrapy crawl 命令时，Scrapy 默认每个进程运行一个爬虫。但是 Scrapy 支持通过 API 的方式在一个进程下运行多个爬虫。

```
import scrapyfrom Scrapy.crawler import CrawlerProcess
class MySpider1(scrapy.Spider):                         #第一个爬虫
    name = 'tes1t'
    start_urls = ['http://quotes.toscrape.com/page/1']
class MySpider2(scrapy.Spider):                         #第二个爬虫
    name = 'tes2t'
    start_urls = ['http://quotes.toscrape.com/page/2']
```

```
process = CrawlerProcess()
process.crawl(MySpider1)
process.crawl(MySpider2)
process.start()                              # 爬虫会一直运行直到结束
```

这段代码有 Myspider1 和 Myspider2 两个爬虫,通过 CrawlerProcess()直接调用,运行起来,直到爬取结束才会停下来。在工作中爬虫的应用场景有两种,一种就是在服务器中直接部署爬虫,爬取数据,另一种则是通过 API 传入参数运行爬虫进行爬取。用脚本运行 Scrapy 的方式,十分适用于第二种场景。当然也可以不使用框架选择自己写爬虫。但 Scrapy 的方便,会让你省下许多构思爬虫逻辑的时间。

3.3.5　简易的分布式爬虫思路

关于分布式爬虫,用简单的语言介绍就是分布式爬虫由 master 爬虫和 slave 爬虫组成。比如说 master 爬虫任务是从名人名言网站 http://quotes.toscrape.com 中爬取每个页码的 URL。每一个页码 URL 都称为任务 URL,由 master 分配给 slave 爬虫爬取网页内容。一个是爬取任务,一个是爬取内容,分工不同。Scrapy 没有提供分布式爬虫的功能,但你可以有多种方法来实现分布式爬虫,比如说利用 Scrapy-redis。在这里只说一种简单的超简易的分布式爬虫,适合新手入门和加深理解。这种简易的分布式爬虫就是把 master 爬虫去掉,只使用 slave 爬虫分别爬取提前准备好的 URL。比如要爬取名人名言网站前 100 页链接的内容。现在已经知道 quotes.toscrape.com 这个网站页码的 URL 规则是 page/页码/。所以可以提前把它们分成三部分写出来。

```
part I
http://quotes.toscrape.com/page/1
http://quotes.toscrape.com/page/2
http://quotes.toscrape.com/page/3
http://quotes.toscrape.com/page/4
……
http://quotes.toscrape.com/page/30
partII
http://quotes.toscrape.com/page/31
http://quotes.toscrape.com/page/32
http://quotes.toscrape.com/page/33
http://quotes.toscrape.com/page/34
……
http://quotes.toscrape.com/page/60
partIII
http://quotes.toscrape.com/page/61
http://quotes.toscrape.com/page/62
http://quotes.toscrape.com/page/63
http://quotes.toscrape.com/page/64
……
http://quotes.toscrape.com/page/100
```

爬虫 slave1 爬取 part I 所有的 URL,爬虫 slave2 爬取 part II 所有的 URL,爬虫 slave3 爬取 part III 所有的 URL。同时开启三个爬虫分别爬取三部分的 URL,这样就实现了最简单的分布式爬虫。当然平时工作中的分布式爬虫是没那么简单的。master 的任务可以说相当的重要,除了要保证不断增加任务 URL 还要做去重处理。在另外一章中会深入探讨分布式爬虫。

3.3.6 防止爬虫被 ban

被 ban 就是爬虫被网站封杀了的意思。爬虫是不受欢迎的，尤其是网站的所有者，对爬虫深恶痛疾。所以，如果爬虫太过分，没有做伪装或者爬得太快都会很容易被识破并封杀。有一些技巧，可以有效地防止爬虫被 ban：

- 使用随机请求头，准备大量的请求头 user-agent，建成池然后随机调用。
- 禁止 cookies（setting 里有个 COOKIES_ENABLE）有一些网站可以通过 cookies 来辨别访问的是机器人还是真人，所以禁掉就好。
- 设置延时 delay，无间隔的爬取是对网站的攻击，会给对方服务器造成巨大压力。

3.4 setting 基本配置

Scrapy 中有一个 settings.py 的文件，里面是 Scrapy 的爬取配置。如果打开可以发现，里面很多个配置都被注释掉了没有使用。所以 Scrapy 在爬取过程中很多功能并没有被激活。

重新开始创建一个 Scrapy 项目。

```
scrapy startproject myproject
```

进入 myproject 目录，可以看到目录结果为：

```
├── myproject
│   ├── __init__.py
│   ├── items.py
│   ├── middlewares.py
│   ├── pipelines.py
│   ├── __pycache__
│   ├── settings.py
│   └── spiders
│       ├── __init__.py
│       └── __pycache__
└── scrapy.cfg
```

settings.py 文件，Scrapy 的配置就写在里面。不管是禁用功能还是激活功能都在配置中执行。

（1）在配置中默认激活的有：

```
#爬虫名
BOT_NAME = 'myproject'
#爬虫模块
SPIDER_MODULES = ['myproject.spiders']
NEWSPIDER_MODULE = 'myproject.spiders'
#机器人守则
ROBOTSTXT_OBEY = True
```

BOT_NAME 这个很好理解，指爬虫的名字。而爬虫模块 myproject.spiders 是编写爬虫爬取逻辑的所在。机器人守则 ROBOTSTXT，有一些网站是存在 ROBOTSTXT 的。在守则中网站站长会告诉你它允不允许你爬取他的网站，或者网站中哪些地方不希望被爬取。所以，爬虫其实不是什么内容都能爬的。常用的搜索引擎百度、谷歌就是个大爬虫。但是如此强大的搜索网站，也有搜索不到的内容。比方说 QQ 空间的日志，因为 QQ 空间 ROBOTSTXT 告诉了这些搜索网站的爬虫，自己不希望被爬取。所以是无法通过搜索获取到内容的。

（2）如果已经对 Scrapy 的基础有所了解，那应该记得在使用 Scrapy 爬取数据的过程中会使用到 item。item 是一个存放数据的容器，通过 items.py 进行定义。然后爬虫模块通过 import 进行使用。但是最后数据流转到哪个模块中进行清洗或者保存，需要在 ITEM_PIPELINES 中进行配置。

```
ITEM_PIPELINES = {
    'myproject.pipelines.YOURCLASS': 300,
}
```

例如上面的 myproject.pipelines.YOURCLASS 指在 myproject 项目下 pipelines 模块中的 YOURCLASS 类需要使用到 item，后面的数字 300 代表优先级，数字越小优先级越高。

（3）DEFAULT_REQUEST_HEADERS 默认使用的请求头。爬虫伪装最简单的手段，伪装请求头。Scrapy 使用的请求头：

```
DEFAULT_REQUEST_HEADERS = {
  'Accept': 'text/html,application/xhtml+xml,application/xml;q=0.9,*/*;q=0.8',
  'Accept-Language': 'en',
}
```

细心观察会发现，这个请求头中没有 USER_AGENT。那是因为 Scrapy 基本配置有着独立的 USER_AGENT 参数。

```
USER_AGENT = 'myproject (+http://www.yourdomain.com)'
```

这个 USER_AGENT 由项目名+爬取目标 URL 构成，这个很奇怪。平时使用的 USER_AGENT 是各种浏览器的请求头信息。对方网站是根据请求头信息来获取你的系统和浏览器信息，然后返回数据的。请求头分不同浏览器，如火狐、谷歌、Opera，不同系统：PC 和手机。有时候有些网站你想要获取它的手机页面的数据，你必须要使用手机的请求头才能成功请求。

（4）DOWNLOAD_DELAY 下载延迟。爬虫爬取的过程是一个不断向目标网站发起请求的过程，过快的爬取速度则会给对方服务器造成负担，变成一种攻击行为。所以 DOWNLOAD_DELAY 这个参数的存在，设置了爬取的间隔时间。

（5）CONCURRENT_REQUESTS 控制下载并发数，默认为 16 个并发。如果完成一次请求需要的时间是 0.25 秒，16 个并发每秒会产生 64 个请求。

（6）CONCURRENT_REQUESTS_PER_DOMAIN 对单个网站进行并发请求的最大值。

（7）CONCURRENT_REQUESTS_PER_IP 对单个 IP 进行并发请求的最大值，这个设定为非 0 的时候，DOWNLOAD_DELAY 延迟作用在 IP 上而不是网站。

3.5 Pipeline 模块

Pipeline 翻译成中文是管道的意思，是抓取数据通往数据库的通道。而在这个管道里，我们可以对抓取的数据进行处理。数据抓取过程中，数据会保存在 Item 模块，然后流转到 Pipeline 模块中进行处理。在 Pipeline 模块中，可以通过自己编写的方法对数据进行保存、下载等操作。

3.5.1 爬取文字板块

上一节中已经创建了一个 myproject 的项目，现在可以直接在这个项目上编写爬虫，用来爬取糗事百科的文字板块。

（1）进入 myproject/spiders 目录下新建爬虫 spider.py 文件。

```python
import scrapy
from myproject.items import MyprojectItem
class MySpider(scrapy.Spider):
    #爬虫名
    name = 'qiushibaike'
    #文字板块url
    start_urls = ['https://www.qiushibaike.com/text/']
    #回调函数
    def parse(self, response):
        items= MyprojectItem()
        self.log('A response from %s just arrived!' % response.url)
```

编写了一个最简单的爬虫逻辑，从 start_urls 进行爬取，结果返回到 parse 函数当中，然后在控制台输出日志。尝试在终端输入命令：

```
scrapy crawl qiushibaike
```

控制台输出结果如下：

```
2019-01-13 14:43:49 [scrapy.downloadermiddlewares.retry] DEBUG: Retrying <GET https://www.qiushibaike.com/text/> (failed 1 times): [<twisted.python.failure.Failure twisted.internet.error.ConnectionDone: Connection was closed cleanly.>]
^[[A
^C2019-01-13 14:44:47 [scrapy.crawler] INFO: Received SIGINT, shutting down gracefully. Send again to force
2019-01-13 14:44:47 [scrapy.core.engine] INFO: Closing spider (shutdown)
^C2019-01-13 14:44:47 [scrapy.crawler] INFO: Received SIGINT twice, forcing unclean shutdown
2019-01-13 14:44:47 [scrapy.downloadermiddlewares.retry] DEBUG: Retrying <GET https://www.qiushibaike.com/text/> (failed 2 times): An error occurred while connecting: [Failure instance: Traceback (failure with no frames): <class 'twisted.internet.error.ConnectionLost'>: Connection to the other side was lost in a non-clean fashion: Connection lost.
].
```

从文字意思看是请求失败了，重试多次以后失败关闭。想一想，没有设置请求头，设置中也没有关闭 ROBOTXT，这些都有可能是爬取失败的原因。

（2）返回上层目录，打开 settings.py 文件，然后设置。

```
#忽略机器人守则进行爬取
ROBOTSTXT_OBEY = False
#修改默认请求头，增加 USERAGENT
DEFAULT_REQUEST_HEADERS = {
   'Accept': 'text/html,application/xhtml+xml,application/xml;q=0.9,*/*;q=0.8',
   'Accept-Language': 'en',
   'User-Agent':'Mozilla/5.0 (X11; Ubuntu; Linux i686; rv:64.0) Gecko/20100101 Firefox/64.0'
   }
```

然后再次运行命令：

```
scrapy crawl qiushibaike
```

查看控制台输出结果：

```
2019-01-13 15:07:20 [scrapy.core.engine] DEBUG: Crawled (200) <GET https://www.qiushibaike.com/text/> (referer: None)
2019-01-13 15:07:20 [qiushibaike] DEBUG: A response from https://www.qiushibaike.com/text/ just arrived!
2019-01-13 15:07:20 [scrapy.core.engine] INFO: Closing spider (finished)
2019-01-13 15:07:20 [scrapy.statscollectors] INFO: Dumping Scrapy stats:
```

请求成功，糗事百科板块的源码保存在了 response 对象中。接下来要从源码中提取数据并保存到容器中。

（3）返回上层目录，打开 items.py 文件。

```python
import scrapy
class MyprojectItem(scrapy.Item):
    # define the fields for your item here like:
    # name = scrapy.Field()
    content = scrapy.Field()
```

定义了数据的一个字段、内容。spider.py 在 import 之后，可以直接使用 MyprojectItem 保存数据。

（4）编辑 spider.py 文件。

```python
def parse(self, response):
    #通过 xpath 提取内容
    contents=response.selector.xpath("//div[@class='content']/span/text()").extract()
    #定义 items 作为数据暂存容器
    items= MyprojectItem()
    for i in contents:
        items['content'] = i.strip()
        #通过生成器 yield 将数据传送到 Pipeline 进一步处理
        yield items
    self.log('A response from %s just arrived!' % response.url)
```

打开终端，输入运行命令：

```
scrapy crawl qiushibaike
```

查看控制台输出：

```
{'content': '老公第一次带我回家，因为停车耽误了很长时间，大大咧咧的我自己就进了屋...等老公急急忙忙跑了进来时，坐在沙发上的我有说有笑地站起来对他说道：" 你怎么才进来，我和你姐都聊了好长时间你小时候的事啦..."老公却小声对我说道：" 这是我妈..." 这算不算一个完美的开局，呵呵...'}
2019-01-13 15:25:14 [scrapy.core.scraper] DEBUG: Scraped from <200 https://www.qiushibaike.com/text/>
{'content': '【生活日常】有个污友是什么体验'}
2019-01-13 15:25:14 [scrapy.core.scraper] DEBUG: Scraped from <200 https://www.qiushibaike.com/text/>
{'content': '今天我们去接新生~社团迎新，此为背景，很累了~~'}
```

从控制台打印的内容可以看到 items 变量已经成功获得内容并将内容提交到 Pipeline 当中。但是现在还没写 Pipeline，所以当前数据没有做任何的处理。

3.5.2 编写 Pipeline 模块

已经从源代码中抓取了数据，现在要通过 Pipeline 模块来对数据进行处理。进入 myproject 项目，打开 pipelines.py。

```
# -*- coding: utf-8 -*-
# Define your item pipelines here
#
# Don't forget to add your pipeline to the ITEM_PIPELINES setting
# See: https://doc.scrapy.org/en/latest/topics/item-pipeline.html
class MyprojectPipeline(object):
    def process_item(self, item, spider):
        return item
```

可以看到里面基本上没什么东西，只有一个 Myproject Pipeline 的类和一个 process_item 的函数，数据 item 的处理就在 process_item 中进行。可以试着把 item 的数据写入到一个文件中保存。

```
class MyprojectPipeline(object):
    def process_item(self, item, spider):
        #打开文件data.json，如果没有则创建
        f = open('data.json','a')
        #写入数据
        f.write(str(item)+',\n')
        f.close()
        return item
```

然后试着运行：

```
scrapy crawl qiushibaike
```

查看文件夹，发现什么都没有，不存在 data.json 这个文件。那是因为没有在 settings.py 配置文件中激活这个方法。打开 settings.py 文件。

```
ITEM_PIPELINES = {
    'myproject.pipelines.MyprojectPipeline': 300,
}
```

这段代码在配置中是被注释掉的，反注释即可。当使用的是自己编写的 Pipeline 方法时，需要在 ITEM_PIPELINES 里将自己的方法添加进去。

现在试着再运行命令：

```
scrapy crawl qiushibaike
```

然后可以看到文件 data.json 在 myproject 目录下了。

```
├── data.json
├── myproject
```

打开 data.json 文件。

```
{'content': '到他办公室他跟我说，年底没有钱了，货款没收到，过了年再跟我清账，让你过来就是当面跟你打个招呼。电话里说不礼貌。'},
{'content': '我.....'},
{'content': '昨晚不是喝腊八粥没吃饱吗，问老婆、儿子吃面条不，俩人都脆生生的回答我不吃。于是我煮了一袋方便面，然后去上个厕所出来，一个在喝汤，一个正在擦嘴......'}
```

Scrapy 已经成功将数据爬取并保存到 data.json 文件中了。

在 MyprojectPipeline() 中，process_item() 是必需的方法，在爬取过程调用对数据进行处理，处理完之后必须将 item 返回。另外 open_spider() 和 close_spider() 两个方法，前者是爬虫运行时调用，后者是爬虫关闭时调用。它们都只会运行一次。这两个方法并不是必需的，可以根据自己的需求添加功能。

3.5.3 通过 Pipeline 将数据写入 MongoDB 数据库

了解 Pipeline 模块的使用方式之后，继续拓展将数据写入 MongoDB 数据库中。上一节提到 MyprojectPipeline()，还有 open_spider() 和 close_spider() 两个方法，分别是爬虫运行时和爬虫运行结束后调用的。可以使用 open_spider 来连接数据库，而 close_spider 来关闭数据库连接。另外还需要增加一个 from_crawler() 的方法，主要功能为从配置文件 settings.py 中获取参数。当然也可以将参数直接写在 Pipeline 模块中，但是开发的流程里所有参数都会放在一个配置文件中。

（1）打开配置文件 settings.py。

```
MONGO_URI='localhost:27017'
MONGO_DB='scrapy_data'
```

（2）打开 pipeline.py 文件。

```
import pymongo
class MyprojectPipeline(object):
  def __init__(self,mongouri,mongodb):
    pass
  @classmethod
  def from_crawler(cls,crawler):
    pass
  def process_item(self,item,spider):
    pass
  def open_spider(self,spider):
    pass
  def close_spider(self,spider):
    pass
```

创建四个功能函数：from_crawler、process_item、open_spider、close_spider，__init__ 函数作用是启动时初始化参数。

（3）编写 from_crawler 函数。

```
@classmethod
    def from_crawler(cls,crawler):
return cls(
        mongouri = crawler.settings.get("MONGO_URI"),
        mongodb = crawler.settings.get("MONGO_DB"))
```

继承 crawler 类获取配置文件中的参数，然后返回到 cls 当中。

（4）编写 __init__ 函数。

```
def __init__(self,mongouri,mongodb):
    self.mongouri= mongouri
    self.mongodb = mongodb
```

获取 MongoDB 和 mongouri 两个参数，将其初始化。

（5）连接 MongoDB 数据库。

```
def open_spider(self,spider):
    self.client = pymongo.MongoClient(self.mongourl,self.mongoport)
    self.db = self.client[self.mongodb]
```

连接 MongoDB 数据库，获取游标 self.db。

（6）写入数据。

```
def process_item(self, item, spider):
    self.db.qiushibaike.insert(item)
    return item
```

往 scrapy_data 数据库中的 qiushibake 这个表中写入数据。

（7）断开数据库连接。

```
def close_spider(self,spider):
    self.client.close()
```

到这里基本上已经完成了方法的编写，因为上一节中已经在 settings.py 配置文件中添加过。

```
ITEM_PIPELINES = {
    'myproject.pipelines.MyprojectPipeline': 300,
}
```

所以现在 MyprojectPipeline 处于激活状态可以直接使用。但是假如创建了一个新的类，例如叫 Mongopipeline，则需要将其添加进 ITEM_PIPELINES 当中。

```
ITEM_PIPELINES = {
    'myproject.pipelines.MyprojectPipeline': 300,
    'myproject.pipelines.Mongopipeline': 350,
}
```

后面的数字 300 和 350 代表优先级，数字越小优先级越高。MyprojectPipeline 的优先级高于 Mongopipeline，所以爬虫运行的时候会先调用 MyprojectPipeline。

3.5.4　ImagesPipeline 处理图片

学会了 Pipeline 模块的方法，就可以用自己编写的方法去下载图片。不过 Scrapy 自带了一个 ImagesPipeline 的类专门用来处理图片数据。虽然它没有自己编写的方法这么灵活，但是 Scrapy 的 ImagesPipeline 类提供了许多方便的功能供开发者使用。它可以将图片转换成 JPG 和 RGB 格式，避免重复下载，生成缩略图，还可以根据图片大小过滤。

爬虫抓取的图片 URL 存放在 item 中的 image_urls 字段内，然后进入 Pipeline 管道中。ImagePipeline 会从 image_urls 这个字段获取 URL 进行下载。

（1）在 items.py 文件中定义字段 image_urls。

```
import scrapy
class MyprojectItem(scrapy.Item):
    # define the fields for your item here like:
    # name = scrapy.Field()
    content = scrapy.Field()
    #增加 image_urls 字段
```

```
    image_urls = scrapy.Field()
    image_paths = scrapy.Field()
```

添加了 image_urls 这个字段。

（2）修改爬虫，增加图片的抓取，打开 spiders/spider2.py 文件。

```
from myproject.items import MyprojectItem
class MySpider(scrapy.Spider):
    name = 'qiushibaiketupian'
    #图片版块地址
    start_urls = ['https://www.qiushibaike.com/imgrank/']
    def parse(self, response):
        #通过 xpath 提取图片地址
        images=response.selector.xpath("//img[@class='illustration']/@src").extract()
        items= MyprojectItem()
        for i in images:
            #url 写入到 item 中提交, image_urls 一定要是列表, 如果是字符串会下载失败
            items['image_urls'] = ['http:'+i.strip()]
            yield items
            self.log('A response from %s just arrived!' % response.url)
```

修改爬虫名为 qiushibaiketupian，爬虫爬取地址 start_urls 为糗事百科图片版块。回调函数中 content 变量改为 images，通过 xpath 获取图片地址写入 items 的 image_urls 字段中。

（3）修改 pipeline.py，继承 ImagesPipeline 类。

```
import scrapy
#引入 ImagesPipeline 这个类
from scrapy.pipelines.images import ImagesPipeline
#引入 DropItem, 发生异常时抛弃 item
from scrapy.exceptions import DropItem
class MyImagesPipeline(ImagesPipeline):
#get_media_requests 方法从 item 中获取 url 进行下载
    def get_media_requests(self, item, info):
        for image_url in item['image_urls']:
            yield scrapy.Request(image_url)
#当下载完成时, 调用 item_completed 方法, 保存图片.
    def item_completed(self, results, item, info):
        image_paths = [x['path'] for ok, x in results if ok]
        if not image_paths:
#当没有返回图片路径时, 抛弃 item
            raise DropItem("Item contains no images")
#将图片本地路径写入 item
        item['image_paths'] = image_paths
        return item
```

自定义 ImagesPipeline 主要使用两个方法，get_media_requests 和 item_completed。get_media_requests 从 item 中的 images_url 字段获取下载的 URL，发送请求进行下载。下载完成之后调用 item_completed 方法，从一个 results 结果中获取状态和下载完成后图片的本地路径。图片本地路径保存在 image_paths 列表中，如果列表为空则抛出异常，丢弃此 item。

① 激活 MyprojectItem，打开 settings.py 文件，将 MyImagesPipeline 添加进 ITEM_PIPELINES，定义图片存放地址和有效时间。

```
ITEM_PIPELINES = {
    'myproject.pipelines.MyImagesPipeline': 300,
}
IMAGES_STORE = '\images'
# 过期天数
IMAGES_EXPIRES = 90  #90 天内抓取的都不会被重抓
```

图片存放在当前目录 myproject 下的 images 文件夹内，设置有效时间 90 天。90 天内，相同的图片 URL 不会被下载。

② 运行抓取命令：

```
scrapy crawl qiushibaiketupian
```

查看控制台输出结果：

```
{'image_paths': ['full/5d267a3ed07591a65ba43a44e300054f37991e06.jpg'],
 'image_urls': ['http://pic.qiushibaike.com/system/pictures/11368/113681764/medium/app113681764.jpg']}
2019-01-15 23:23:24 [scrapy.core.scraper] DEBUG: Scraped from <200 https://www.qiushibaike.com/imgrank/>
{'image_paths': ['full/7bfc6881d6d5cb8981974a012548e59e867a108c.jpg'],
 'image_urls': ['http://pic.qiushibaike.com/system/pictures/11368/113681764/medium/app113681764.jpg']}
2019-01-15 23:23:24 [scrapy.core.scraper] DEBUG: Scraped from <200 https://www.qiushibaike.com/imgrank/>
{'image_paths': ['full/7ae34e3ed5df605461d2c365bb660a87cbe30711.jpg'],
 'image_urls': ['http://pic.qiushibaike.com/system/pictures/11368/113681764/medium/app113681764.jpg']}
2019-01-15 23:23:24 [scrapy.core.scraper] DEBUG: Scraped from <200 https://www.qiushibaike.com/imgrank/>
{'image_paths': ['full/d6688022bda19f8d1675b3cb69035bd23229d18e.jpg'],
 'image_urls': ['http://pic.qiushibaike.com/system/pictures/11368/113681764/medium/app113681764.jpg']}
```

从控制台输出日志可以看出，items 容器输出字段增加了 image_paths，有了图片的本地路径。每一张图片的命名都是一堆很长的字符串+.jpg 结尾，这里是用了某个图片的属性进行哈希得到的密文作为图片名进行保存。

打开 myproject/images/full 目录，可以看到下载完成的图片，如图 3-2 所示。

图 3-2 下载完成的图片

ImagesPipeline 的用法也是相对简单的，直接定义好函数以后就能自动完成图片原图下载任务。

③ 这一节开头中说过，ImagesPipeline 其实还可以生成缩略图和控制下载图片的尺寸，过滤掉小尺寸图片。在 settings.py 配置中设置即可。

```
IMAGES_THUMBS = {
    'small': (50, 50),
    'big': (270, 270),
}
IMAGES_MIN_WIDTH = 800           # 最小宽度
IMAGES_MIN_HEIGHT = 640          # 最小高度
```

再次运行爬虫的时候，会生成各 thumbs 文件夹，进入会有 big 和 small 两个文件夹。同一张图片分别保存在三个不同文件夹中，三张图分别是原图、小缩略图、大缩略图。而且不符合图片尺寸要求的小图，会被过滤，不再下载。

3.5.5　FilePipeline 下载文件

除了专门用来下载图片的 ImagePipeline，还有这个下载文件专用的 FilePipeline，使用方法上和 ImagePipeline 也十分相似。上一节介绍的是使用自定义的方法来定义 Pipeline 管道。这次直接调用 Scrapy 自带的 Pipeline 管道进行下载。

（1）增加下载文件的字段，打开 items.py 文件。

```
class MyprojectItem(scrapy.Item):
    file_urls = scrapy.Field()
    files = scrapy.Field()
```

item 添加 file_urls 字段，将待爬取的文件 URL 存入该字段。添加 files 字段，文件下完成后将本地路径写入到 files 字段中。

（2）修改 spiders.py 文件，修改 item 字段。

```
def parse(self, response):
        #通过 xpath 提取图片地址
        images=response.selector.xpath("//img[@class='illustration']/@src").extract()
        items= MyprojectItem()
        for i in images:
            #url 写入到 item 中提交
#将原来的 image_urls 改为新的字段 file_urls
            items['image_urls'] =['http:'+ i.strip()]
            items['file_urls'] =['http:'+ i.strip()]
            yield items
```

（3）在配置文件 settings.py 中增加 filespipeline，配置文件存放路径。

```
ITEM_PIPELINES = {
  # 'myproject.pipelines.MyImagesPipeline': 300,
   'scrapy.pipelines.files.FilesPipeline':1
}
FILES_STORE='downloadfile'
```

将文件存放目录设定为本地目录下的 downloadfile 文件夹，如果不存在会自动创建。

（4）输入运行命令，运行爬虫。

```
scrapy crawl qiushibaiketupian
```

在控制台查看结果：

```
  'files': [{'checksum': '01f10c316a3765d20866317313211d39',
             'path': 'full/744b8d991d7b6ff8291fff66567516a6ca3fe4cd.jpg',
             'url': 'http://pic.qiushibaike.com/system/pictures/11616/116166641/medium/
app116166641.jpg'}]}
   2019-01-17   01:36:29   [scrapy.core.scraper]    DEBUG:   Scraped   from   <200
https://www.qiushibaike.com/imgrank/>
  {'file_urls': ['http://pic.qiushibaike.com/system/pictures/11616/116164981/medium/
app116164981.jpg'],
   'files': [{'checksum': '6e54a55a53dad4c3625fd5be15b2c448',
             'path': 'full/b0bd9ac732092fe6cbf5adefad237eb82c95ddb0.jpg',
             'url': 'http://pic.qiushibaike.com/system/pictures/11616/116164981/medium/
app116164981.jpg'}]}
   2019-01-17 01:36:29 [scrapy.core.scraper] DEBUG: Scraped from <200 https://www.
qiushibaike.com/imgrank/>
  {'file_urls': ['http://pic.qiushibaike.com/system/pictures/11616/116164981/medium/
app116164981.jpg'],
   'files': [{'checksum': '17e0cee10c2329fd7b731ad71ee14009',
             'path': 'full/6d32c7ed76d9fedb23fdba422408c82d2e1df1ac.jpg',
             'url': 'http://pic.qiushibaike.com/system/pictures/12136/121360534/medium/
V1A38518LHP01GB6.jpg'}]}
   2019-01-17 01:36:29 [scrapy.core.scraper] DEBUG: Scraped from <200 https://www.
qiushibaike.com/imgrank/>
  {'file_urls': ['http://pic.qiushibaike.com/system/pictures/11616/116164981/medium/
app116164981.jpg'],
   'files': [{'checksum': '7bce3c824b4b98b9449fd9458999aef5',
             'path': 'full/650657b86b403162c2f7e7a95efdaa9d0b46f919.jpg',
             'url': 'http://pic.qiushibaike.com/system/pictures/11616/116163870/medium/
app116163870.jpg'}]}
```

可以看到 files 字段里存放了 path 文件路径，URL 下载地址，还有校验码 checksum。图片已经通过 FilePipeline 管道下载到了本地。除了图片，还可以使用这个管道下载声频、视频等大型文件。

3.6 Middleware 中间件

中间件有两种，Downloader Middleware 和 Spider Middleware。Downloader Middleware 用于爬虫爬取过程修改 Requests 和 Response，例如更换代理 IP、请求头。而 Spider Middleware 是用来处理 Response 对象和 Item 对象。

3.6.1 Downloader Middleware

Downloader Middleware 中文翻译也叫下载中间件，主要作用在爬取过程中更换代理 IP 和请求头，有效地防止爬虫被封。源码中使用的下载中间件类为 DownloaderMiddleware，使用到三个函数，process_request、process_response、process_exception、from_crawler。

```
process_request(request, spider)
```

process_request 会在每一个 request 经过下载中间件的时候被调用。调用结束的时候必须返回 None 或 Response 对象或新的 Request 对象。如果想忽略请求，可以直接使用 raise IgnoreRequest。这个 IgnoreRequest 和 Pipeline 中的 DropItem 很像。

返回 None 对象，Scrapy 会继续对此 request 进行处理，执行其他的下载中间件方法，直到 download handler 下载器处理函数被调用，此 request 被执行。

返回 Response 对象，Scrapy 会停止调用其他的 process_request 和 process_exception 方法。因为 downloader 中间件可以有很多个，在配置中激活，如果其中一个返回了，则其他中间件则不再被调用。

返回 Request 对象，Scrapy 会停止调用 process_request，重新调度返回的 request。

返回 IgnoreRequest，激活的下载中间件的 process_exception 会被调用，如果没有处理该异常，request 的 errback 方法也会被调用。但不同于其他异常，如果没有对异常进行处理，该异常会被忽略。

`process_response(request, response, spider)`

process_response 方法同时必须返回 Response 对象或 Request 对象或抛 IgnoreRequest 异常，不能返回 None。

返回 Response 对象，该对象会继续被其他下载中间件中的 process_response 方法执行。

返回 Request 对象，则会像 process_request 一样重新调度下载。

返回 IgnoreRequest，处理 process_request。

`process_exception(request, exception, spider)`

当中间件抛异常的时候，会调用 process_exception 方法，必须返回 None、Response 对象、Request 对象中的一个。

返回 None，其他中间件会继续调用 process_exception 方法，如果还是没有被处理，则调用默认的异常处理。

返回 Response 对象，重新调用被激活的中间件中的 process_response 方法，不再调用其他中间件。

返回 Request 对象，返回的 request 对象会被重新下载。

`from_crawler(cls, crawler)`

from_crawler 可以为中间件以及 Pipeline 的运行提供所需的配置参数，通过 crawler.settings 获得。

3.6.2 随机请求头中间件

上一节中说了很多下载中间件的使用规则，比较晦涩难懂。现在做一个随机请求头的下载中间件，通过这个例子去理解下载中间件的用法。

（1）打开 settings.py，添加代码。

```
#下载中间件
DOWNLOADER_MIDDLEWARES = {
    'myproject.middlewares.RandomUserAgentMiddleware': 400,
    'scrapy.contrib.downloadermiddleware.useragent.UserAgentMiddleware': None,
}
```

```
#请求头列表
USER_AGENT_LIST=[
    "Mozilla/5.0 (Windows NT 6.1; WOW64) AppleWebKit/537.1 (KHTML, like Gecko) Chrome/22.0.1207.1 Safari/537.1",
    "Mozilla/5.0 (X11; CrOS i686 2268.111.0) AppleWebKit/536.11 (KHTML, like Gecko) Chrome/20.0.1132.57 Safari/536.11",
    "Mozilla/5.0 (Windows NT 6.1; WOW64) AppleWebKit/536.6 (KHTML, like Gecko) Chrome/20.0.1092.0 Safari/536.6",
    "Mozilla/5.0 (Windows NT 6.2) AppleWebKit/536.6 (KHTML, like Gecko) Chrome/20.0.1090.0 Safari/536.6",
    "Mozilla/5.0 (Windows NT 6.2; WOW64) AppleWebKit/537.1 (KHTML, like Gecko) Chrome/19.77.34.5 Safari/537.1",
    "Mozilla/5.0 (X11; Linux x86_64) AppleWebKit/536.5 (KHTML, like Gecko) Chrome/19.0.1084.9 Safari/536.5",
    "Mozilla/5.0 (Windows NT 6.0) AppleWebKit/536.5 (KHTML, like Gecko) Chrome/19.0.1084.36 Safari/536.5",
    "Mozilla/5.0 (Windows NT 6.1; WOW64) AppleWebKit/536.3 (KHTML, like Gecko) Chrome/19.0.1063.0 Safari/536.3",
    "Mozilla/5.0 (Windows NT 5.1) AppleWebKit/536.3 (KHTML, like Gecko) Chrome/19.0.1063.0 Safari/536.3",
    "Mozilla/4.0 (compatible; MSIE 7.0; Windows NT 5.1; Trident/4.0; SE 2.X MetaSr 1.0; SE 2.X MetaSr 1.0; .NET CLR 2.0.50727; SE 2.X MetaSr 1.0)",
    "Mozilla/5.0 (Windows NT 6.2) AppleWebKit/536.3 (KHTML, like Gecko) Chrome/19.0.1062.0 Safari/536.3",
    "Mozilla/5.0 (Windows NT 6.1; WOW64) AppleWebKit/536.3 (KHTML, like Gecko) Chrome/19.0.1062.0 Safari/536.3",
    "Mozilla/4.0 (compatible; MSIE 7.0; Windows NT 5.1; 360SE)",
    "Mozilla/5.0 (Windows NT 6.1; WOW64) AppleWebKit/536.3 (KHTML, like Gecko) Chrome/19.0.1061.1 Safari/536.3",
    "Mozilla/5.0 (Windows NT 6.1) AppleWebKit/536.3 (KHTML, like Gecko) Chrome/19.0.1061.1 Safari/536.3",
    "Mozilla/5.0 (Windows NT 6.2) AppleWebKit/536.3 (KHTML, like Gecko) Chrome/19.0.1061.0 Safari/536.3",
    "Mozilla/5.0 (X11; Linux x86_64) AppleWebKit/535.24 (KHTML, like Gecko) Chrome/19.0.1055.1 Safari/535.24",
    "Mozilla/5.0 (Windows NT 6.2; WOW64) AppleWebKit/535.24 (KHTML, like Gecko) Chrome/19.0.1055.1 Safari/535.24"
]
```

DOWNLOADER_MIDDLEWARES 激活，并使用自己的请求头下载中间件 RandomUserAgentMiddleware，同时禁用 Scrapy 的请求头中间件。在配置文件中添加请求头列表，供随机请求头中间件 RandomUserAgentMiddleware 随机使用。

（2）打开 middleware.py 编写自定义中间件。

```
#导入请求头列表，随机方法，日志
import random
from scrapy import log
class RandomUserAgentMiddleware(object):
    def __init__(self,crawler):
        #获取请求头列表
        self.USER_AGENT_LIST=crawler.settings.get('USER_AGENT_LIST')
#使用 process_request 方法，对 request 进行修改
```

```python
    def process_request(self, request, spider):
        #获取随机请求头
        ua = random.choice(USER_AGENT_LIST)
        if ua:
            #修改请求头 UA 为随机请求头
            request.headers['User-Agent'] = ua
            spider.logger.info(request.headers['User-Agent'])
        return None
    #from_crawler 方法获取爬虫属性，通过 from_crawler 可以获取写在配置中的请求头列表
    @classmethod
    def from_crawler(cls, crawler):
        return cls(crawler)
```

自定义 process_request 方法，对 request 的请求头进行修改，使用随机的请求头。

（3）修改爬虫 spiders/spider.py。

```python
class MySpider(scrapy.Spider):
    name = 'qiushibaiketupian'
    #图片版块地址
    start_urls = ['https://www.qiushibaike.com/imgrank/']
    def parse(self, response):
        #通过 xpath 提取图片地址
        images=response.selector.xpath("//img[@class='illustration']/@src").extract()
        items= MyprojectItem()
        for i in images:
            #url 写入到 item 中提交
            items['image_urls'] =['http:'+ i.strip()]
            yield items
            #取消 yield items, 对每一个图片 url 发送请求, 结果返回到函数 parse_image 中
            yield scrapy.Request(url=items['image_urls'][0],callback=self.parse_image)
    def parse_image(self,response):
        self.log('这里是%s'%response.url)
        self.log('A response from %s just arrived!' % response.url)
```

取消了 yield items，改为向每一张图片发起请求，将结果返回到 parse_image 中。因为这个爬虫一开始只有一个 start_urls 请求，难以判断随机请求头的使用是否成功。所以需要用这样的方式来增加请求，观察请求头的使用。

运行爬虫：

```
scrapy crawl qiushibaiketupian
```

查看控制台输出结果：

```
    2019-01-18 00:00:31 [scrapy.core.engine] DEBUG: Crawled (200) <GET http://pic.
qiushibaike.com/system/pictures/12144/121442702/medium/NHSFSTTZIIUEO59Q.jpg> (referer:
None)
    2019-01-18 00:00:31 [qiushibaiketupian] INFO: Mozilla/5.0 (Windows NT 6.1; WOW64)
AppleWebKit/536.3 (KHTML, like Gecko) Chrome/19.0.1062.0 Safari/536.3
    2019-01-18 00:00:31 [scrapy.core.engine] DEBUG: Crawled (200) <GET http://pic.
qiushibaike.com/system/pictures/12144/121445781/medium/7WLGB8RV7P1B1DEO.jpg> (referer:
None)
    2019-01-18 00:00:31 [qiushibaiketupian] INFO: Mozilla/5.0 (Windows NT 6.1; WOW64)
AppleWebKit/537.1 (KHTML, like Gecko) Chrome/22.0.1207.1 Safari/537.1
```

```
2019-01-18  00:00:31 [scrapy.core.engine] DEBUG: Crawled (200) <GET http://pic.
qiushibaike.com/system/pictures/12133/121337514/medium/LQHQMPJRZXI3JTFB.jpg> (referer:
None)
2019-01-18  00:00:31 [scrapy.core.engine] DEBUG: Crawled (200) <GET http://pic.
qiushibaike.com/system/pictures/12144/121445009/medium/7H69HLDGO0QX0AJQ.jpg> (referer:
None)
2019-01-18  00:00:31 [scrapy.core.engine] DEBUG: Crawled (200) <GET http://pic.
qiushibaike.com/system/pictures/12144/121444926/medium/OE6LEYK34PFD8QWS.jpg> (referer:
None)
2019-01-18 00:00:31 [qiushibaiketupian] INFO: Mozilla/5.0 (X11; CrOS i686 2268.111.0)
AppleWebKit/536.11 (KHTML, like Gecko) Chrome/20.0.1132.57 Safari/536.11
2019-01-18  00:00:31 [qiushibaiketupian]  INFO: Mozilla/5.0 (Windows  NT  6.1)
AppleWebKit/536.3 (KHTML, like Gecko) Chrome/19.0.1061.1 Safari/536.3
2019-01-18  00:00:31 [qiushibaiketupian]  INFO: Mozilla/5.0 (Windows  NT  6.2)
AppleWebKit/536.3 (KHTML, like Gecko) Chrome/19.0.1062.0 Safari/536.3
2019-01-18  00:00:31 [scrapy.core.engine] DEBUG: Crawled (200) <GET http://pic.
qiushibaike.com/system/pictures/12143/121434976/medium/TJKYIVYM17O2WFVG.jpg> (referer:
None)
2019-01-18  00:00:31 [qiushibaiketupian] INFO: Mozilla/5.0 (Windows NT 6.1; WOW64)
AppleWebKit/536.3 (KHTML, like Gecko) Chrome/19.0.1063.0 Safari/536.3
2019-01-18  00:00:31 [scrapy.core.engine] DEBUG: Crawled (200) <GET http://pic.
qiushibaike.com/system/pictures/12137/121375940/medium/2L0KBW98ZOBXK6FC.jpg> (referer:
None)
2019-01-18  00:00:31 [qiushibaiketupian]  INFO: Mozilla/5.0 (Windows  NT  5.1)
AppleWebKit/536.3 (KHTML, like Gecko) Chrome/19.0.1063.0 Safari/536.3
2019-01-18  00:00:31 [scrapy.core.engine] DEBUG: Crawled (200) <GET http://pic.
qiushibaike.com/system/pictures/12144/121440829/medium/1GQRFPVE8OOMOQSU.jpg> (referer:
None)
2019-01-18  00:00:31 [qiushibaiketupian] INFO: Mozilla/5.0 (Windows NT 6.1; WOW64)
AppleWebKit/536.3 (KHTML, like Gecko) Chrome/19.0.1061.1 Safari/536.3
```

从控制台返回的日志可以看到，请求头所使用的 User-Agent 一直有变化，并不是同一个，成功随机使用了请求头。每一次请求，中间件就会从请求头列表中随机抽取一个使用。

3.6.3 更换代理 IP 中间件

完成了随机请求头的中间件，可以很大程度防止爬虫被封。但还是不够，最安全的方法始终是使用代理 IP 进行访问。同样写一个更换代理 IP 的中间件，用来更换代理 IP。更换代理 IP 中间件的写法和随机请求头中间件差不多，也是一个类固定使用 process_request 和 from_crawler 两个方法。

（1）打开 settings.py，设置代理 IP 列表。

```
PROXY = ["114.234.82.202:9000","134.175.55.15:8888","114.239.147.34:9999"]
DOWNLOADER_MIDDLEWARES = {
    'myproject.middlewares.RandomUserAgentMiddleware': 400,
    'scrapy.contrib.downloadermiddleware.useragent.UserAgentMiddleware': None,
    'myproject.middlewares.HttpbinProxyMiddleware':350
}
```

这几个代理 IP 来自免费的代理网站，质量不稳定，高质量的代理 IP 都是需要购买的。在 DOWNLOADER_MIDDLEWARES 中添加更换代理 IP 中间件并激活。

（2）打开 middleware.py，编写更换代理 IP 的类 HttpbinProxyMiddleware。

```
#代理ip中间件
class HttpbinProxyMiddleware(object):
    def __init__(self,crawler):
    #从crawler中获取配置
        self.PROXY=crawler.settings.get('PROXY')
#处理request，更换代理
    def process_request(self, request, spider):
        request.meta['proxy'] = 'http://' + random.choice(self.PROXY)
        return None
#获取crawler实例并返回
    @classmethod
    def from_crawler(cls, crawler):
        return cls(crawler)
```

（3）输入运行命令：

```
scrapy crawl qiushibaiketupian
```

查看运行结果：

```
[scrapy.downloadermiddlewares.retry] DEBUG: Retrying <GET https://www.qiushibaike.com/imgrank/> (failed 1 times): Could not open CONNECT tunnel with proxy 134.175.55.15:8888 [{'status': 503, 'reason': b'Too many open connections'}]
```

从控制台返回的结果看，已经将代理 IP 设置为 134.175.55.15:8888，但是由于代理 IP 的质量不高，所以没有访问成功。不过代理 IP 中间件确实已经被激活启动了。

3.6.4 通过 Downloader Middleware 使用 Selenium

平时爬取的网页，数据加载的方式有两种：
（1）数据写在源码当中。
（2）异步加载，通过请求接口获取数据。

第一种情况，直接请求源码就可以获得数据，是最简单的。第二种情况，由于数据从接口异步加载获取。所以直接请求网页源码得到的只是一个网页的骨架，无法获得内容，需要转换爬取目标为接口。但是当遇到加密的接口，并且无法找到方法破解密码的时候，就需要用到 Selenium 来渲染 JS 爬取数据。但是 Scrapy 如何和 Selenium 交互，实现数据的爬取呢？这就需要用到 Downloader Middleware 下载中间件，将请求方式改为 Selenium。

（1）打开 middlewares.py 文件。

```
from selenium import webdriver
from scrapy.http import HtmlResponse
#创建更换selenium的类
class SeleniumMiddleware():
# 当爬虫结束的时候关闭浏览器
    def spider_closed(self, spider):
        self.driver.close()
#更换请求方式，使用selenium进行请求，并将结果返回给spider处理
    def process_request(self,request,spider):
        try:
            self.driver = webdriver.PhantomJS()
```

```
            self.driver.get(request.url)
            return HtmlResponse(url=request.url, body=self.driver.page_source, request=
request, encoding='utf-8', status=200)
    #异常处理,如请求失败则返回状态码５００
        except Exception:
            traceback.print_exc()
            return HtmlResponse(url=request.url, status=500, request=request)
```

直接在中间件脚本 middlewares.py 中创建一个新的类,在 process_request 方法中直接使用 Selenium 的 PhantomJS 驱动访问 URL 将结果返回到 spider。爬虫关闭的时候,调用 spider_closed 方法,退出驱动关闭浏览器。

(2)打开配置文件 settings.py 添加中间件。

```
DOWNLOADER_MIDDLEWARES =
{   'myproject.middlewares.SeleniumMiddleware':400}
```

(3)输入运行命令:

```
scrapy crawl qiushibaiketupian
```

查看输出结果:

```
2019-01-20 12:48:03 [urllib3.connectionpool] DEBUG: http://127.0.0.1:39339 "GET /wd/hub/session/925f9a30-1c6e-11e9-9f78-bd16e0d68a88/source HTTP/1.1" 200 113
2019-01-20 12:48:03 [selenium.webdriver.remote.remote_connection] DEBUG: Finished Request
2019-01-20 12:48:03 [scrapy.core.engine] DEBUG: Crawled (200) <GET https://www.qiushibaike.com/imgrank/> (referer: None)
2019-01-20 12:48:04 [scrapy.core.engine] INFO: Closing spider (finished)
2019-01-20 12:48:04 [qiushibaiketupian] DEBUG: closed spider reason is finished
2019-01-20 12:48:04 [scrapy.statscollectors] INFO: Dumping Scrapy stats:
```

可以看到 Selenium finished request 的字样,下面还有一行 crawled(200)<GET https://www.qiushibaike. com/imgrank/> (referer: None)代表成功使用了 Selenium 进行访问,请求的方式已更改为了 Selenium。

3.6.5 Spider Middleware

说完了下载中间件,Scrapy 还有另一个中间件,spider middlerware,也叫 spider 中间件。两者之间的区别是,下载中间件是用来处理下载请求部分的,而 spider 中间件是用来处理解析部分的。

spider 中间件配置文件 settings.py 的 SPIDER_MIDDLEWARES 添加中间件激活 ,如:

```
SPIDER_MIDDLEWARES = {
    'myproject.middlewares.CustomSpiderMiddleware': 543,
}
```

编写自己的中间件方法也和下载中间件一样简单,每个中间件都是定义了一个或多个方法的类:

```
process_spider_input(response, spider)
```

当 response 经过中间件的时候,调用该方法,处理 response 对象。process_spider_inpu 应该返回 None 或者抛异常。返回 None 的时候,Scrapy 会继续处理 response,如果抛异常会调用 process_spider_exception()方法进行处理。

```
process_spider_output(response, result, spider)
```

当 Spider 处理 response 返回 result 的时候，例如爬取获得了 item 的时候会调用 process_spider_output，最后必须返回 result。

```
process_spider_exception(response, exception, spider)
```

process_spider_input() 抛异常的时候，调用 process_spider_exception() 进行处理。如果返回 None，则会调用其他中间件的 process_spider_exception 方法。最后异常依旧不被处理，则忽略。

```
process_start_requests(start_requests, spider)
```

当 spider 发起请求的时候被调用，必须返回一个包含 Request 对象的可迭代对象。

可以用到 spider 中间件的场景还是比较少的，不过 Scrapy 内置有几个 spider 中间件供我们使用，并且可以在配置文件 settings.py 中配置参数。

- **DepthMiddleware**　追踪 request 的中间件，用来限制爬取深度。
- **HttpErrorMiddleware**　过滤出所有失败的请求。http 状态码 200-300 为成功的请求，其余的都做过滤请求，爬虫不再处理那些失败的请求。如果想处理指定错误代码的请求，可以在配置文件 settings.py 中增加 HTTPERROR_ALLOWED_CODES 来处理，例如处理 404 错误：
```
HTTPERROR_ALLOWED_CODES=[404]
```
- **OffsiteMiddleware**　这个和爬虫 spider 属性的 allowed_domains 相关。OffsiteMiddleware 中间件会过滤掉所有不在 allowed_domains 范围内的域名。例如 allowed_domains=['www.baidu.com']，但当获取的 URL 包含有 www.sina.com 的时候，此 URL 被过滤，不发起请求。
- **RefererMiddleware**　reffer 这个字段一般出现在请求头当中，有一些网站的爬取会根据请求头中 referer 的来源来判断你的身份，这涉及数据的获取成功与否。例如有一些网站浏览的流程是从 A 网页跳转到 B 网页再到 C 网页。可是爬虫可以通过重构 URL 直接跳转到 C 网页爬取数据。由于 referer 是自己填写的，对方网站就可以根据 referer 正确与否来判断我们的身份。有 RefererMiddleware 中间件的存在，可以每一次请求之前都将 referer 更改为上一次请求获取的 response 的 URL，实现流程的合规，成功获取数据。
- **UrlLengthMiddleware**　用来控制 URL 的长度，超过指定长度的 URL 不爬取。

3.7　新功能拓展

现有的框架功能，可能无法满足你的业务需求。爬虫运行的过程中，Scrapy 会发出一些信号，用户可以通过捕获和利用信号来编写出新的功能拓展 Scrapy。

3.7.1　信号 signals

Scrapy 使用信号通知发生的事情，也可以自己给自己发送信号来实现某些功能。而拓展 extension 就是通过获取信号而来调用某个方法，具体的信号主要有：

```
scrapy.signals.engine_started()
```

当 Scrapy 引擎开始工作时，发送 engine_started 信号。该信号会比 spider_opened 信号发送的要慢。

```
scrapy.signals.engine_stopped()
```
当 Scrapy 结束爬取工作，引擎关闭的时候，发送 engine_stopped 信号。

```
scrapy.signals.item_scraped(item, response, spider)
```
当 item 被爬取，并通过所有 Pipeline 进行处理之后，发送该信号。

```
scrapy.signals.item_dropped(item, response, exception, spider)
```
当 item 经过 Pipeline 时，抛出 DropItem 异常，丢弃 item 的时候，发送该信号。在自定义 Pipeline 中常见的 DropItem 用于数据的过滤或者文件下载，例如数据重复或者不存在下载链接的时候就直接抛 DropItem，然后信号就会被发送。

```
scrapy.signals.spider_closed(spider, reason)
```
爬虫关闭的时候，发送该信号。该信号可以释放 spider_opened 时的占用资源。

```
scrapy.signals.spider_opened(spider)
```
爬虫开启的时候发送该信号，该信号一般用来分配资源。

```
scrapy.signals.spider_idle(spider)
```
爬虫进入空闲状态，如 request 正在被下载、调度，item 正在 Pipeline 中进行处理的时候，发送该信号。当该信号被 handler 调用后，如果爬虫仍保持空闲状态则会发送 spider_closed 信号关闭爬虫。也可以在拓展中抛一个 DontCloseSpider 异常来阻止爬虫关闭。

```
scrapy.signals.spider_error(failure, response, spider)
```
当爬虫运行过程中出现错误，抛异常的时候发送信号。

```
scrapy.signals.request_scheduled(request, spider)
```
当引擎调度一个请求进行下载的时候，发送信号。

```
scrapy.signals.request_dropped(request, spider)
```
当调度一个请求被抛弃的时候，发送信号。

```
scrapy.signals.response_received(response, request, spider)
```
引擎从 downloader 接收到一个 response 对象的时候，发送信号。

```
scrapy.signals.response_downloaded(response, request, spider)
```
response 对象被下载的时候，由 downloader 发送信号。

Scrapy API 主要入口是 Crawler 实例对象，通过类方法 from_crawler 可以获取 Crawler 的各类属性参数，例如 settings 和 signals。实例化 Crawler 对象之后，可以使用 signals API 来获取或者发送信号，然后调用某个方法：

```
connect(receiver, signal)
```
recever 是被连接的函数，接收信号好调用实现功能。signal 为指定的某个信号。

现在通过一个 extension 拓展的例子来理解。

```
from scrapy.exceptions import NotConfigured
#发送邮件拓展
class StatsMailer(object):
#初始化三个参数，爬虫状态，邮件接收者，邮件模块
```

```python
    def __init__(self, stats, recipients, mail):
        self.stats = stats
        self.recipients = recipients
        self.mail = mail
    @classmethod
    def from_crawler(cls, crawler):
#从爬虫配置中获取接收邮件对象，如果没有配置则抛无配置异常
        recipients = crawler.settings.getlist("STATSMAILER_RCPTS")
        if not recipients:
            raise NotConfigured
#从爬虫配置中获取发送者信息，如邮箱、账号、密码
        mail = MailSender.from_settings(crawler.settings)
#cls 就是我们自己手写的爬虫
        o = cls(crawler.stats, recipients, mail)
#获取关闭信号，调用 spider_closed 函数
        crawler.signals.connect(o.spider_closed, signal=signals.spider_closed)
        return o
#当爬虫关闭时调用，发送邮件
    def spider_closed(self, spider):
        #爬虫运行状态数据
        spider_stats = self.stats.get_stats(spider)
        body = "Global stats\n\n"
        body += "\n".join("%-50s : %s" % i for i in self.stats.get_stats().items())
        body += "\n\n%s stats\n\n" % spider.name
        body += "\n".join("%-50s : %s" % i for i in spider_stats.items())
        #发送邮件
        return self.mail.send(self.recipients, "Scrapy stats for: %s" % spider.name, body)
```

这是 Scrapy 内置的一个拓展，在爬虫关闭之后会向指定邮箱发送邮件，告知爬虫爬取的情况。from_crawler 方法主要是从配置中获取参数，如邮件接收者，邮件发送者。假如配置中没有邮件接收者和邮件发送者存在，则无配置异常。

在 Scrapy 的文档中，发送邮件需要到的配置参数有：

MAIL_FROM
发送者邮箱，用于发送 email 的地址(address)(填入 From:)。
MAIL_HOST
发送者邮箱的 smtp 主机，如'smtp.163.com''。
MAIL_PORT
默认值：25
发送邮件的 smtp 端口。
MAIL_USER
默认值：None
smtp 用户，即你的邮箱账户，如果未给定，则将不会进行 SMTP 认证(authentication)。
MAIL_PASS
默认值：None
用于 smtp 认证，发送邮箱密码，如果是 163 邮箱则是授权码。
MAIL_TLS
默认值：False
强制使用 STARTTLS。STARTTLS 能使得在已经存在的不安全连接上，通过使用 SSL/TLS 来实现安全连接。
MAIL_SSL
默认值：False

> 强制使用 SSL 加密连接

from_crawler 从获取这些邮件发送需要的参数进行配置。最后使用 crawler.signals.conect 将函数 spider_closed 和爬虫关闭信号关联起来。最后返回经过重新配置的 cls。cls 是手写的那个爬虫，它是继承 scrapy.spider 的，所以有着 crawler 的属性。类的初始化时，__init__ 方法就是从 from_crawler 获取经过重新配置的参数。将 self.stats，self.recipients，self.mail 实例化后，spider_closed 使用这些参数。当爬虫关闭的时候，就会发送邮件。由于这个是内部 extension，所以不需要在配置中激活此拓展。

3.7.2 自定义拓展

在了解了信号和内部的拓展 extension 方法之后，已经对信号和拓展有了基本的了解。现在可以尝试选择一个信号来编写属于自己的一个简单的拓展 extension。例如选择使用 response_received 信号，这个信号是 downloader 获取到一个 response 对象的时候发送的。可以在这里针对 response 的 URL 来做一个判断，然后将 response 的返回结果延迟。

（1）在 myproject/myproject 目录下创建一个新的文件 test.extension.py。

```
#导入信号
from scrapy import signals
from scrapy import log
import time
class delay_test(object):
    def __init__(self, crawler):
        self.crawler = crawler
#当收到信号-response_received 时，调用方法 before_delay
        crawler.signals.connect(self.before_delay,
signal=signals.response_received)
#获取爬虫参数
    @classmethod
    def from_crawler(cls, crawler):
        return cls(crawler)
#当 response 对象的 url 有 pic 存在的时候，延迟 10 秒返回对象
    def before_delay(self,response,spider):
        if 'pic' in response.url:
            spider.logger.info('爬虫现在延迟10秒，已经成功下载%s'%response.url )
            time.sleep(10)
            return response
```

（2）打开配置文件 settings.py。

```
EXTENSIONS = {   'scrapy.extensions.telnet.TelnetConsole': None,
        'myproject.test_extension.delay_test':300
}
```

将自定义的拓展写入到 EXTENSIONS 中激活。

（3）输入运行命令。

```
scrapy crawl qiushibaiketupian
```

查看控制台输出结果：

```
2019-01-21 22:43:31 [qiushibaiketupian] INFO: b'Mozilla/5.0 (Windows NT 6.2; WOW64
```

```
AppleWebKit/537.1 (KHTML, like Gecko) Chrome/19.77.34.5 Safari/537.1'
    2019-01-21 22:43:31 [scrapy.core.engine] DEBUG: Crawled (200) <GET http://pic.
qiushibaike.com/system/pictures/12145/121457363/medium/AG3J9C5W6HFYI6NC.jpg> (referer:
None)
    2019-01-21 22:43:31 [qiushibaiketupian] INFO: 爬虫现在延迟10秒，已经成功下载http://pic.
qiushibaike.com/system/pictures/12145/121457363/medium/AG3J9C5W6HFYI6NC.jpg
    2019-01-21 22:43:41 [qiushibaiketupian] INFO: b'Mozilla/5.0 (Windows NT 6.1; WOW64)
AppleWebKit/537.1 (KHTML, like Gecko) Chrome/22.0.1207.1 Safari/537.1'
    2019-01-21 22:43:41 [scrapy.core.engine] DEBUG: Crawled (200) <GET http://pic.qiushibaike.
com/system/pictures/12144/121449182/medium/6YJJEPB06L7VAXD4.jpg> (referer: None)
    2019-01-21 22:43:41 [qiushibaiketupian] INFO: 爬虫现在延迟10秒，已经成功下载http://pic.
qiushibaike.com/system/pictures/12144/121449182/medium/6YJJEPB06L7VAXD4.jpg
    2019-01-21 22:43:51 [scrapy.core.engine] DEBUG: Crawled (200) <GET http://pic.qiushibaike.
com/system/pictures/12145/121454330/medium/0SPGVYALS6VAZ8JC.jpg> (referer: None)
    2019-01-21 22:43:51 [qiushibaiketupian] INFO: 爬虫现在延迟10秒，已经成功下载http://pic.
qiushibaike.com/system/pictures/12145/121454330/medium/0SPGVYALS6VAZ8JC.jpg
    2019-01-21 22:44:01 [scrapy.core.engine] DEBUG: Crawled (200) <GET http://pic.qiushibaike.
com/system/pictures/12143/121434268/medium/VTJ8HA6JGZ479IP4.jpg> (referer: None)
    2019-01-21 22:44:01 [qiushibaiketupian] INFO: 爬虫现在延迟10秒，已经成功下载http://pic.
qiushibaike.com/system/pictures/12143/121434268/medium/VTJ8HA6JGZ479IP4.jpg
    2019-01-21 22:44:11 [scrapy.core.engine] DEBUG: Crawled (200) <GET http://pic.qiushibaike.
com/system/pictures/11524/115247020/medium/app115247020.jpg> (referer: None)
    2019-01-21 22:44:11 [qiushibaiketupian] INFO: 爬虫现在延迟10秒，已经成功下载http://pic.
qiushibaike.com/system/pictures/11524/115247020/medium/app115247020.jpg
    2019-01-21 22:44:21 [qiushibaiketupian] DEBUG: 这里是 http://pic.qiushibaike.
com/system/pictures/12145/121457363/medium/AG3J9C5W6HFYI6NC.jpg
    2019-01-21 22:44:21 [qiushibaiketupian] DEBUG: A response from http://pic.qiushibaike.
com/system/pictures/12145/121457363/medium/AG3J9C5W6HFYI6NC.jpg just arrived!
```

为了方便识别，将这条 URL 进行了加黑。从上面可以看到，此 URL 在控制台总共出现了四次。第一次是请求成功后的日志输出，第二次是进入了自己编写的 extension 拓展，第三次、第四次则是回到了爬虫中的 parse_image 函数，可以参考 spiders/spider.py 文件中。

```
def parse_image(self,response):
    #控制台中的输出字符串
    self.log('这里是%s'%response.url)
    self.log('A response from %s just arrived!' % response.url)
```

熟练掌握拓展 extension 的使用方法，可以更自由的控制和修改 request 或 response 对象。同时也能对爬取的各项条目数据做统计，方便了解爬取的状况。关于拓展 extension 更多的使用方法，需要靠自己去探索。

第 4 章 数据存储——数据库的选择

爬取回来的数据需要以合适的方式来保存。刚开始的时候可以直接保存为文本,但随着数据量的变大,就需要使用数据库来存储数据。

4.1 MySQL 数据库

MySQL 是最流行的关系型数据库,世界上有名的很多大公司都选择使用 MySQL 作为数据库,如 Facebook、Google、Adobe 等。MySQL 可以有效地帮助企业和个人节省时间与金钱。

4.1.1 MySQL 的安装

打开 MySQL 的官网 https://www.mysql.com/,进入下载页面选择相应的系统版本进行下载安装。如图 4-1 所示。

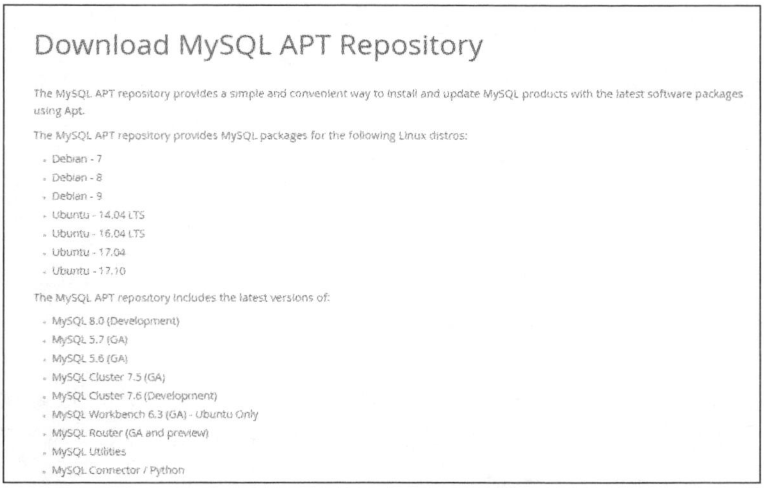

图 4-1 MySQL 下载页面

根据指示一步一步完成数据库的安装。假如你是 Ubuntu 系统,那可以使用 apt 命令来安装。

```
sudo apt install mysql-server
sudo apt install mysql-client
sudo apt install libmysqlclient-dev
```

如果不需要在本地建立 MySQL 服务器，只需要连接远程的 MySQL 服务器，那只需要安装 mysql-client 即可。sudo 之后在终端直接进入到 shell 中操作数据库。但是普通用户连接 MySQL 还需要创建新用户或者修改 root 用户的初始密码。

（1）在控制台输入：

```
sudo mysql
select user, plugin from mysql.user;
```

进入 MySQL，通过 select user 查看所有用户密码。

```
+-------------------+-----------------------+
| user              | plugin                |
+-------------------+-----------------------+
| root              | mysql_native_password |
| mysql.session     | mysql_native_password |
| mysql.sys         | mysql_native_password |
| debian-sys-maint  | mysql_native_password |
| wxx               | mysql_native_password |
| wxx               | mysql_native_password |
+-------------------+-----------------------+
```

可以看到所有用户的密码都为 mysql_native_password 默认密码。

（2）重新设置 mysql_native_password 密码，将其改为 root：

```
update mysql.user set authentication_string=PASSWORD('root'), plugin='mysql_native_password' where user='root';
flush privileges;
```

接下来需要安装 Python 的 Mysql 拓展包 pymysql。

```
pip install pymysql
```

安装成功后可以通过 Python 代码操作 MySql 数据库。

4.1.2 几款可视化工具

数据库里的数据都是多且杂，如果只通过 shell 来查询的话，操作烦琐且复杂。但现在有很多可视化的数据库管理工具，可以高效的操作维护数据库。这里提供几款可视化数据库管理工具选择。

HeidiSQL 是一个简单迷你化的工具，可以用于当前流行的 MySQL 和 PostgreSQL。该工具提供图形化界面，可以浏览和编辑数据，创建和编辑表格。此外，还可以导出数据或 SQL 语句至 SQL 文件或者剪贴板。

SQLite Manager 是一款基于 Web 的开源应用程序，多用于管理本地 SQL 数据库。由 PHP 写成，可以连接多个数据库，建立、编辑和删除表格以及通过格式化的文本中导入数据。SQLite 拥有可视化界面并且有多个皮肤供选择使用。

Navicat Premium 是一个可多重连接的数据开发工具，允许单一程序同时连接到 MySQL、Oracle、PostgreSQL、SQLite 及 SQL Server 数据库。兼容现在主流的云数据库如：亚马逊 RDS、亚马逊 Aurora、亚马逊 Redshift、微软 Azure、Oracle 云、谷歌云、阿里巴巴云、腾讯云、Mongodb 和华为云。你可以快速、简易的建立、管理和维护数据库。

Database Master 是一个现代的、强大的数据库管理程序。Database Master 可以执行 SQL 语句、MongoDB 和 Linq(C#)脚本。它可以让你快速创建和执行 SQL 查询，提供可视化界面，操作简易。

4.1.3 数据库连接

这里已经默认使用 shell 或者可视化工具建立了数据库 Test，连接数据库的用户名和密码都是 root。

```
import pymysql
conn = pymysql.connect(host='127.0.0.1', port=3306, user='root', password='root', db='test', charset='utf8')
# 使用cursor()方法获取操作游标
cursor = db.cursor()
# 如果数据表已经存在使用 execute() 方法删除表。
cursor.execute("DROP TABLE IF EXISTS EMPLOYEE")
# 创建数据表SQL 语句
sql = """CREATE TABLE EMPLOYEE (
         FIRST_NAME  CHAR(20) NOT NULL,
         LAST_NAME  CHAR(20),
         AGE INT,
         SEX CHAR(1),
         INCOME FLOAT )"""
cursor.execute(sql)
# 关闭数据库连接
db.close()
```

这里是最简单的几个操作，连接数据库，创建表，写入数据库。在操作结束以后记得关闭数据库连接，不然另一边的 shell 或者可视化工具会无法修改数据库。

4.1.4 数据库插入操作

数据爬取和数据存储是同步进行的，抓取数据后需要马上将这条数据插入到数据库中。

```
import MySQLdb
# 打开数据库连接
db = MySQLdb.connect("localhost","root","root","Test" )
# 使用cursor()方法获取操作游标
cursor = db.cursor()
# SQL 插入语句
sql = "INSERT INTO EMPLOYEE(FIRST_NAME, \
       LAST_NAME, AGE, SEX, INCOME) \
       VALUES ('%s', '%s', '%d', '%c', '%d' )" % \
       ('Mac', 'Mohan', 20, 'M', 2000)
try:
   # 执行sql语句
   cursor.execute(sql)
   # 提交到数据库执行
   db.commit()
except:
   # 发生错误时回滚
   db.rollback()
# 关闭数据库连接
db.close()
```

这里的 sql 语句把每个字段对应的值插入到数据库并提交保存，并且做了异常处理，如果发生错误则回滚。

4.1.5 数据库查询

在数据的爬取过程中也需要不断地对原有数据进行查询操作，查询数据库中是否有相同的数据。

```
import MySQLdb
# 打开数据库连接
db = MySQLdb.connect("localhost","root","root","Test" )
# 使用 cursor()方法获取操作游标
cursor = db.cursor()
# SQL 查询语句
sql = "SELECT * FROM EMPLOYEE \
       WHERE INCOME > '%d'" % (1000)
try:
    # 执行SQL语句
    cursor.execute(sql)
    # 获取所有记录列表
    results = cursor.fetchall()
    for row in results:
        fname = row[0]
        lname = row[1]
        age = row[2]
        sex = row[3]
        income = row[4]
        # 打印结果
        print ("fname=%s,lname=%s,age=%d,sex=%s,income=%d" % \
               (fname, lname, age, sex, income ))
except:
    Print( "Error: unable to fecth data")
# 关闭数据库连接
db.close()
```

这是个查询数据库的脚本，有时候需要对数据库里的数据进行修改，需要先查询拿到的数据，然后再对数据进行更新。

4.1.6 数据库更新操作

有时候爬取数据不仅仅是插入新的数据，还会在原有数据的基础上添加新字段，这就是数据库更新操作。

```
import MySQLdb
# 打开数据库连接
db = MySQLdb.connect("localhost","root","root","Test" )
# 使用 cursor()方法获取操作游标
cursor = db.cursor()
# SQL 更新语句
sql = "UPDATE EMPLOYEE SET AGE = AGE + 1 WHERE SEX = '%c'" % ('M')
try:
    # 执行SQL语句
```

```
    cursor.execute(sql)
    # 提交到数据库执行
    db.commit()
except:
    # 发生错误时回滚
    db.rollback()
# 关闭数据库连接
db.close()
```

这里把表里'SEX'字段值是 M 的数据的'AGE'字段值递增 1。爬虫的入门数据库操作只要掌握建表，增改就够用了。其他的高级用法，一般情况下是不需要的。

4.1.7 爬取写入数据库

在学习了 MySQL 的增删改查操作之后，现在来一个小实践——从糗事百科中爬取数据并写入到数据库当中。

（1）首先连接数据库，并创建表。

```
import requests
from bs4 import BeautifulSoup
import traceback
#连接 MySQL
conn = pymysql.connect(host='127.0.0.1', port=3306, user='root', password='root', db='test', charset='utf8mb4')
#获取游标
cursor = conn.cursor()
#如果已存在表，删除
cursor.execute("DROP TABLE IF EXISTS qiubai")# 创建数据表 SQL 语句
sql = """CREATE TABLE qiubai(
        content TEXT)"""
cursor.execute(sql)
```

连接到 MySQL 数据库中，如果已存在 qiubai 这个表则删除，然后创建新表。Qiubai 中只有唯一字段 content，数据类型为 text。

（2）爬取糗事百科，并写入到数据库中。

```
url = ' https://www.qiushibaike.com/'
res = requests.get(url)#发送请求
soup = BeautifulSoup(res.text,'lxml')#使用 beautifulsoup 进行解析
data = []
for i in soup.find('div',class_='recommend-article').find('ul').find_all('li'):#将糗事百科内容通过遍历写进列表并返回
    try:
        #写入数据库
        sql = """ INSERT INTO qiubai(content)VALUES("%s");
"""%i.find('a',class_='recmd-content').get_text().strip().encode('utf-8')
        cursor.execute(sql)
        print(i.find('a',class_='recmd-content').get_text().strip())
    except Exception:
        traceback.print_exc()
#提交数据
conn.commit()
```

```
#关闭断开数据库连接
cursor.close()
conn.close()
```

使用 Requests 向糗事百科发送 GET 请求，然后通过 BeautifulSoup 对源码进行解析，遍历提取每一条热门信息并写入到数据库中。在这里要注意写入的字符串需要用 utf-8 进行编码，否则会插入失败。

运行代码之后，统计数据库中插入数据数量，打开终端输入：

```
mysql -u root -p
use test
select count(*) from test;
```

然后得到结果：

```
+----------+
| COUNT(*) |
+----------+
|       20 |
+----------+
1 row in set (0.00 sec)
```

可以看到，有 20 条数据被插入到了数据库当中。从糗事百科爬取数据并写入到 MySQL 的操作已完成。

4.2 MongoDB 数据库

MongoDB 是非关系型数据库，也叫文档型数据库。MongoDB 是免费开源的，存储格式为 json。在爬虫爬取数据写入数据库非常便利，因为你不需要建立各种复杂的关系。只要把抓到的每一条数据插入就可以了。

4.2.1 MongoDB 安装

打开网页 https://www.mongodb.com/download-center#community，选择与自己系统相应的版本进行下载，如图 4-2 所示。

图 4-2 选择与系统对应的版本

之后根据系统的不同来进行安装，Windows 直接打开安装文件就可以安装。Linux 和 Mac 则需要在终端运行命令。

```
tar -zxvf mongodb-linux-x86_64-3.0.6.tgz              # 解压
mv  mongodb-linux-x86_64-3.0.6/ /usr/local/mongodb    #将解压包拷贝到指定目录
export PATH=<mongodb-install-directory>/bin:$PATH    #将路径写入到环境变量
```

安装完成之后，需要创建数据库保存目录，先创建好一个文件夹然后使用 dpath 命令指定作为保存目录。

```
mongod --dbpath <path to data directory>
```

最后运行命令启动 MongoDB。

```
mongo --host 127.0.0.1:27017
```

另外需要在 Python 中连接 MongoDB 数据库，还需要安装 pymongo 包。

```
pip install pymongo
```

4.2.2 连接数据库

pymongo 安装完成后，使用 Python 来连接本地或者远程的数据库。

（1）建立连接。

```
from pymongo import MongoClient
client = MongoClient('mongodb://localhost:27017/')
```

（2）获取数据库。

```
db = client['test']
```

（3）获取集合。

```
Collection = db['python-collection']
```

或

```
Collection = db.pythoncollection
```

4.2.3 查询数据库

Mongodb 的查询一般使用 find()方法，可获取符合条件的所有数据或部分数据，但如果只查询一条数据可以使用 find_one()。

（1）建立连接。

```
from pymongo import MongoClient
client = MongoClient('mongodb://localhost:27017/')
db = client['test']
```

（2）查询集合中符合条件的所有数据。

```
for i in db.pythoncollection.find({key:value}):
    print(i)
```

（3）查询集合中符合条件的一条数据。

```
db.pythoncollection.find_one({key:value})
```

4.2.4 插入和更新数据库

把爬取回来的数据以 json 的格式写入数据库，直接使用 insert()方法。

```
a = {"title":"测试用",
"content":"测试用",
"date":"2018-01-24"}
db.pythoncollection.insert(a)
```

有时候不是要插入新数据,而是在原有的数据下更新新的字段或者更新值,这时候用 **update()** 方法。

```
db.pythoncollection.update({'title':'MongoDB Overview'},{$set:{'title':'New Update MongoDB Overview'}})
```

update()方法首先是定位到符合条件的数据,然后实施动作。上面就是先找到 title 值为 MongoDB Overview 的字段,然后用$set 把 title 的值更新为 New Update MongoDB Overview。当然这里写一个新的字段更新也是可行的,通常也是这么做的。

4.2.5 爬取数据并插入到 MongoDB 数据库中

之前 MySQL 中的爬取内容的例子可以继续使用,只不过将数据库由 MySQL 改为 MongoDB。
(1)连接数据库,并创建 test 数据库。

```
from pymongo import MongoClient
client = MongoClient('mongodb://localhost:27017/')#连接MOngoDB
db = client['test']#创建test 数据库
```

(2)爬取并将数据写入到 qiubai 这个集合当中。

```
url = ' https://www.qiushibaike.com/'
res = requests.get(url)#发送请求
soup = BeautifulSoup(res.text,'lxml')              #使用beautifulsoup进行解析
data = []
for i in soup.find('div',class_='recommend-article').find('ul').find_all('li'):#将糗事百科内容通过遍历写进列表并返回
    try:
        #写入数据库
        content = i.find('a',class_='recmd-content').get_text().strip()
        db.qiubai.insert({'content':content})      #写入到qiubai集合当中
    except Exception:
        traceback.print_exc()                       #打印异常
```

MongoDB 的操作比 MySQL 要简单很多,没有复杂的表关系,也不用设置字段格式,不容易抛异常错误。直接将数据内容以字典格式即可插入到数据库中。正因为使用简单方便,在爬虫领域 MongoDB 要比 MySQL 更受追捧。

4.3 Redis 数据库

Redis 是一个 key-value 型的数据库,通过键 key 可获取值 value。读取快速,而且数据存储没有固定的模式,可以方便灵活的存储,生产上一般作缓存或消息队列使用。

4.3.1 Redis 安装

Windows 系统下安装 Redis,在 https://github.com/MicrosoftArchive/redis/releases 下载 Windows 版本安装即可。Linux 可以在 https://redis.io/download 选择下载压缩包,然后在终端输入命令解压

安装，例如：

```
$ wget http://download.redis.io/releases/redis-5.0.3.tar.gz
$ tar xzf redis-5.0.3.tar.gz
$ cd redis-5.0.3
$ make
```

make 完之后，编译后的 Redis 服务端和客户端会在 redis reids-5.0.3/src 目录下，通过命令启动服务端：

```
cd src
./redis-server
```

Ubuntu 下的安装最为简单，在终端输入：

```
apt-get install redis
```

即可完成安装并启动服务器。Python 中使用 Redis 需要通过 pip 命令安装 Redis 包：

```
pip install redis
```

然后在 Python 中通过导入模块连接 Redis 数据库进行操作。

4.3.2 连接 Redis 数据库

前面通过 pip 成功安装 Redis 之后，可以在 Python 中通过导入 redis（小写）这个包来连接操作 Redis 数据库：

```
import redis
ip = '127.0.0.1'
port = '6379'
db=0
redis_conn=redis.ConnectionPool(host=ip, port=port, db=db)        #连接Redis
r = redis.StrictRedis(connection_pool=redis_conn)
```

上面代码通过 redis.Redis 方法连接本地 Redis 数据库，默认端口为 6379，没有密码。Redis 也和其他数据库一样有自己的集合，不过 Redis 不能给集合命名，集合名只能为按顺序排列的数字。

4.3.3 Python 操作 Redis 数据库

Redis 是 key-value 型数据库，查询指定数据是通过输入 key 键获取对应的 value 值。如：

```
import redis
redis_conn =redis.ConnectionPool(host=redis_ip,port=redis_port,db=2) #连接Redis
r = redis.StrictRedis(connection_pool=redis_conn)
r.get(key)                      #获取key的值
r.exists(key)                   #判断一个key是否存在
r.delete(key)                   #删除一个key
```

Redis 插入数据的方式有几种，以插入的数据类型做区分。主要有四大数据类型：String、Hash、List、Set，不同的数据类型插入数据方式为：

（1）字符串

```
r.setex(key, time, value)
```

time 为超时时间，单位为秒，如设置 60 则代表插入的数据 60 秒后失效。缓存一般使用字符串结构。

（2）Hash（哈希）

```
.redis_conn.hset('n1','key_1',value_1)        #写入数据
```

这里写入的哈希是一个 key 对应另一个字典类型的数据结构，如：

```
{'n1':{'key_1':'value_1'}}
```

获取哈希键值：

```
r.hget('n1','key_1')
```

r.get()方法不能获取哈希的键值，需要使用 r.hget()方法。

（3）List

```
r.lpush('list',2,3,4)                         #从左插入
r.rpush('list',5,6,7)                         #从右插入
```

List 就是一个列表，lpush 为从左插入元素，rpush 为从右插入元素。

查看 List 中的元素：

```
r.lrange('list',1,6)
```

（4）Set

Set 就是没有重复元素的集合，没有重复这一点和 List 很不一样。如果你插入相同的元素，那集合中只会保留一个。

```
r.sadd('set_test',1,2,3,4,2,3,4)              #插入一个 set
```

这里虽然插入了 6 个元素到 Set 中，但由于有三个重复，所以最终只有 4 个元素写入到了 Set 中。

查看 Set 的元素：

```
r.smembers('set_test')
```

Set 集合一般可以用作去重过滤处理，在分布式爬虫中作为一个消息队列去分配任务给爬虫进行爬取。

4.3.4 爬取并写入 Redis 做缓存

这里继续爬取糗事百科，将请求返回的源码写入 Redis 中。不过这里我们是将 Redis 作为缓存使用，在指定时间 60 秒内如果重复爬取糗事百科，则将 Redis 中存储的数据返回：

```python
import redis
import requests
from bs4 import BeautifulSoup
ip = '127.0.0.1'
port = '6379'
db=0
pool = redis.ConnectionPool(host=ip, port=port, db=db)    #连接 Redis
r = redis.StrictRedis(connection_pool=pool)
def crawl():
    url = 'https://www.qiushibaike.com/'
    if not r.get('qiushibaike'):                #如果 Redis 中无 qiushibaike 这个 key 则进行爬取
        res = requests.get(url)                 #发送请求
```

```
        soup = BeautifulSoup(res.text,'lxml')#使用beautifulsoup进行解析
        r.setex('qiushibaike',60,res.text)    #将网页源码以字符串格式插入Redis中,60秒过时
    else:                                     #如果Redis中有qiushibaike则读取源码
        res = r.get('qiushibaike').decode('utf-8')
        soup = BeautifulSoup(res,'lxml')       #使用beautifulsoup进行解析
        print('从缓存中读取'.center(50,'='))
    for i in soup.find('div',class_='recommend-article').find('ul').find_all('li'):
#将糗事百科内容通过遍历写进列表并返回
        try:
            content = i.find('a',class_='recmd-content').get_text().strip()
#解析提取文字内容
            print(content)                    #打印内容
        except Exception:
            pass
crawl()
```

crawl()方法在进行爬取前会在 Redis 中查询 qiushibaike 这个 key 是否存在。如果不存在，则直接进行爬取解析并打印内容并将网页源码以字符串格式写入 Redis 中，key 为 qiushibaike。如果存在 qiushibaike 这个 key，则从 Redis 中读取这个 key 的值，即之前写入的网页源码。然后对其进行解析提取文字内容并打印。这里缓存的有效期为 60 秒。运行代码，查看第一次返回的结果：

```
最新一波外国人搞笑视频,外国人少是有原因的!
老公生病了怎么办?
"网红调解喵":因擅长抓鼠被收留,还能当调解员□~"小黄",一岁多。因擅长捕鼠和卖萌,为自己谋得一席之位,甚至被称之为"公
......
```

然后再运行一次代码，查看第二次返回的结果：

```
=====================从缓存中读取=====================
最新一波外国人搞笑视频,外国人少是有原因的!
老公生病了怎么办?
"网红调解喵":因擅长抓鼠被收留,还能当调解员□~"小黄",一岁多。因擅长捕鼠和卖萌,为自己谋得一席之位,甚至被称之为"公
```

可以看到两次运行代码终端输出的内容基本一致，唯一的不同是第二次运行代码的时候多了一行提示"从缓存中读取"。出现这行提示的时候，代表这次运行并没有对网页进行爬取而是使用了 Redis 中的缓存。在一些业务场景中，会有一些爬虫被做成了在线的服务。用户每一次点击都需要爬虫取即时爬取信息并返回。但是为了避免短时间内的重复请求爬取操作对服务器造成负担，对资源造成浪费。所以会加入这种缓存机制。

第 5 章 效率为王——分布式爬虫

学习爬虫，经历了堵塞的单线程爬虫以后就会对爬取的效率开始有着更高的要求。分布式爬虫将多台主机组合起来共同完成一个任务，能够大幅度提升爬取的效率。

5.1 什么是分布式爬虫

分布式爬虫和普通爬虫之间的区别就如个人作战和团队作战之间的区别一样。总的来说就是人多力量大，当然这里是爬虫多力量大！有人会问分布式爬虫真的有必要么？答案是肯定的，当要爬取的数据量大并且及时性要求很高的时候，一台电脑是无法完成任务的，因此需要把任务分配在几台电脑上进行爬取任务，这就是分布式爬虫。

5.1.1 分布式爬虫的效率

假设待爬任务池里有 60 个 URL，一个爬虫 1 分钟可以爬完，每秒可以爬取一个 URL。使用分布式，把这 60 个 URL 分布在 6 台机器上，同时开始爬取。一台机器 10 秒，就可以爬 10 个 URL。6 台机器 10 秒，就可以爬取 60 个 URL。这样看，分布式爬虫可以短时间内完成大数据的爬取，可以极大地提高工作效率。

5.1.2 实现分布式的方法

之前在 Scrapy 一章中介绍过一种很 low 的分布式方式，就是手动把待爬取任务池里的 URL 分成几部分：part Ⅰ，part Ⅱ，part Ⅲ，然后分别在几台电脑上爬取，互不影响。但是这种手动分 part 的方式，一点都不优雅。我们的目标是自动化，尽量减少人工操作。根据自己经验总结出来的分布式方法大概有四种：

- 手动分 part，将任务存放在不同的文件中。
- 将任务存放在数据库，各爬虫从数据库领取未爬取的任务。
- 使用 Scrapy-redis 分布式爬虫。
- 使用 Celery 进行分布式爬虫。

上面四种方式的优缺点：

第一种简单但不优雅。

第二种同样简单，但如果使用的是 MySQL 或者 MongoDB 存取，在读取效率上会存在一点小问题。

第三种、第四种，爬虫可以处于挂起状态，有新的任务会重新启动进行爬取，效率高，但是搭建比较麻烦。

这一章主要介绍 Celery 和 Scrapy-redis。

5.2 Celery

Celery 是一个简单、灵活可靠的分布式系统。它专注于实时任务处理，支持任务调度。简单来说它就是一个分布式队列的管理工具，可以用 Celery 来快速管理一个分布式的任务队列。

5.2.1 Celery 入门

Celery 易于使用和维护，并且它不需要配置文件。现在从一个简单的数字相加例子开始。

（1）在电脑任何目录下新建一个 tasks.py 文件。

```
#tasks.py
from celery import Celery              #引入celery
app = Celery('tasks',broker='redis://localhost/0',backend='redis://localhost/1')
#连接redis，创建一个app
@app.task
def hello(x,y):                        #一个简单的任务，输入两个数字x和y，然后返回它们的和
    return x+y
```

这里使用的中间件 broker 和后端 backend 是 Redis，指定任务文件名 tasks。所以首先至少本地或者远程有一个 Redis 服务器。tasks 有了个 hello 的任务，可以运行 worker 来进行工作，在 tasks 目录下打开终端运行命令：

```
celery -A tasks worker --loglevel=info
```

返回的内容：

```
 -------------- celery@DESKTOP-16G2IT2 v4.2.1 (windowlicker)
---- **** -----
--- * ***  * -- Linux-4.4.0-17134-Microsoft-x86_64-with-Ubuntu-14.04-trusty 2018-08-07 16:48:22
-- * - **** ---
- ** ---------- [config]
- ** ---------- .> app:         tasks:0x7fdf00f02be0
- ** ---------- .> transport:   redis://localhost:6379/0
- ** ---------- .> results:     redis://localhost/1
- *** --- * --- .> concurrency: 4 (prefork)
-- ******* ---- .> task events: OFF (enable -E to monitor tasks in this worker)
--- ***** -----
 -------------- [queues]
                .> celery           exchange=celery(direct) key=celery

[tasks]
  . tasks.hello
[2018-08-07 16:48:22,466: INFO/MainProcess] Connected to redis://localhost:6379/0
[2018-08-07 16:48:22,475: INFO/MainProcess] mingle: searching for neighbors
[2018-08-07 16:48:23,495: INFO/MainProcess] mingle: all alone
[2018-08-07 16:48:23,508: INFO/MainProcess] celery@DESKTOP-16G2IT2 ready.
```

（2）在和 task.py 同一目录下新建一个 test.py 文件，为保证代码正常运行，所以要求两个文件 task.py 和 test.py 最好都在同一目录下。

```
#test.py
from tasks import hello        #从头 tasks.py 引入 hello 函数
result = hello.delay(2,3)      #将 hello 方法在后台执行，入参为 2,3
print(result.get())
```

hello.delay(2,3)会在 Celery worker 里执行任务，执行结束后是没有结果返回的。但是可以通过 get()来查看计算的结果。

```
>> python3 test.py
>> 5
```

这就是 Celery 的一个最简单的应用，不过这跟分布式爬虫有什么关系？答案在下一节。

5.2.2 Celery 分布式爬虫

从上一节一个最简单的应用看到了 tasks 是在 Celery 异步执行的任务。这个 tasks 也可以是一个爬虫，接收 URL 进行异步爬取的工作。随着爬取数量的增加，可以通过增加服务器来分担单台服务器的压力，同时也能提高效率。如图 5-1 所示。

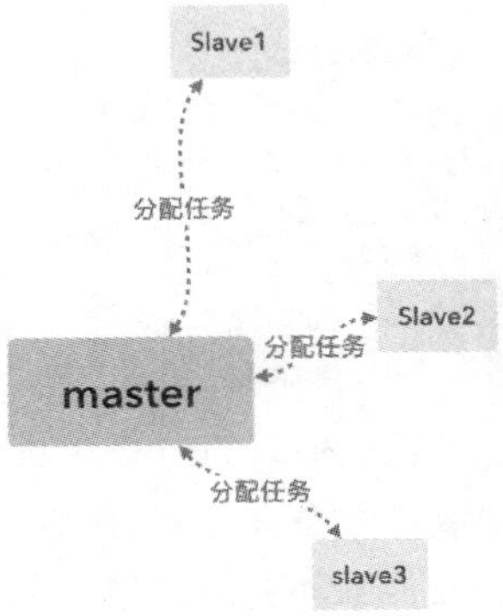

这里需要写两个爬虫，一个是 master，负责爬取任务 URL。另一个是 slave，负责接收 URL 并进行异步爬取。

图 5-1 爬虫分工

```
#master.py
import requests
from bs4 import BeautifulSoup
from slave import crawler#从 slave 中引入爬虫函数 crawler
url='http://docs.celeryproject.org/en/latest/'  #目标网页
res = requests.get(url).text                    #发送请求
soup = BeautifulSoup(res,'html.parser')         #使用 beautifulsoup 解析网页
for i in soup.find_all('a'):                    #找到网页中所有的 a 标签，获取链接
    link = i.get('href')
    if 'www' not in i.get('href'):
        link = 'http://docs.celeryproject.org/en/latest/' + i.get('href')#拼接完整的 url
        result = crawler.delay(link)            #将 url 传入任务中，执行爬虫
```

在任意目录下新建 master.py 作为 master 爬虫。master 爬虫向目标网页发送请求获取网页源码。然后使用 Beautifulsoup 对源码进行解析，提取网页源码中所有链接然后拼接成完整的 URL，再通过 crawler.delay()方法将拼接的 URL 传入 Celery 中作为任务分配给 slave 爬虫。

```
#slave.py
from celery import Celery
import requests
import time
from bs4 import BeautifulSoup
app = Celery('slave',broker='redis://localhost/0',backend='redis://localhost/1')
#和上面例子一样，连接 redis，创建一个 app
@app.task                                       #将爬虫函数注册为一个任务
def crawler(url):                               #爬虫函数，入参为 URL，根据入参进行爬取
    res = requests.get(url).text                #发送请求
```

```
soup = BeautifulSoup(res,'html.parser')   #使用 beautifulsoup 对网页进行解析
title = soup.find('h1').get_text()        #解析获取标题
f = open('%s.txt'%title,'w+')             #新建 txt 文件,以标题命名
f.write(url)                              #将 url 作为内容写进 txt 文件
f.close()                                 #关闭
```

在与 master.py 同一目录下新建 slave.py 作为 slave 爬虫。slave 爬虫监听 Redis 队列，发现有新的任务时候获取 URL 进行请求，并通过 Beautifulsoup 对源码进行解析获取网页标题，创建一个以网页标题为名的 txt 文件将网页源码写入并保存。slave 爬虫在获取任务 URL 后，Redis 会将此任务 URL 清除，防止重复爬取。

在当前目录下打开终端运行命令：

```
celery -A slave worker -loglevel=info    #启动 slave 爬虫并挂起
```

slave 爬虫就会处于待机状态，等待任务。然后在当前目录下打开新终端运行 master.py，整个分布式爬虫就跑起来了。每增加一个爬虫，只需要把 slave 的代码拷贝到新的服务器，然后运行 Celery 的命令，就会自动部署，并且从 master 接收的任务不会重复。

5.3 使用 Scrapy-redis 的分布式爬虫

Scrapy 自身是不支持分布式的,但通过使用 Scrapy-redis 这个插件可以让 Scrapy 支持分布式。与原来的 Scrapy 不一样的是，start_urls 不再是直接从代码种赋值，而是通过读取 Redis 获得。

5.3.1 Scrapy-redis 安装与入门

首先确定自己的系统安装有 Scrapy 的前提下，使用命令安装 Scrapy-redis。

```
pip install scrapy-redis
```

Scrapy-redis 需要用到 Redis 作为存储任务 URL 的数据库，如果系统没有安装 Redis 可以到 http://redis.io/download 中选择对应的版本进行下载安装。

通过一个现有的官方范例开始理解 Scrapy-redis，范例获取方法可以是在 github 上 download 或者使用 git clone 的方式获得这个例子的代码。这个范例项目我们称为 example-project。

```
git clone https://github.com/rmax/scrapy-redis.git
```

成功下载项目代码后，进入 example-project 文件夹看一下它的结构。

```
├── __init__.py
├── items.py
├── pipelines.py
├── settings.py
└── spiders
    ├── dmoz.py
    ├── __init__.py
    ├── mycrawler_redis.py
    └── myspider_redis.py
```

整体框架基本上和一般的 scrpay 项目相同，spiders 目录下的 domz.py、mycrawler_redis.py 和 myspider_redis.py 文件也是和原来的 Scrapy 项目 spiders 目录下的 spider.py 文件一样都是项目的爬虫。mycrawler_redis.py 和 myspider_redis.py 是项目 example-project 中自带的两个爬虫，功能都是

从 Redis 中获取任务的 slave 爬虫。这里以 myspider_redis.py 为例进行简单讲解。

进入 example-project 目录，打开 myspider_redis.py 可以看到以下代码。

```python
from scrapy_redis.spiders import RedisSpider
class MySpider(RedisSpider):
"""爬虫从 redis 中获取任务队列进行爬取"""
    name = 'myspider_redis'#爬虫名
    redis_key = 'myspider:start_urls'#redis 的 key
    def __init__(self, *args, **kwargs):
        # 动态定义可爬取域名
        domain = kwargs.pop('domain', '')
        self.allowed_domains = filter(None, domain.split(','))
        super(MySpider, self).__init__(*args, **kwargs)
#对网页进行解析
    def parse(self, response):
        return {
            'name': response.css('title::text').extract_first(),#用 css 提取标题
            'url': response.url,
        }
```

如果直接运行命令：

```
scrapy crawl myspider_redis
```

Scrapy 会正常运行，但处于挂起状态。因为它还没有从 Redis 中获取需要爬取的 start_urls。所以需要新打开一个终端，输入 redis-cli 进入 Redis 使用 lpush 给它一个地址：

```
127.0.0.1:6379> lpush myspider:start_urls http://www.dmoz.org.in/
```

之前挂起的 myspider_redis 爬虫在接收到命令后会自动进行爬取。

5.3.2 创建 Scrapy-redis 爬虫项目

（1）新建一个 testspider 的 Scrapy 项目，开启终端输入命令：

```
scrapy startproject testspider
```

成功创建项目 testspider，项目的框架如下：

```
├── scrapy.cfg
└── testspider
    ├── __init__.py
    ├── items.py
    ├── middlewares.py
    ├── pipelines.py
    ├── __pycache__
    ├── settings.py
    └── spiders
        ├── __init__.py
        └── __pycache__
```

首先得重新修改一下 setting.py 文件，里面是爬虫运行的各项配置。

```
SCHEDULER = "scrapy_redis.scheduler.Scheduler"
DUPEFILTER_CLASS = "scrapy_redis.dupefilter.RFPDupeFilter"
REDIS_URL = 'redis://localhost/'
```

新增上面三行,第一个是使用 Scrapy-redis 调度器,第二个是启用去重功能,第三个是 Redis 的地址。

(2) 在 spiders 目录下新建 master.py 文件,作为 master 爬虫。

```
#master.py
from scrapy_redis.spiders import RedisSpider
from bs4 import BeautifulSoup
import redis
class MySpider(RedisSpider):
    name = 'masterspider'#爬虫名
    redis_key = 'master:start_urls'#读取 redis 的 key
    def __init__(self, *args, **kwargs):
        self.myredis= redis.Redis(host='localhost', port=6379, decode_responses=True)
#初始化连接 redis
    def parse(self, response):
        soup =BeautifulSoup(response.body,'lxml')#使用 beautifulsoup 解析
        for i in soup.find_all('a'):#找到网页中所有的 a 元素,获取链接
            try:
                if 'http' not in i.get('href'):
                    print('master_url:','https://wiki.python.org'+i.get('href'))
                    self.myredis.lpush('slave:start_urls','https://wiki.python.org'+
i.get('href'))#将获取的所有链接存入 redis 中
            except Exception:
                print('error'.center(50,'*'))
```

(3) 在 spider 目录下创建 slave.py 文件,作为 slave 爬虫。

```
#slave.py
from scrapy_redis.spiders import RedisSpider
from bs4 import BeautifulSoup
import redis
class MySpider(RedisSpider):
    name = 'slavespider'#爬虫名
    redis_key = 'slave:start_urls'#读取 redis 的 key
    def parse(self, response):
        print('slave_url:',response.url)#将爬取的网页 url 打印
```

(4) 开启两个终端,分别输入命令:

```
scrapy crawl masterspider
scrapy crawl slavespider
```

成功开启 master 和 slave 爬虫后,两个终端会分别输出以下内容。
master 爬虫终端输出内容:

```
scrapy crawl masterspider
屏幕输出内容
2018-08-10 16:24:43 [scrapy] INFO: Scrapy 1.2.1 started (bot: testspider)
2018-08-10 16:24:43 [scrapy] INFO: Overridden settings: {'NEWSPIDER_MODULE':
'testspider.spiders', 'ROBOTSTXT_OBEY': True, 'DUPEFILTER_CLASS': 'scrapy_redis.dupefilter.
RFPDupeFilter', 'SPIDER_MODULES': ['testspider.spiders'], 'BOT_NAME': 'testspider',
'SCHEDULER': 'scrapy_redis.scheduler.Scheduler'}
2018-08-10 16:24:44 [scrapy] INFO: Enabled extensions:
['scrapy.extensions.logstats.LogStats',
```

```
        'scrapy.extensions.telnet.TelnetConsole',
        'scrapy.extensions.corestats.CoreStats']
2018-08-10 16:24:44 [masterspider] INFO: Reading start URLs from redis key
'master:start_urls' (batch size: 16, encoding: utf-8
2018-08-10 16:24:45 [scrapy] INFO: Enabled downloader middlewares:
['scrapy.downloadermiddlewares.robotstxt.RobotsTxtMiddleware',
 'scrapy.downloadermiddlewares.httpauth.HttpAuthMiddleware',
 'scrapy.downloadermiddlewares.downloadtimeout.DownloadTimeoutMiddleware',
 'scrapy.downloadermiddlewares.defaultheaders.DefaultHeadersMiddleware',
 'scrapy.downloadermiddlewares.useragent.UserAgentMiddleware',
 'scrapy.downloadermiddlewares.retry.RetryMiddleware',
 'scrapy.downloadermiddlewares.redirect.MetaRefreshMiddleware',
 'scrapy.downloadermiddlewares.httpcompression.HttpCompressionMiddleware',
 'scrapy.downloadermiddlewares.redirect.RedirectMiddleware',
 'scrapy.downloadermiddlewares.cookies.CookiesMiddleware',
 'scrapy.downloadermiddlewares.chunked.ChunkedTransferMiddleware',
 'scrapy.downloadermiddlewares.stats.DownloaderStats']
2018-08-10 16:24:45 [scrapy] INFO: Enabled spider middlewares:
['scrapy.spidermiddlewares.httperror.HttpErrorMiddleware',
 'scrapy.spidermiddlewares.offsite.OffsiteMiddleware',
 'scrapy.spidermiddlewares.referer.RefererMiddleware',
 'scrapy.spidermiddlewares.urllength.UrlLengthMiddleware',
 'scrapy.spidermiddlewares.depth.DepthMiddleware']
2018-08-10 16:24:45 [scrapy] INFO: Enabled item pipelines:
[]
2018-08-10 16:24:45 [scrapy] INFO: Spider opened
2018-08-10 16:24:46 [scrapy] INFO: Crawled 0 pages (at 0 pages/min), scraped 0 items
(at 0 items/min)
2018-08-10 16:24:46 [scrapy] DEBUG: Telnet console listening on 127.0.0.1:6023
```

从输出内容可以看到 master 爬虫的运行状态、调用的中间件，以及最后爬取数据的数量。现在 master 爬虫处于挂起状态，所以爬取数据数量为 0。

slave 爬虫终端输出内容：

```
scrapy crawl slavespider
屏幕输出内容
2018-08-10 16:26:14 [scrapy] INFO: Scrapy 1.2.1 started (bot: testspider)
......
2018-08-10 16:26:15 [scrapy] DEBUG: Telnet console listening on 127.0.0.1:6024
```

输出内容同 master 爬虫输出大致相同。

（5）现在它们处于等待任务的挂起状态。打开一个新的终端，输入命令：

```
redis-cli
```

成功进入 Redis 客户端。现在要从 redis-cli 中向 master 爬虫传入一个目标 URL，让 master 开始工作，键值格式为 master:start_urls。

```
127.0.0.1:6379> lpush master:start_urls https://wiki.python.org/moin/BeginnersGuide
```

（6）现在爬虫已经启动，切换到 master 爬虫终端，看到有内容输出：

```
2018-08-10 16:32:53 [scrapy] DEBUG: Crawled (200) <GET https://wiki.python.org/
moin/BeginnersGuide> (referer: None)
 ('master_url:', 'https://wiki.python.org/moin/FrontPage')
```

```
*********************error*********************
('master_url:', 'https://wiki.python.org/moin/BeginnersGuide')
('master_url:', 'https://wiki.python.org/moin/BeginnersGuide')
.........
```

从 master 爬虫终端输出内容可以看到 master 爬虫已经开始工作，进行任务 URL 的爬取。这时切换到 slave 爬虫终端，看到有新的内容输出：

```
('master_url:', 'https://wiki.python.org/moin/BeginnersGuide')
('master_url:', 'https://wiki.python.org/moin/BeginnersGuide')
('master_url:', 'https://wiki.python.org/moin/FrontPage')
............
```

爬虫已经正常运行。基本原理就是 master 爬虫从 Redis 数据库中获取 start_urls 进行爬取，然后将获得的新的 URL 存入 Redis 数据库中。slave 爬虫从 Redis 数据库中获得 master 爬到的 URL 进行爬取。多台机器爬取时只需要把源码复制到新的机器上运行 slave 爬虫即可，分布式爬虫就是这么简单。

第 6 章 抓包的使用与分析

爬取有两种方式，一种是爬取网页源码，另一种是爬取接口。爬取源码的只需要获取源码可以通过 Beautifulsoup 之类的工具进行解析就能提取数据。但爬取接口需要借助其他工具来辅助找到接口才能进行爬取。通过工具寻找数据接口的过程，我们称为抓包。

6.1 利用抓包分析目标网站

抓包是将网络传输发送与接收的数据包进行截获。很多爬取的网站都是采取动态加载的方式，源码中无法找到需要的爬取数据。因此需要通过抓包，找到获取目标数据的接口，并模仿它的请求方式来获得数据。

6.1.1 如何抓包

抓包是需要抓包工具的，火狐、chrome 浏览器里的 network，fiddler、青花瓷都是比较常用的抓包工具。

整个抓包的流程：打开目标网页——调出抓包工具——查询接口——找到目标接口——发送请求——获取数据。

确认能获取数据以后，就可以开始写爬虫去爬取数据了。但是一般没有这么顺利，中间会有很多坑，不过这里先不细说了。

6.1.2 网页抓包分析

先从一个简单的例子来理解抓包，需要用到的是 chrome 浏览器，目标是豆瓣电影板块。首先用 chrome 打开豆瓣电影板块网页，目标数据是电影标题和评分，只要拿到这些数据就可以了。页面上首先看到一部电影《与神同行》，然后打开网页的源码，试着找到电影《与神同行》。因为源码比较多，可以用【Ctrl+F5】进行搜索。

源码中没有《与神同行》的相关信息，不仅如此其他的几部电影信息也没有。所以可以断定，这些数据是从接口中获得的动态数据，接下来就要开始抓包了。

（1）在浏览器中按下【F12】键，或者右击空白处选择检查，进入开发者模式，选择 network，如图 6-1 所示。

图 6-1　开发者模式下的 Network

重新刷新一下网页，就可以看到很多东西，如图 6-2 所示。

图 6-2　Network 数据

通过后缀可以发现这是图片，不是我们想要的信息。抓包有经验的人，可以快速地从一大堆东西中快速的筛选找到自己的目标接口。但对于新手，可能得一个一个从头看起，比较费时、费力。不过这里有一个小技巧，因为大部分接口返回的都是 json 格式的数据，所以可以在图 6-2 中选择 XHR 来对内容进行筛选，这样可以减少掉很多没有用的数据，然后再从剩下的接口中一个一个查看，寻找目标数据是否存在，如图 6-3 所示。

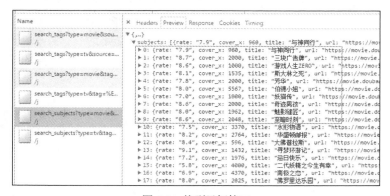

图 6-3　找到目标接口

就是这个接口，锁定目标。

（2）接下来看一下 headers，查看它的接口请求方式，如图 6-4 所示。

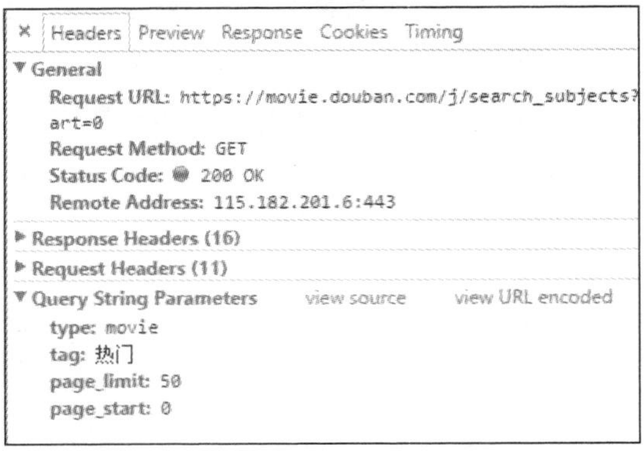

图 6-4 查看请求方式和参数

从这里可以看到接口采用的是 GET 方式，并且请求参数 Query String Parameters 中没发现有 token 之类的密钥，是个完全公开没加密的接口，这样应该可以很简单地拿到数据。

（3）尝试用代码请求数据。

```
import requests#引入 requests
url = "https://movie.douban.com/j/search_subjects"#请求 url
querystring = {"type":"movie","tag":"热门","page_limit":"50","page_start":"0"}#请求参数
headers = {#headers，防爬基本手段之一，伪装请求头
    'cache-control': "no-cache",
    'postman-token': "8a717c23-2a8b-e9c9-b69c-190c304dbdeb"
    }
response = requests.request("GET", url, headers=headers, params=querystring)#发送请求

print(response.text)#打印结果
.......
{
        "rate": "7.7",
        "cover_x": 960,
        "title": "与神同行",
        "url": "https:\\\/\\/movie.douban.com\\/subject\\/11584016\\/",
        "playable": false,
        "cover": "https://img1.doubanio.com\\/view\\/photo\\/s_ratio_poster\\/public\\/p2500130777.jpg",
        "id": "11584016",
        "cover_y": 1372,
        "is_new": false
    },
```

运行后我们抓包获取数据就成功了。

6.2 手机 APP 抓包

爬虫是爬取数据的，但有时候需要的数据并不存在于网页上，而是存在于 APP 里。那怎么

办呢？方法无他，爬它。APP 和网页一样，也是通过请求接口来获得数据的，只要有接口就能够爬取。

6.2.1 使用 fiddler 抓包

手机抓包一般使用 fiddler 和青花瓷这两个工具，Windows 上使用 fiddler，Mac 上使用青花瓷。手机抓包的流程跟网页抓包差不多，只不过在开始抓包前需要先给手机设置代理，让电脑和手机数据互通。给手机设置代理所使用的 IP 是电脑的局域网 IP 地址，这个地址可以通过命令查看，也可以通过 fiddler 查看，如图 6-5 所示。

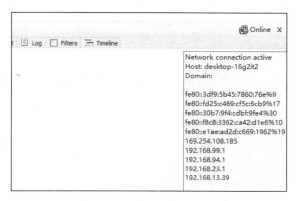

图 6-5　查询 IP 地址

在 fiddler 右上角的图标，鼠标移动在上面可显示地址，一般默认最后一个 IP 地址是本机地址。确认手机和电脑连接同一 Wi-Fi 下，输入代理 IP 地址即可连接。

6.2.2 HTTPS 证书安装

fiddler 默认的是 HTTP 协议，如果抓包的接口是采用 HTTS 协议，会出现抓不到包的情况，因此需要在手机安装证书才能成功抓包。在 fiddler>tools>options>https 勾选以下内容，如图 6-6 所示。

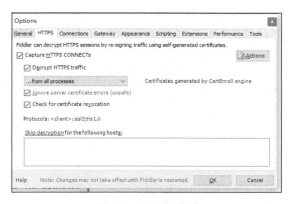

图 6-6　HTTPS 选项

在确保手机已成功连上 PC 的前提下，用浏览器输入 IP：port，比如我的 IP 是 192.168.13.39，端口是 7000。所以在浏览器中输入的是 192.168.13.39:7000，一般情况下端口默认是 8888，所以需要检查清楚。然后打开页面，下载证书并在手机设置中激活使用，如图 6-7 所示。

图 6-7　手机安装证书

6.2.3　booking 手机端抓包

Booking 是当前世界知名的一个预订酒店的 APP，可以尝试抓取 booking 手机 APP 的包，并爬取它的信息。

1．安装 booking 手机 APP

如果手机里还没安装 booking，可以先安装一个，安装完成以后，随便选个城市，查看列表页，如图 6-8 所示。

这就是我们的目标，把列表页上的这家酒店价格信息爬下来。

2．通过 fiddler 抓取手机包

转到 fiddler 这边，手机 Wi-Fi 开启代理模式，IP 为电脑局域网的 IP，端口在 fiddler 中的 tool>options>connections> 查看。正确填写完成以后，可以看到 fiddler 在使用手机打开 booking 的时候已经刷新出来一些接口，如图 6-9 所示。

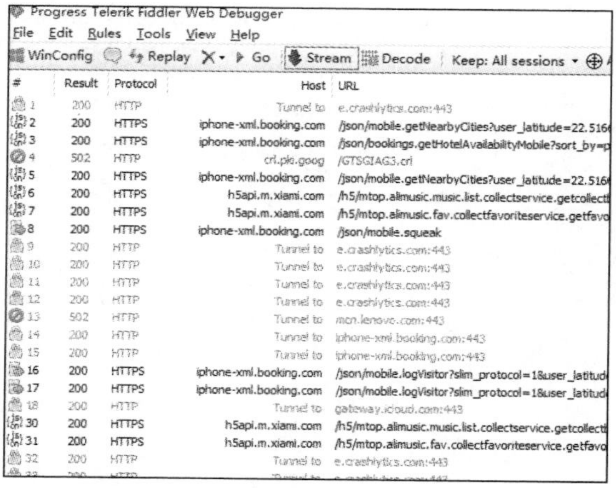

图 6-8　Booking 酒店信息

图 6-9　接口信息

这里只能一个一个的去查看了，只要看返回内容是 json 的接口就好。找到一个接口，查看里面的内容，如图 6-10 所示。

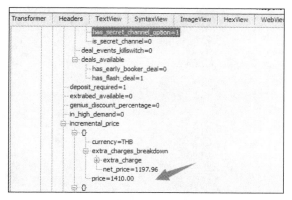

图 6-10　找到目标接口

价格 1410 元和上面图 6-10 上的价格一致，所以就是这个接口了。然后检查一下它的请求方式和参数，如图 6-11 所示。

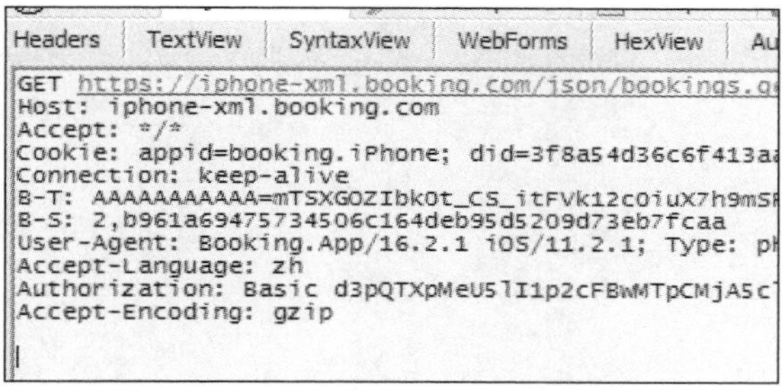

图 6-11　接口请求方式信息

接口还是 GET 的请求方式，headers 里有个类似认证的字段 authorization，这种认证的字段存在失效的可能性。先写一下代码，试试看只加参数不加 headers 能不能请求成功。这里的参数比较多，如图 6-12 所示。

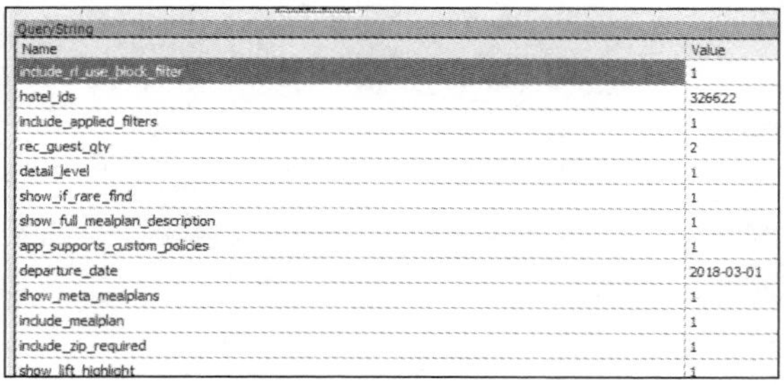

图 6-12　请求参数

3．请求接口

尝试通过代码进行请求。

```
import requests
url = "https://iphone-xml.booking.com/json/bookings.getBlockAvailability"
querystring = {注意图中参数不全，建议自己抓包输入}
response = requests.request("GET", url, headers=headers, params=querystring)
print(response.text)
```

结果失败了，返回结果"Authorization required"，果然需要在代码中加上headers。

```
#从抓包中复制回来的headers
headers = {
    'host': "iphone-xml.booking.com",
    'accept': "*/*",
    'cookie': "appid=booking.iPhone; did=3f8a54d36c6f413aa470a92ca6216ceb",#会过期，
需要定时更换
    'connection': "keep-alive",
    'user-agent': "Booking.App/16.2.1 iOS/11.2.1; Type: phone; AppStore: apple; Brand:
Apple; Model: iPhone8,1;",#浏览器的请求头
    'accept-language': "zh",
    'authorization': "Basic d3pQTXpMeU5lI1p2cFBwMTpCMjA5cld0M2FoQiRueDNh",#会过期，
需要定时更换
    'accept-encoding': "gzip",
    }
```

这里通过多次删减然后尝试请求，最后保留下来一部分必要的参数，删除了那些多余的不必要的字段。然后爬一下代码看一下结果。

```
[
    {
        "hotel_id": 179820,
        "city": "东京",
        "checkout": {
            "24_hour_available": 0,
            "to": "12:00",
            "from": ""
        },
        "address": "Chiyoda-ku, Marunouchi Trust Tower Main, 1-8-3 Marunouchi,",
        "class": 5,
        "review_nr": 420,
        "currencycode": "JPY",
        "zip": "100-8283",
        "hoteltype_id": 204,
        "url": "https://www.booking.com/hotel/jp/shangri-la-tokyo.html",
        "entrance_photo_id": 131138669,
        "class_is_estimated": 0,
        "review_score": 9.3,
        "main_photo_id": 131567329,
        "name": "东京香格里拉大酒店",
        "ranking": 3431582,
        "maxrate": 138862,
        "checkin": {
            "to": "",
            "from": "15:00",
            "24_hour_available": 0
        },
        "preferred": 0,
        "description_translations": ...........................
```

数据爬取成功了，虽然这里只是介绍了使用fiddler的手机抓包用法，没有介绍青花瓷。但其实抓包工具的使用都是大同小异，一通百通。所以Mac用户看了fiddler的用法，也能够使用青花瓷实现手机APP的简单抓包。火狐浏览器和chrome是没办法用手机抓包的。

第 7 章 Websocket 通信网站爬取

爬取大部分的时候都是通过 HTTP 协议发送请求。但是有一些网站，它的数据就像聊天室那样是实时更新的，数据更新频繁。开发者为了实现实时功能一般不会采用 HTTP 协议而是采用 Websocket 协议。

7.1 什么是 Websocket

Websocket 是一种网络通信协议，与 HTTP 协议不同的是，Websocket 可以提供浏览器与服务器间进行全双工通信。而 HTTP 协议则只能由浏览器向服务器发出请求，如果服务器有连续的状态变化，则需要浏览器不断轮询。这样的操作方式不仅效率低，而且浪费资源。而 Websocket 的出现，浏览器和服务器之间就形成了一条快速通道，两者之间就直接可以数据互相传送。这种协议的主要应用场景一般是在聊天室中。

7.1.1 Websocket-clinet

Websocket-clinet 模块是 Python 上的客户端，提供低级的 Websocket API 实现与服务器之间的连接，有长连接和短连接两种方式。长连接可以让客户端与服务器之间一直保持着连接状态，随时接收来自服务器的信息。短连接则是在客户端向服务器发送信息并接收信息之后就断开连接。下面使用 pip 命令就可以快速简单的安装 websocket-clinet。

```
pip install websocket-clinet
```

打开 Python 终端输入：

```
Import websocket
```

回车后如果没有报错则表示成功安装了 websocket-clinet 模块。接下来通过简单的例子来学习 websocket-clinet 的使用。

7.1.2 Websocket-clinet 简单入门

短连接是最简单的连接方式，客户端向服务器发送信息，收到信息后直接中断连接。

```
from websocket import create_connection                    #引入websocket创建连接模块
ws = create_connection("ws://echo.websocket.org/")         #创建连接
```

```
print("Sending 'Hello, World'...")        #打印发送的内容
ws.send("Hello, World")                   #发送信息
print("Sent")                             #已发送
print("Receiving...")                     #正在接收
result =  ws.recv()                       #获取返回结果
print("Received '%s'" % result)           #打印返回结果
ws.close()                                #断开连接
```

代码很简单，连接服务器，然后向服务器中发送字符串 hello world。然后等待服务器回复，收到服务器回复同样的字符串 hello world，最后中断连接。不过这种方式太过简单，而且没有做异常处理。需要给代码增加异常处理，以及专门为每个功能如接收、发送、报错、连接、中断都写一个方法。接下来看一下长连接的方式。

```
import websocket
import threading                          #多线程模块
import time                               #时间模块
def on_message(ws, message):              #方法，打印信息
    print(message)
def on_error(ws, error):                  #方法，打印错误
    print(error)
def on_close(ws):                         #关闭连接
    print("### closed ###")
def on_open(ws):                          #方法，打开连接
    def run(*args):                       #方法，运行
        for i in range(3):
            time.sleep(1)
            ws.send("Hello %d" % i)
        time.sleep(1)
       # ws.close()
        print("thread terminating...")
    threading.start_new_thread(run, ())   #启动多线程
if __name__ == "__main__":
    websocket.enableTrace(True)
    ws = websocket.WebSocketApp("ws://echo.websocket.org/",#配置参数
                        on_message = on_message,
                        on_error = on_error,
                        on_close = on_close)
    ws.on_open = on_open
    ws.run_forever()                      #进行长连接
```

这段代码中有四个分别实现不同功能的函数，on_message、on_error、on_close、on_open。

- on_message 函数会在收到服务器返回信息的时候被调用。
- on_error 函数会在连接过程出现错误时候调用，返回错误信息。
- on_close 函数则是连接中断时调用。
- on_open 是连接服务器成功时调用的方法。
- ws.run_forever()让连接保持不中断。
- ws.close()取消注释，这个长连接也会变成短连接的方式，在收到服务器返回信息后中断连接。

7.2 使用 websocket 爬取财经网站

上面介绍了 websocket-clinet 这个工具，学习这个工具的目的是爬取数据。Websocket 的使用场景一般是聊天室，不过这里有一个财经网站是实时更新资讯的，比较适合练习用。

一牛财经是一个实时查看经济讯息的网站更新讯息的频率保持在 2~3 分钟，如此高频的更新操作使得 websocket 成为传输信息的首选。

（1）爬取一个网站，首先需要看源代码里有没有想要的信息内容，在这里先省略查看源码这一步直接跳到下一步，抓包去看一下网站请求的接口是什么样的，如图 7-1 所示。

图 7-1　讯息接口

在这里可以看到这个接口的 type 是 websocket，和平时爬取的接口类型 XHR 不一样。然后查看接口返回内容，如图 7-2 所示。

图 7-2　接口内容

（2）确定是这个接口，然后再看一下它的请求头和请求参数，如图 7-3 所示。

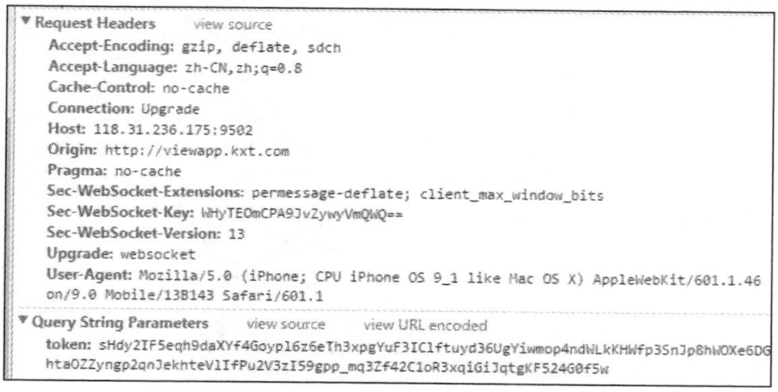

图 7-3　请求头和请求参数

大部分内容和 HTTP 协议的接口差不多，但是没有请求方式，所以它的请求方式既不是 GET 也不是 POST。要成功从使用 Websocket 的服务器中下载数据，需要先向服务器发送口令。这个口令就是图 7-2 中的第一行。

```
{"cmd":"login","number":100,"codes":["CJRL","KUAIXUN"]}
```

对方服务器确定口令无误后，就会返回数据。

（3）爬虫的爬取思路是：与服务器建立连接—发送口令—获得数据。按照这个思路，就可以写代码了。

```python
import websocket
import threading
import time
import pprint                                    #一个可以将数据以更优雅而非杂乱的形式打印的模块
def on_message(ws, message):                     #方法，调用的时候打印信息
    print(1)
    pprint.pprint(message)
    # print(ws.recv())
def on_error(ws, error):                         #方法，出错时打印错误
    print(2)
    print(error)
def on_close(ws):                                #关闭连接时调用
    print("### closed ###")
def on_open(ws):                                 #方法，打开连接
    def run(*args):                              #运行
        ws.send('{"cmd":"login","number":100,"codes":["CJRL","KUAIXUN"]}')
        print('yoyoyo')
        time.sleep(5)
        ws.close()
        print("thread terminating...")
    threading._start_new_thread(run,()) #启动多线程
headers={'Accept-Encoding:gzip, deflate, sdch','Accept-Language:zh-CN,zh;q=0.8',#伪装的请求头
        'Cache-Control:no-cache','Host:120.27.195.4:9502',
        'Origin:http://viewapi.kxt.com','Pragma:no-cache',
        'Sec-WebSocket-Extensions:permessage-deflate; client_max_window_bits',
        'User-Agent:Mozilla/5.0 (Windows NT 10.0; WOW64) AppleWebKit/537.36 (KHTML, like Gecko) Chrome/58.0.3029.81 Safari/537.36'
        }
if __name__ == "__main__":
    websocket.enableTrace(True)
url='ws://118.31.236.175:9502/?token=sHdy2IF5eqh9daXYf4Goypl6z6eTh3xpgYuF2oK1dpaxd3aTgXiwmop4ndWLkKHWfp3SnJp8hWOXe6DGf5Ks2cegnc2YZ3-okYSZ05eBhtaOZZyngp2qnJekhteVlIfPu2V3zI59gpp_mq3Zf42C1oR3yqiIiJaogYuB2nzPZaA'   #连接URL
    ws = websocket.WebSocketApp(url,
                                on_message = on_message,
                                on_error = on_error,
                                on_close = on_close,
                                header=headers)              #配置参数
    ws.on_open = on_open                                      #运行
    ws.run_forever()                                          #保持长连接
```

on_open 函数里面有一个 run 的函数，口令就写在这个函数里，发送到服务器。代码跑起来后，看一下效果。

```
'16:50:43\",\"title\":\" 印尼央行：当前印尼盾的表现脱离了基本面。\"},\"socre\":\"1534409443547\"}","{\"id\":\"256964\",\"code\":\"KUAIXUN\",\"content\":{\"autoid\":\"2010750320\",\"importance\":\"低\",\"noticeapp
```

```
\\":0,\\"time\\":\\"2018-08-16 '
   '16:50:32\\",\\"title\\":\\" 【提醒】北京时间 17:00 将公布欧元区 6 月贸易账。
\\"},\\"socre\\":\\"1534409432286\\"}","{\\"id\\":\\"256963\\",\\"code\\":\\"KUAIXUN\
",\\"content\\":{\\"autoid\\":\\"2010750125\\",\\"importance\\":\\"低\\",\\"noticeapp
\\":0,\\"time\\":\\"2018-08-16 ',..........................
```

　　数据成功返回，然后与服务器的连接主动断开。如果把 ws.close()这一行注释去掉的话，它会保持与服务器的连接。当服务器有更新的时候，会收到对方传来的新的快讯。

第 8 章 验证码破解

爬虫的道路总是充满着艰辛,因为永远不知道前面会有什么困难在等着你。也许写好的爬虫代码,刚开始的时候运行正常,结果一段时间后就爬取失败了,然后经过千辛万苦终于排查出了原因:需要验证码验证。

8.1 关于验证码

现在很多时候是不需要通过输入用户名密码就可以获得登录状态,只需要拿到登录状态的cookies就可以让爬虫获得等同于登录用户的权限。那为什么还要去做破解验证码这么吃力不讨好的事情呢,因为有的 cookies 是会过期的,如果 cookies 过期了就需要重新手动去复制粘贴一个新的 cookies 让爬虫重新工作。但是通过破解验证码就可以在 cookies 失效以后,通过写好的脚本让它重新登录获得新的 cookies,让爬虫恢复工作。一般的验证码是手动输入经过复杂处理过的字符,另外一种就是极验验证。

8.1.1 一般的验证码

一般的验证码是向用户展示一张图片,图片内容可能是一个问题,可能是经过不同程度处理过的字符或数字。用户需要将问题的答案或者图片中的字符数字输入,证明用户不是机器人。不过由于提问题和未经处理过的图片太容易破解,随着技术的发展,现在的验证码都是通过不同程度的扭曲,加噪点来影响机器的判断,提高破解的难度。如图 8-1 所示。

图 8-1 验证码

这一类的验证码都是用 OCR 技术来实行破解的。网上也可以找到很多可用的 OCR 软件或者包来使用,如 Google 的 Tesseract 或者 Asprise。

8.1.2 极验验证

极验验证不同于一般的验证码。它可以是一个滑动条,让你把拼图滑到对应的位置。也有可能是一张图片，让用户按照要求在上面依次点击相应的东西。如图 8-2 和图 8-3 所示。

图 8-2　极验滑动验证　　　　　　图 8-3　极验验证 3.0

验证码的破解始终是依赖 OCR 技术的，不过极验验证还需要机器去模拟人的操作。图 8-2、图 8-3 两张图可以通过 OCR 技术知道要移动的距离，还有目标所在的位置和顺序。但是如果用户的鼠标移动轨迹也是被记录进日志的，服务器还会通过记录的轨迹来判断用户是否是机器人。

8.2　极验滑动验证破解

上一节中已经简单介绍过极验滑动验证。这一节会编写一个破解极验滑动验证的脚本。破解极验滑动验证有两个关键点：找到缺口位置计算移动记录和让移动的过程接近人类。解决这两点就能够成功破解极验滑动验证。

8.2.1　准备工具

上一节提到了 OCR 技术，不过破解极验滑动验证是用不到的。破解极验滑动验证只需要准备两个库 Selenium 和 Pillow。Selenium 是一个自动化测试工具，可以通过代码来控制浏览器的行为。Pillow 则是一个图片处理工具，可以使用代码来实现各种图片操作。使用 pip 命令可以很简单地安装这两个库。另外这里使用的是 chrome 浏览器，如果计算机还没安装 chrome 浏览器，建议安装一下。

8.2.2　分析滑动验证码

工具已经准备好可以进行下一步，对滑动验证码进行分析。极验滑动验证弹出来的时候，会显示一张没有缺口的图片，如图 8-4 所示。

这张图需要保存下来，用来和下一张带缺口的图片进行对比，如图 8-5 所示。

如何进行对比？这里就要用到我们的第三方库 pillow 了。pillow 可以载入两张图片，对限定范围内进行 RGB 比对。RGB 是红绿蓝三个通道的颜色，三个颜色的各种组合几乎包括了人类视力所能感知到的所有颜色。所以进行 RGB 比对其实是将两张图片进行颜色比对，颜色不同的地方，就是缺口所在的位置。

图 8-4 完整的验证图片

图 8-5 带缺口的验证图片

```
def get_distance(image1,image2):
    for i in range(left,image1.size[0]):     #left 为 X 轴开始的点，image1.size[0]则为图
片 X 轴上的终点，即图片宽
        for j in range(image1.size[1]):      #image1.size[1]为图片的高度，由低到高进行遍历
        # i,j 就是一个不断地以左下角为中心向右上角变化的坐标范围
            rgb1=image1.load()[i,j]          #获取图一限定范围 RGB
            rgb2=image2.load()[i,j]          #获取图二限定范围 RGB
            res1=abs(rgb1[0]-rgb2[0])        #对比两图 R 之间差距，数值越大颜色差距越大
            res2=abs(rgb1[1]-rgb2[1])        #对比两图 G 之间差距，数值越大颜色差距越大
            res3=abs(rgb1[2]-rgb2[2])        #对比两图 B 之间差距，数值越大颜色差距越大
```

上面这段代码就是简单的 RGB 比对的方法，最后获得三个数值代表两张图之间 RGB 相差的值。然后会通过反复的测试而获得一个 RGB 的标准值。当两张图之间的 RGB 差超过这个值，则代表出现缺口，此时返回 i 的值，i 就是缺口所在 X 轴的坐标，即想要获得的移动距离。

当获得了需要移动的距离，就可以让 Selenium 来控制滑动条移动。但是用户的运动轨迹是被监控的，滑得太快会被打上非人类的标签导致验证失败。所以还需要让 Selenium 的移动轨迹更接近人类。网上有一段结合了各种物理公式的代码来模拟人的运动轨迹。其实不用那么复杂。只要让滑动条每次随机走几步，让它有个不稳定的移动轨迹就可以了。

```
def get_track(length):
    pass
    list=[]
    #间隔通过随机范围函数来获得,每次移动一步或者两步
    x=random.randint(1,3)
    #生成轨迹并保存到 list 内
    while length-x>=5:
        list.append(x)
        length=length-x
        x=random.randint(1,3)
    #最后五步都是一步步移动
    for i in range(length):
        list.append(1)
    return list
```

已经知道两个关键的点应该怎么做了，接下来就可以开始写代码去破解极验滑动验证码了。

8.2.3 开始破解极限滑动验证码

（1）在开始的时候需要写两个方法，一个是对验证码框进行截图，第二个是抠图，把除验证码外的其他部分去掉。

```python
def get_snap():
    '''
    对整个网页截图，保存成图片，然后用 PIL.Image 拿到图片对象
    :return: 图片对象
    '''
    driver.save_screenshot('snap.png')
    page_snap_obj=Image.open('snap.png')
    return page_snap_obj
def get_image():
    '''
    从网页的网站截图中，截取验证码图片
    :return: 验证码图片
    '''
    img=wait.until(EC.presence_of_element_located((By.CLASS_NAME,'geetest_canvas_img')))
    time.sleep(2) #保证图片刷新出来
    localtion=img.location
    size=img.size
    top=localtion['y']
    bottom=localtion['y']+size['height']
    left=localtion['x']
    right=localtion['x']+size['width']
    page_snap_obj=get_snap()
    crop_imag_obj=page_snap_obj.crop((left,top,right,bottom))
    #crop_imag_obj.show()
    return crop_imag_obj
```

这里可能会有疑惑，为什么图片的顶端 top=localtion['y']而底端 bottom=localtion['y']+ size['height']。因为 pillow 的原点是在图片的左上角的，如图 8-6 所示。

因此，bottom 底端的 y 点等于顶端的 y 点加图片高度。现在重新修改一下 get_distance 这个方法，以方便测试。

图 8-6 pillow 的坐标轴

```python
def get_distance(image1,image2):
    threshold=标准值，可以从50开始尝试，这里先告诉你最后是90成功率最高
    left=57#左边第一个拼图结束的位置
    for i in range(left,image1.size[0]):
        for j in range(image1.size[1]):
            rgb1=image1.load()[i,j]
            rgb2=image2.load()[i,j]
            res1=abs(rgb1[0]-rgb2[0])
            res2=abs(rgb1[1]-rgb2[1])
            res3=abs(rgb1[2]-rgb2[2])
            if not (res1 < threshold and res2 < threshold and res3 < threshold):#当RGB大于这个标准值的时候，代表出现缺口
                print(i)
```

```
        print((res1,res2,res3))
        return i-7  #经过测试,误差大概为 7
#print(i)
    return i-7  #经过测试,误差大概为 7
```

左边第一块拼图结束的位置是 57,拼图左侧与图片最左侧的边之间相隔的距离为 7。而最后我们返回的 i 是个坐标,即 X 点。只有减去间隔的部分才等于距离。所以,距离=i-7。如图 8-7 所示。

(2)四个基本的方法写完,可以开始写 selenium 自动化脚本。

图 8-7 拼图距离分析

```
import time
from selenium import webdriver
from selenium.webdriver import ActionChains
from selenium.webdriver.common.by import By
from selenium.webdriver.support import expected_conditions as EC
from selenium.webdriver.support.wait import WebDriverWait
from PIL import Image
import time
import random
try:
    driver=webdriver.Chrome()
    driver.get('https://account.geetest.com/login')#打开登录页面
    wait=WebDriverWait(driver,10)#等待10秒
    #点击按钮弹出验证码图片
    button=wait.until(EC.presence_of_element_located((By.CLASS_NAME,'geetest_radar_tip')))#等待直到出现指定元素
    button.click()
    #拿到没有缺口的图片
    image1=get_image()
    driver.save_screenshot('snap1.png')
    #点击滑动条弹出有缺口的图片
    button=wait.until(EC.presence_of_element_located((By.CLASS_NAME,'geetest_slider_button')))
    button.click()
    #拿到有缺口的图片
    image2=get_image()
    #对比两张图的RGB,找到不一样的地方,获得距离
    distance=get_distance(image1,image2)
    #把需要拖动的总距离分成一段一段小的轨迹
    tracks=get_track(distance)
    print(tracks)
    print(image1.size)
    print(distance,sum(tracks))
    #按照轨迹拖动,完成验证
    button=wait.until(EC.presence_of_element_located((By.CLASS_NAME,'geetest_slider_button')))
    ActionChains(driver).click_and_hold(button).perform()
    for track in tracks:
        ActionChains(driver).move_by_offset(xoffset=track,yoffset=0).perform()
    time.sleep(0.5)  #0.5秒后释放鼠标
    ActionChains(driver).release().perform()
```

```
    #完成登录
    input_email=driver.find_element_by_id('email')
    input_password=driver.find_element_by_id('password')
    button=wait.until(EC.element_to_be_clickable((By.CLASS_NAME,'login-btn')))
    input_email.send_keys(你的账号)
    input_password.send_keys(你的密码)
    # button.send_keys(Keys.ENTER)
    button.click()
finally:
    driver.close()
```

上面首先通过代码打开了登录的页面,拿到完整的验证码图片和残缺的验证码图片共两张。然后通过 PIL 这个库对两张图片进行对比,找到缺口的位置坐标。最后拖动拼图模拟人的运动轨迹来完成拼图,这个需要多次运行代码通过观察结果来调整 threshold 的值,直到能够成功验证为止。

8.3 图片验证码破解

一般的验证码就是给用户一张图片,把图片中的内容输入验证,通过后完成登录。这种类型的验证码破解需要通过 OCR 技术来识别图片中的数字或者字母,然后使用自动化脚本来完成验证。

8.3.1 准备工具

Tesseract 是一个开源的 OCR 引擎。Tesseract 最初设计用于英文识别,现在可以处理其他语言和 UTF-8 字符。tesseract3.0 能够处理任何 Unicode 字符,但是在中文识别方面还有很大的提升空间。Python 有一个第三方的包 pytesser,是在 tesseract 的可执行程序 tesseract.exe 基础上写了一个面向 Python 的接口。Windows pytesser 安装需要翻墙,进入 https://code.google.com/archive/p/pytesser/downloads 下载相应版本。

如果你的系统是 Ubuntu,可以使用 pip 命令直接安装:

```
sudo pip install pytesseract
sudo apt-get install tesseract-ocr
```

然后还需要安装 PIL 库,这是一个强大的图片处理库,通过它可以将验证码切割以及二值化。

```
sudo pip install PIL
```

8.3.2 文字图像识别

先从一个简单的例子开始,PIL 载入图片然后用 pytesser 去识别图片中的字符,如图 8-8 所示。可以直接写代码:

```
from PIL import Image
import pytesser
image = Image.open('052336254051665.png')#载入图片
image.show()
vcode = pytesser.image_to_string(image)#识别图片
print (vcode)
```

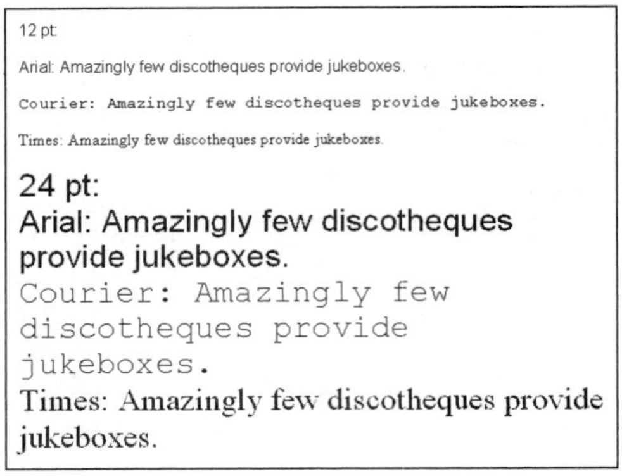

图 8-8 识别图中的字符

运行代码，输出结果：

```
12 pt
And Arnazwngw few dwscotheques provwde jukeboxes
Tames Amazmgly few dnscotheques pmvxde Jukeboxes
24 pt:
Arial: Amazingly few discotheques
provide jul<ebo><es.
Courier: Ama zimgly few
discotheque S provide
j u k e b o x e S .
Times: Amazingly few discotheques provide
jukeboxes.
```

经过比对，准确率在 90%左右。可以通过放大字体以及字母之间的间隔提高成功率。

8.3.3 识别验证码

在网上随意找到一张验证码的图片，内容是数字，加了噪点干扰，如图 8-9 所示。

图 8-9 加了噪点的数字验证码

（1）首先写代码，试一下用 pytesser 直接识别的效果：

```python
#导入图片处理包
from PIL import Image
import pytesser
#打开图片
mage = Image.open('code1.png')
#识别图片
vcode = pytesser.image_to_string(image)
print (vcode)
```

输出内容为：

```
K
```

（2）与期待的 7039 不一样，可以试着使用 PIL 把图片二值化变为只有黑白两色，将噪点去除：

```python
#导入图片处理包
from PIL import Image,ImageEnhance
import pytesser
```

第 8 章 验证码破解

```
#打开图片
image = Image.open('code1.png')
#将图片黑白化
image = image.convert('L')
vcode = pytesser.image_to_string(image)
print (vcode)
```

输出内容为:

```
7039
```

经过二值化以后,成功的识别了图片内容。

(3)接下来换一张图片,难度有所增大,因为图片的间隙较小,如图 8-10 所示。

再次运行(2)中的代码,将代码中的图片更改为最新图片,输出内容为:

```
ME
```

(4)经过二值化以后,由于各字母之间间隙太小,始终无法识别。不过还是有办法的,可以先试试用 PIL 的 resize 把图片放大然后进行识别。

```
image = image.resize((200,60),Image.BILINEAR)
```

放大后的图片如图 8-11 所示。

图 8-10 验证码图片　　　　图 8-11 放大后的验证码

输出内容为:

```
hOk.e
```

(5)可以看到图中的小写 o 变为了大写 O,然后 e 前面多了个.的符号。由于验证码不区分大小写,大写部分可以不做处理。为避免出现英文以外的字符,可以通过正则表达式,只匹配英文部分。

```
re.findall(r'[a-zA-Z]',vcode)
```

输出内容为:

```
['h', 'O', 'k', 'e']
```

这样匹配算是基本成功了。图片验证码的识别,除了可以通过二值化、放大图片还可以将字符进行切割的方式进行匹配。如果懂机器学习的知识,还可以使用机器学习来训练进行识别。如果能用简单的方式来解决,就不需要将问题复杂化。这一章只是简单地做了针对单张验证码图片的演示操作,如果想提高实际操作中的成功率还需要更多的复杂操作和尝试。

第 9 章 多线程与多进程并发爬取

之前的爬虫里有很多次都用到过多进程爬虫。平时也经常听到过多进程爬虫、多线程爬虫。这一章就主要讲一下多线程和多进程。

9.1 多线程

多线程指软件或者硬件上多个线程并发执行任务进而提升整体处理性能的技术。Python3 中已经不再使用 Python2 中的 thread 模块，而是使用 threading 模块实现多线程。threading 提供了比 thread 模块更高层的 API 来提供线程的并发性。

9.1.1 堵塞与非堵塞

在编程里经常会听到堵塞、非堵塞、同步、异步等这些专业词语。那这些到底代表着什么意思呢？举个通俗点的例子来进行说明：

（1）同步堵塞。你拿个水壶去烧水，就这样在火炉前等待着水烧开，期间不去干其他事，就这样站着，每过一段时间查看一下水烧开了没有。

（2）同步非堵塞。你还是拿个水壶去烧水，但不在傻傻地站在那里等着水烧开。而是跑回房间上网，每过一段时间就来查看一下水烧开没有，没烧开就走人。

（3）异步堵塞。你这次换了个水壶，水壶烧开以后会自己响提醒你，不需要你再查看。你还是去烧水，站在那里等水壶响，这就是异步堵塞。

（4）异步非堵塞。你想了想不对，既然水壶会自己通知你水烧开了没有，就不需要在这里继续等待了。所以烧水的时候就回房间做其他事情，等待水烧开后水壶自动通知你。

在 Python 的代码中，用循环遍历的方式去执行函数的时候，其实就是属于同步堵塞的模式，效率十分低下，可以试一下运行下面这段代码。

```
import time
start = time.time()                    #记录开始时间
def hello():
    time.sleep(1)
    print('hello world')
for i in range(0,10):
    hello()
print(time.time()-start)               #打印结束时间
```

运行结果如下：

```
leon@leon-F83VF:~/文档$ python io.py
hello world
hello world
hello world
hello world
hello world
hello world
hello world
hello world
hello world
hello world
10.0084609985
```

这段代码的运行花了 10.0084609985 秒时间，因为它是使用了单线程堵塞的方式去执行函数。也就是如果有十壶水需要烧开，使用了每次只烧一壶的方式。其实可以使用异步的方式去烧水，每次可以烧多壶水。

```
import time
import threading                          #多线程模块
start = time.time()                       #记录开始时间
def hello():
    time.sleep(1)
    print('hello world')
for i in range(0,10):
    t = threading.Thread(target=hello)    #创建线程
    t.start()
print(time.time()-start)                  #打印使用时间
```

然后执行这段代码，运行结果如下：

```
leon@leon-F83VF:~/文档$ python io.py
0.00281190872192
hello world
hello worldhello world
 hello world
hello world
hello world
hello world
hello world
hello world
hello world
```

这结果是复制粘贴的，不是录入进去的。所以中间那行两个 hello world 连在一块也是代码运行的结果。这里可以看到最后花费的时间在第一行就直接打印了出来，使用时间不到一秒。那么这段代码到底是怎么实现的呢？

首先，通过 for 循环遍历创建了 10 个线程：

```
t = threading.Thread(target=hello)        #创建线程
```

然后开启线程：

```
t.start()
```

这样就开启了 10 个线程,并发执行 hello 函数,在执行 hello 函数的同时还执行了计算花费时间的:

```
print(time.time()-start)                        #打印使用时间
```

全部代码完成使用的时间其实只有 1 秒,就是我们强制执行的那 1 秒睡眠时间:

```
time.sleep(1)
```

但是,由于刚才执行的代码都是无效的,虽然很快,但没办法证明只用了 1 秒完成。为了证明需要修改一下代码,不再使用循环遍历的方式创建线程:

```
import time
import threading
start = time.time()
def hello():
    time.sleep(1)
    print('hello world')
#for i in range(0,10):
#    hello()
'''使用手动的方式创建10个线程并执行'''
t1 = threading.Thread(target=hello)
t2 = threading.Thread(target=hello)
t3 = threading.Thread(target=hello)
t4 = threading.Thread(target=hello)
t5 = threading.Thread(target=hello)
t6 = threading.Thread(target=hello)
t7 = threading.Thread(target=hello)
t8 = threading.Thread(target=hello)
t9 = threading.Thread(target=hello)
t10 = threading.Thread(target=hello)
t1.start()
t2.start()
t3.start()
t4.start()
t5.start()
t6.start()
t7.start()
t8.start()
t9.start()
t10.start()
'''等待子线程结束'''
t1.join()
t2.join()
t3.join()
t4.join()
t5.join()
t6.join()
t7.join()
t8.join()
t9.join()
t10.join()
print(time.time()-start)
```

运行代码，结果如下：

```
leon@leon-F83VF:~/文档$ python io.py
hello world
 hello worldhello world
hello world
 hello world
 hello world
 hello world
 hello world
hello world
hello world
1.002835989
```

总共使用时间在最后打印了出来，总花费时间比 1 秒多出一点。1 秒是我们代码强制睡眠的时间，后面的 0.002835989 是代码执行花费的时间。

不过这个例子有点太笨，需要自己手动写 10 个线程去添加，再换一个例子来说明。

```
import time
start = time.time()
def sing():
    time.sleep(3)
    print('我喜欢唱歌')
def dance():
    time.sleep(3)
    print('我喜欢跳舞')
sing()                              #运行sing函数
dance()                             #运行dance函数
print(time.time()-start)
```

创建两个函数，分别是 sing 函数，睡眠 3 秒后打印"我喜欢唱歌"；dance 函数，睡眠 3 秒后打印"我喜欢跳舞"。然后运行代码，结果输出如下：

```
我喜欢唱歌
我喜欢跳舞
6.001414060592651
```

使用单线程堵塞的方式运行代码，先运行 sing 函数然后运行 dance 函数，花费时间为 6.001414060592651。然后修改一下代码，使用多线程的方式。

```
import time
import threading                    #引入多线程
start = time.time()
def sing():
    time.sleep(3)                   #睡眠3秒
    print('我喜欢唱歌')
def dance():
    time.sleep(3)                   #睡眠3秒
    print('我喜欢跳舞')
t1 = threading.Thread(target=sing)  #建立t1线程
t2 = threading.Thread(target=dance) #建立t2线程
t1.start()                          #开启线程t1
t2.start()                          #开启线程t2
t1.join()                           #等待子线程结束
```

```
t2.join()          #等待子线程结束
print(time.time()-start)          #打印花费时间
```

运行代码，查看结果：

```
我喜欢唱歌
我喜欢跳舞
3.002455234527588
```

可以看到，运行代码只花了 3.002455234527588 秒。sing 函数和 dance 函数是同时运行并且睡眠了 3 秒钟，然后打印"我喜欢唱歌"和"我喜欢跳舞"所谓多线程就是分别新增多条进程去完成目标工作。可以将上面代码进行修改，将工作的线程打印出来：

```
import time
import threading
start = time.time()
def sing():
    time.sleep(3)
    print('我喜欢唱歌')          #删除代码
    print('我喜欢唱歌,现在运行的线程是 %s'%threading.current_thread().name)#打印线程名字
def dance():
    time.sleep(3)
    print('我喜欢跳舞')          #删除代码
    print('我喜欢跳舞,现在运行的线程是 %s'%threading.current_thread().name)#打印线程名字
t1 = threading.Thread(target=sing)          #建立 t1 线程
t2 = threading.Thread(target=dance)         #建立 t2 线程
t1.start()          #开启线程
t2.start()          #开启线程
t1.join()          #等待子线程结束
t2.join()          #等待子线程结束
print(time.time()-start)          #打印结束时间
```

运行代码，查看运行结果：

```
我喜欢跳舞,现在运行的线程是 Thread-2
我喜欢唱歌,现在运行的线程是 Thread-1
3.002803325653076
```

可以看到，运行 sing 函数和 dance 函数使用了两条线程，分别是 Thread-1 和 Thread-2。两条线程同步分别运行了 sing 函数和 dance 函数，避免了堵塞，优化了效率，节省了时间。

9.1.2 继承 threading.Thread 创建类

为了让代码优雅、方便调用，直接从 threading.Thread 继承创建一个类来使用多线程。Python 类的继承是指在写一个新的类时候，并不需要总是从空白开始进行编写，可以使用继承，将另一个类的方法继承下来并加以改写。被继承的类称为父类，继承的类被称为子类。子类继承父类的所有属性和方法之外还可以定义自己的属性和方法。现在新建一个类。

```
class myThread (threading.Thread):          #继承 threading.Thread
    def __init__(self, threadID, name, delay,hobby):          #初始化参数
        threading.Thread.__init__(self)
        self.threadID = threadID
        self.name = name
        self.delay = delay
```

```
        self.hobby =hobby
    def run(self):                              #运行目标函数
        print ("开始线程: " + self.name)
        foo(self.name, self.delay, self.hobby)
        print ("退出线程: " + self.name)
def foo(threadName,delay,hobby):                #创建目标函数
    time.sleep(delay)
    print(f'这里是{threadName},睡眠{delay}秒，我喜欢 {hobby}')
```

上面新建了一个 myThread 的类，这个类继承了 threading.Thread 的方法。通过 __init__ 方法初始化需要用到的参数之后，使用继承回来的 run 方法来调用目标函数 foo。foo 函数接收线程名、睡眠时间以及爱好这三个参数。调用的方法和上一节中的一样，定义 threading 的目标函数和参数，然后 start()开启，join()等待所有子线程结束，完整代码如下：

```
import threading
import time
start = time.time()
class myThread (threading.Thread):
    def __init__(self, threadID, name, delay,hobby):
        threading.Thread.__init__(self)
        self.threadID = threadID
        self.name = name
        self.delay = delay
        self.hobby =hobby
    def run(self):
        print ("开始线程: " + self.name)
        foo(self.name, self.delay, self.hobby)
        print ("退出线程: " + self.name)
def foo(threadName,delay,hobby):
    time.sleep(delay)
    print(f'这里是{threadName},睡眠{delay}秒，我喜欢 {hobby}')
# 创建新线程
thread1 = myThread(1, "Thread-1", 1,'唱歌')
thread2 = myThread(2, "Thread-2", 3,'跳舞')
# 开启新线程
thread1.start()
thread2.start()
thread1.join()
thread2.join()
end =time.time()-start
print ("退出主线程")
print(f"花费时间{end}秒")
```

定义两个变量 thread1 和 thread2，分别调用 myTthread 创建线程。然后使用 start()开启线程之后，用 join()等待子线程结束，打印总共花费的时间。线程 thread1 的运行，内部强制睡眠 1 秒。线程 thread2 的运行，内部强制睡眠 3 秒。代码运行后 thread1 和 thread2 同时运行，thread1 先结束工作，然后 thread2 结束工作。所以代码运行总时间应该为 3 秒多一点，运行代码查看结果：

```
开始线程: Thread-1
开始线程: Thread-2
这里是Thread-1,睡眠1秒，我喜欢唱歌
退出线程: Thread-1
```

```
这里是Thread-2,睡眠3秒，我喜欢跳舞
退出线程：Thread-2
退出主线程
花费时间 3.0035743713378906 秒
```

结果和推测的一样，花费时间为3秒多一点。直接创建线程和继承类创建类这两种使用多线程的方法，可以根据个人的需要来选择使用。简单的脚本代码可以直接选择调用使用，但如果是比较大型的项目则更注重结构性推荐使用这一节的继承类的方法来创建多线程。

9.1.3 多线程的锁

在讲解锁之前，先写一段代码。

```python
import time, threading
balance = 0                                         #这是一个银行的存款
def change_it(n):
    global balance
    balance = balance + n                           #往银行存n元
    balance = balance - n                           #从银行提现n元
def run_thread(n):
    for i in range(100000):                         #运行十万次
        change_it(n)
    global balance
    print(balance)                                  #运行十万次之后打印存款余额
t1 = threading.Thread(target=run_thread, args=(5,)) #开启线程1，给入参5元
t2 = threading.Thread(target=run_thread, args=(8,)) #开启线程2，给入参8元
t1.start()
t2.start()
t1.join()
t2.join()
```

这段代码定义了一个全局变量 balance，代表存款余额，初始为 0。然后使用函数 change_it 先存后取，存取的数额相同。建立一个函数 run_thread，通过遍历的方法运行 change_it 函数十万次。按理来说，因为存和取的数额相同，所以每次返回的 balance 的结果都应该为 0。这里使用多线程，开启了两个线程，一个线程入参为 5，每次存 5 元提现 5 元；另一个线程入参为 8，每次存 8 元提现 8 元。然后连续运行代码 5 次，得到的结果是：

```
0
0
——————
5
0
——————
8
0
——————
0
0
——————
5
5
```

可以看到，五次运行代码得到的结果都不一样。这是因为线程的调度都是由操作系统决定的，当 t1、t2 交替执行的时候，只要循环的次数足够多，那么最后的结果就不一定为 0。

所以多线程操作同一个资源的时候，需要加锁。

```
def change_it_with_lock(n):
    global balance
    if lock.acquire():#加锁
        try:
            for i in range(100000):
                balance = balance + n
                balance = balance - n
        # 这里的 finally 防止中途出错了，也能释放锁
        finally:
            lock.release()
threads = [
    threading.Thread(target=change_it_without_lock, args=(8,) ),
    threading.Thread(target=change_it_without_lock, args=(10,) )
]
lock = threading.Lock()
[t.start() for t in threads]
[t.join() for t in threads]
print balance
```

这次代码里使用 lock.acquire() 加了锁，如果中途发生异常会通过 lock.release() 释放锁。连续 5 次运行代码，查看结果：

```
0
0
————————————
0
0
————————————
0
0
————————————
0
0
————————————
0
0
```

可以看到，5 次运行每条线程的运行最终结果都为 0。

锁的存在，可以保证最终结果的准确。但是在爬取的过程中，如果使用到锁的话，那么同时进行工作的多条线程，就必须等待其中一条线程完成工作后才能进行工作。这样的工作模式又会重新变回同步阻塞的模式。所以对于一个新手编写多线程爬虫时有两点需要注意：

（1）线程的目标函数之间不操作同一个资源，即线程之间的运行互不相干、互不干扰。

（2）多线程爬虫尽量不要使用锁。

如果一定要操作同一个资源，例如函数 B 一定要从函数 A 中获取参数。这种情况可以考虑使用队列 queue 获取，不要使用全局变量。

9.1.4　queue 队列

在 Python 编程的过程中，经常会遇到这样的情况。A 和 B 是两个独立的函数，但是 B 函数运行需要用到 A 函数中的变量。如果直接通过 return 返回 A 函数中的变量，那每次使用变量都需要调用一次 B 函数。这样操作十分麻烦，解决的方法可以是在方法中写方法，如在 A 函数编写 B 函数，这样 B 函数就能够直接使用 A 函数的所有变量。

```
def A():
    a ='hello'
    def B():
        b='world'
        print(a,' ' ,b)
    B()
A()
```

上面这段代码，A 函数下有变量 a 和函数 B，在 A 函数的最后调用函数 B。代码的最后直接调用函数 A，然后运行代码得到结果：

```
hello world
```

从效果上看，的确实现了资源的共享。但是如果函数一多起来，就会变得十分臃肿，甚至影响代码运行的效率。为了实现函数之间的资源共享，可以使用队列 queue。

queue 是 Python 的标注库，也称为队列，用来实现多线程间队列的数据交换。queue 的使用方法如下：

```
#引入 queue 队列
import queue
#设置队列变量，容量为 10
workQueue = queue.Queue(10)
#通过循环遍历往队列中写入数字元素
for i in range(10):
    workQueue.put(i)
#查看队列当前存储状态，返回值为 10
workQueue.qsize()
#查看队列当前是否为空，返回值为 False
workQueue.empty()
#用非堵塞的方式从队列获取元素，获得数字元素 0，如果队列为空会抛异常
workQueue.get_nowait()
#用非堵塞的方式从队列获取元素，获得数字元素 1，如果队列为空会抛异常
workQueue.get_nowait()
#查看队列当前存储状态，返回值为 8
workQueue.qsize()
```

从代码中可以看到，队列 queue 的使用方法比较简单，无非是定义队列的存储容量，然后往队列中写入任务，从队列中提取任务。多线程爬虫中比较常用的就是使用队列 queue 进行通信实现资源的共享。来试一下上一节中的银行存取款的例子，这次使用队列传输 balance，不使用锁。

```
import time, threading
import queue
balance = 0#定义全局变量 balance
workQueue = queue.Queue(10)#定义队列
workQueue.put(balance)#往队列中写入第一个初始余额 0 元
```

```python
def change_it(n):
    global balance#声明全局变量
    balance = workQueue.get()#从队列中提取余额
    balance = balance + n#往银行存n元
    balance = balance - n#从银行提现n元
    workQueue.put(balance)#将余额写入队列
def run_thread(n):
    for i in range(100000):#运行十万次
        change_it(n)
    global balance
    print(balance)#运行十万次之后打印存款余额
t1 = threading.Thread(target=run_thread, args=(5,))#开启线程1,给入参5元
t2 = threading.Thread(target=run_thread, args=(8,))#开启线程2,给入参8元
#开启线程
t1.start()
t2.start()
#等待子线程结束
t1.join()
t2.join()
```

代码中一开始就定义了全局变量 balance 为 0，然后定义变量 workQueue 为队列，change_it 函数从队列中获取 balance 的值并对全局变量加以修改，先存后取，然后将结果写入队列中。run_thread 函数通过 for 循环，对 change_it 函数进行十万次调用，最后打印全局变量 balance 的值，查看有没有变化。最后开启了两个线程，线程 1 给定入参为 5 元，进行十万次的存 5 元取 5 元的动作。线程 2 给定入参为 8 元，进行十万次的存 8 元取 8 元的动作。在不加锁的例子中，我们的全局变量 balance 结果发生了错乱，这次使用队列查看一下结果，连续运行代码 5 次：

```
0
0
_____
0
0
_____
0
0
_____
0
0
_____
0
```

可以看到每一次运行，两条线程的 balance 结果都为 0，没有出现错误，证明了队列可以实现多线程间资源的共享操作。

9.1.5 线程池

多线程的爬取如果不加限制的创建线程，会发生什么呢？多线程爬虫中，每一个 URL 的请求都会开启一个线程。假如等待爬取的 URL 任务数量有十万个，代表着需要开十万个线程。在不加限制的情况下，线程的增加会把系统资源占满导致系统崩溃。所以，使用线程池变得十分必要。threading 模块没有建立线程池的类，建立线程池可以选择使用 threadpool 或者 concurrent.futures，

甚至可以通过 threading 自己搭建线程池。

threadpool 是 Python 的三方库，是一个比较老的模块，使用方法也比较简单。

```python
#引入threadpool
import threadpool
import time
#hello函数，根据入参执行睡眠
def hello(delay):
    print(f'此线程等待{delay}秒')
    time.sleep(delay)
if __name__ == '__main__':
#获取开始时间
    start = time.time()
#创建线程池，指定5个线程
    pool = threadpool.ThreadPool(5)
#创建任务列表
    delay_list=[1,2,3,4,5]
#创建任务
    task = threadpool.makeRequests(hello,delay_list)
    for i in task:
#通过遍历将任务传入线程池中执行
        pool.putRequest(i)
#等待线程执行结束
    pool.wait()
#打印代码运行花费的时间
    print(time.time()-start)
```

编写一个功能键简单的 hello 函数。其功能为以数字作为入参，根据入参作为睡眠时长的参数执行睡眠命令。然后创建拥有 5 个线程的线程池，从线程池中获取线程调用函数。运行代码，查看结果：

```
此线程等待1秒
此线程等待2秒
此线程等待3秒
此线程等待4秒
此线程等待5秒
5.003554582595825
```

线程池有 5 个线程，任务列表有 5 个任务，正好一一对应。所以代码运行时间约等于执行时间最长的那个线程。但如果将任务 delay_list 再增加一个 6，结果又会变成怎么样？

```
delay_list=[1,2,3,4,5]
delay_list=[1,2,3,4,5,6]
```

运行代码，查看结果：

```
此线程等待1秒
此线程等待2秒
此线程等待3秒
此线程等待4秒
此线程等待5秒
此线程等待6秒
7.010483980178833
```

5 个线程对应 6 个任务，线程不够分，多出来的任务就需要等待前面的线程完成任务后空余出来才能执行任务。执行任务时间最短的是睡眠 1 秒的那条线程，它结束以后马上就执行新增的 6 秒的任务。因此 1+6=7 秒，最后代码运行话费的时间约等于 7 秒。从这里可以看出，线程池的存在限制了线程的增加。在没有空余的线程情况下，待爬取的任务需要排队等待，直到有空余的线程才能执行任务。

threadpool 已经不是主流的线程池模块，Python3 为实现线程池标准库中新增了 concurrent.futures 模块，用法更加简单。

```
import time
from concurrent.futures import ThreadPoolExecutor
#hello 函数，根据入参执行睡眠
def hello(delay):
    print(f'此线程等待{delay}秒')
    time.sleep(delay)
if __name__ == '__main__':
   start = time.time()
#建立拥有 5 个线程的线程池
    pool = ThreadPoolExecutor(5)
#任务列表
    delay_list=[1,2,3,4,5]
#通过 map 映射任务列表调用 hello 函数
    pool.map(hello,delay_list)
#等待任务完成，关闭线程池
    pool.shutdown(wait=True)
#打印时间
    print(time.time()-start)
```

从 concurrent.futures 中引入 TthreadPoolExecutor 然后建立拥有 5 个线程的线程池，通过 map 的方式将任务列表中每一个任务映射到 hello 函数中调用，运行代码查看结果：

```
此线程等待 1 秒
此线程等待 2 秒
此线程等待 3 秒
此线程等待 4 秒
此线程等待 5 秒
5.003998517990112
```

从运行时间可以看出，成功地从线程池中获取线程执行了任务。代码运行的时间和 threadpool 只有细微的差别。

9.2 多线程爬虫

多线程爬虫，顾名思义就是使用多线程的方式去爬取网页数据，实现比单线程爬虫更快速的效果，节省爬取的时间。这次使用多线程爬虫去爬取糗事百科的热门板块。

9.2.1 爬虫框架

糗事百科多线程爬虫主要分为三个功能函数。

```
def start(url):
```

```
        pass
    def listpage(url):
        pass
    def save_file():
        pass
```

  start 函数接收热门板块首页 URL 为入参，向 URL 发送网络请求获取源码后通过 BeautifulSoup 对源码进行解析获得板块最大页码数。然后，通过最大页码数构建出热门板块每一页的 URL 存入到列表中。listpage 函数，接收单个列表页 URL 为入参，爬取列表页中的详情页 URL 和标题。save_file 函数，保存 listpage 函数中爬取到的详情页 URL 和标题到文档中。有一点需要注意的是，listpage 函数和 save_file 函数需要同时运行，并且 save_file 函数长期保持挂起状态。

9.2.2 编写爬虫

  （1）首先需要 import 爬虫会用到的几个包，和定义需要用到的几个全局变量。

```
#爬取网页模块
import requests
#多线程模块
import threading
#队列
import queue
#解析源码
from bs4 import BeautifulSoup
#时间模块
import time
#异常处理打印异常模块
import traceback
#json 数据处理
import json
#headers 伪装的请求头
headers = {'User-Agent':'Mozilla/5.0 (X11; Ubuntu; Linux i686; rv:64.0) Gecko/20100101 Firefox/64.0'}
#任务队列
workQueue = queue.Queue(400)
#存放列表页 url 的列表
```

  引入完爬虫需要使用的包后，定义全局变量。headers 请求头是爬虫伪装必须要使用到的。start 函数和 list_page 函数需要发送网络请求，都需要用到 headers。workQueue 是任务队列，实现函数 lispage 和 save_file 之间的通信。

  （2）开始编写 start 函数。

```
def start(url):
    #发送网络请求
    res = requests.get(url,headers=headers)
    #解析源码
    soup = BeautifulSoup(res.text,'lxml')
    #从源码中获取总页码
    pagetotal = int(soup.find_all('span',class_='page-numbers')[-1].text)
    #遍历循环重构每一页列表页的 url
    for i in range(1,pagetotal+1):
        link = f'https://www.qiushibaike.com/8hr/page/{i}/'
```

```
    #将重构的url存入列表中
        link_list.append(link)
```

start 函数主要功能是作为一个入口，获取更多的列表页 URL，然后将任务统一存放起来，供 listpage 函数使用。

（3）接下来是 listpage 函数。

```
def listpage(url):
    #发送请求
    res = requests.get(url=url,headers=headers)
    #解析源码
    soup = BeautifulSoup(res.text,'lxml')
    #遍历循环获取列表页中每一个详情页的标题和url
    for i in soup.find('div',class_='recommend-article').find('ul').find_all('li'):
        try:
            href = i.find('a').get('href')
            title = i.find('a').find('img').get('alt')
            link = f'https://www.qiushibaike.com{href}'
            item = {'title':title,'url':link}
            #将标题和url存放到队列中
            workQueue.put(item)
        except Exception:
            #当错误异常发生时，打印错误异常
            traceback.print_exc()
```

listpage 函数从列表中获取待爬取的单个 URL，向其发送请求获取源码后，通过遍历每一个详情页的 li 元素，提取出标题和 URL 并存入到队列当中，供 save_file 函数使用。那么这里有一个问题，为什么 listpage 函数从列表中获取任务，而 save_file 函数从队列中获取任务呢？因为队列是一个任务输送管道，是单个不分类别的管道。任务从队列中提取出来以后，队列中会自动删除那个任务。由于 listpage 函数和 save_file 函数接收的任务不一样，虽然可以通过判断来避免执行错误任务，但是没办法避免函数接收了错误的任务造成的浪费。为了解决这一问题，listpage 函数使用列表获取任务，而 save_file 函数通过队列获取任务。

（4）最后编写 save_file 函数。

```
def save_file():
    #使用while开启无线循环，保持挂起状态
    while True:
        #从队列中获取任务，只使用get()方法。如果使用get_nowait()方法，队列为空的时候会抛异常
        item = workQueue.get()
        #以追加的模式，打开qiushibaike.txt
        f = open('/root/qiushibaike.txt','a+')
        #写入内容
        f.writelines(json.dumps(item,ensure_ascii=False)+'\n')
        f.close()
```

通过 while 开启无限循环，让函数处于挂起待机状态，随时等待从队列 queue 中获取最新的任务。然后用 open 方法以追加的模式打开并创建 qiushibaike.txt，使用 json 将内容字符串化以后写入并保存。

9.2.3 以多线程方式启动

爬虫的功能函数已经编写完毕，接下来需要使用多线程的模式启动爬虫。

```python
#主入口 url
url='https://www.qiushibaike.com/8hr/page/1/'
#启动 start
start(url)
#多线程列表
thread_list = []
#遍历创建线程
for i in link_list:
    thread_item = threading.Thread(target=listpage,args=[i])
    thread_list.append(thread_item)
#单独将 save_file 线程加入到线程列表
thread_list.append(threading.Thread(target=save_file))
#遍历开启线程
for j in thread_list:
    j.start()
#遍历终结线程
for k in thread_list:
    k.join()
```

定义变量 URL，作为 start 函数的入参，调用 start 函数。然后定义一个多线程的空列表 thread_list。使用遍历的方式创建线程并存入列表中，同样用遍历的方式遍历多线程列表 thread_list 开启线程和终结线程。

运行代码，爬取结束后到 root 目录下找到 qiushibaike.txt 文件，打开并查看结果：

```
{"title": "电动捕蝇器", "url": "https://www.qiushibaike.com/article/121145028"}
{"title": "本以为是个小孩瞎玩儿", "url": "https://www.qiushibaike.com/article/121202286"}
{"title": "汉语八级考试开始", "url": "https://www.qiushibaike.com/article/121174136"}
{"title": "去菜市场买菜，门口坐", "url": "https://www.qiushibaike.com/article/121222254"}
{"title": "姐姐比我大一岁多，每", "url": "https://www.qiushibaike.com/article/121212367"}
{"title": "今天和女神逛街，她给", "url": "https://www.qiushibaike.com/article/121179837"}
{"title": "四两拨千斤（一个七斤", "url": "https://www.qiushibaike.com/article/121162731"}
{"title": "我得小树苗\u0001[大笑]", "url": "https://www.qiushibaike.com/article/121209564"}
{"title": "区区一两寸的事，根本", "url": "https://www.qiushibaike.com/article/121161786"}
{"title": "多帅气的一个小伙，就", "url": "https://www.qiushibaike.com/article/121166943"}
{"title": "在火锅店吃火锅。进来", "url": "https://www.qiushibaike.com/article/121176297"}
{"title": "神同步啊！", "url": "https://www.qiushibaike.com/article/121170161"}
{"title": "一张照片20几个G。", "url": "https://www.qiushibaike.com/article/121130298"}
{"title": "现在这种既漂亮又能干", "url": "https://www.qiushibaike.com/article/121221836"}
{"title": "日本的潮流我们永远不", "url": "https://www.qiushibaike.com/article/121206627"}
{"title": "姑娘一定是属于很搞笑", "url": "https://www.qiushibaike.com/article/121185146"}
{"title": "昨天去做头发，卷好卷", "url": "https://www.qiushibaike.com/article/121222138"}
{"title": "赵丽颖冯绍峰结婚，唐", "url": "https://www.qiushibaike.com/article/121159690"}
{"title": "邻居群，都是段子手", "url": "https://www.qiushibaike.com/article/121192725"}
..........
.........
..........
```

多线程爬虫已经成功将糗事百科爬取并保存下来了。多线程爬虫使用了爬取、写入异步同时进行的工作模式，效率上会比单线程爬虫爬取、写入同步堵塞的工作模式快很多。所以当要进行大批量的爬取任务的时候，强烈建议摒弃单线程爬虫，选择使用多线程或者多进程。

9.3 多进程

每一个应用程序都拥有着自己的一个进程,而每一个进程中又可以创建许多线程。而 Python 中的多线程无法利用多核优势,如果想充分利用多核 CPU 资源,则需要用到多进程。

9.3.1 multiprocessing 模块

Python 提供了个标准库 multiprocessing 可以开启子进程,并在子进程中执行指定的任务。例如在多个子进程中运行的爬虫,就是多进程爬虫。multiprocessing 提供了 Process、Queue、Pipe、Lock 等组件:Process 创建进程的类,Queue 实现多个进程间的通信,Pipe 实现两个进程间的通信,两个进程分别位于 Pipe 的两端,Lock 进程锁。

使用 Process 开启子进程以及获得其相关信息。

```
from multiprocessing import Process
import os
#info 函数,获取进程信息
def info(title):
    print(title)
    print('模块名:', __name__)
    print('父进程:', os.getppid())
    print('进程 id:', os.getpid())
#f 函数,在函数内调用 info 函数
def f(name):
    print('hello', name,'这里是子进程')
    info('函数 f')
if __name__ == '__main__':
#使用主进程调用 info 函数,获取进程信息
    info('主进程')
#开启子进程调用 f 函数,并在 f 函数内调用 info 函数,获取子进程信息
    p = Process(target=f, args=('bob',))
    p.start()
    p.join()
```

这里定义了两个函数 info 和 f。info 函数主要功能是获取进程的信息并打印,而 f 函数主要功能则是在函数内调用 info 函数,通过使用 Process 创建子进程执行目标函数 f。运行代码,查看结果:

```
主进程
模块名: __main__
父进程: 3175
进程 id: 5080
hello bob 这里是子进程
函数 f
模块名: __main__
父进程: 5080
进程 id: 5081
```

从结果可以看到主进程 id 为 5080,子进程的 id 为 5081。而子进程的父进程 id 为 5080,也就是说,子进程的父进程就是我们的主进程。从这里可以证明已经成功创建了子进程去执行任务。模块名为__main__代表是直接执行脚本,而不是通过导入方式执行。

9.3.2 通过 Pool 进程池创建进程

除了使用 Process 创建进程，还可以使用 Pool 进程池来创建进程。Pool 是 multiprocessin 的一个类，可以提供指定数量的进程供用户使用，如果不指定数量则默认为 CPU 的核数。当有新的任务需要执行的时候会从进程池中获取空闲的进程，如果没有空闲进程则需要等待。Pool 的使用方法和多线程还有 Process 的启动方式大同小异，但是在调用 join 守护进程方法之前，必须先调用 close 方法。

Pool 中有两种方法可以创建和执行进程 map 和 apply_async。map 可以指定一个目标函数根据不同参数去创建多个进程执行任务。apply_async 可以是指定一个目标函数根据多个不同参数去创建多个进程，也可以是多个不一样的目标函数创建多个进程去完成任务。

（1）使用 apply_async 同步非堵塞创建和执行进程。

```python
import multiprocessing
import os
import time
def run_task(name):
    print(f'任务 {name} pid {os.getpid()} 正在运行, 父进程 id 为 {os.getppid()}')
    time.sleep(1)
    print(f'任务 {name}结束.')
if __name__ == '__main__':
    print(f'当前进程为 {os.getpid()}')
    p = multiprocessing.Pool(processes=3)
    for i in range(6):
        p.apply_async(run_task, args=(i,))
    p.close()
    p.join()
    print('所有进程结束')
```

代码通过 for 循环，使用 apply_async 创建了 6 个进程。然后每个进程都调用函数 run_task，获取并打印进程的信息。进程结束以后，关闭退出进程。运行代码，查看结果：

```
当前进程为 5837
任务 0 pid 5838 正在运行, 父进程 id 为 5837
任务 1 pid 5840 正在运行, 父进程 id 为 5837
任务 2 pid 5839 正在运行, 父进程 id 为 5837
任务 0 结束.
任务 3 pid 5838 正在运行, 父进程 id 为 5837
任务 1 结束.
任务 2 结束.
任务 4 pid 5840 正在运行, 父进程 id 为 5837
任务 5 pid 5839 正在运行, 父进程 id 为 5837
任务 3 结束.
任务 5 结束.
任务 4 结束.
所有进程结束
```

从打印的信息可以一目了然地看到创建了 6 个子进程，它们都有一个共同的父进程也就是主进程 5837。所有进程的强制进行了 1 秒的睡眠等待，如果 6 个进程分别进行不同时间的睡眠等待，那么代码运行的时间约等于睡眠等待最长的子进程的睡眠时间。

（2）使用 map 同步非堵塞创建和执行进程。

```
from multiprocessing import Pool
import os
import time
def run_task(name):
    print(f'任务 {name} pid {os.getpid()} 正在运行,父进程 id 为 {os.getppid()}')
    time.sleep(1)
    print(f'任务 {name}结束.')
if __name__ == '__main__':
    print(f'当前进程为 {os.getpid()}')
    #指定 10 个进程
    pool = Pool(10)
    #使用列表推导式创建任务名列表
    number = [i for i in range(6)]
    #传入任务名列表,通过 map 进行映射,创建子进程调用 run 函数
    pool.map(run_task, number)
    pool.close()
    pool.join()
    print('所有进程结束')
```

函数代码不变,从 multiprocessing 中引入 Pool,然后创建一个列表,使用列表推导式生成待执行的任务名。Pool 的 map 函数会为这个列表中每一个元素都创建一个进程去调用 run_task 函数。运行代码,查看结果：

```
当前进程为 7054
任务 0 pid 7055 正在运行,父进程 id 为 7054
任务 1 pid 7056 正在运行,父进程 id 为 7054
任务 3 pid 7058 正在运行,父进程 id 为 7054
任务 2 pid 7057 正在运行,父进程 id 为 7054
任务 4 pid 7059 正在运行,父进程 id 为 7054
任务 5 pid 7061 正在运行,父进程 id 为 7054
任务 0 结束.
任务 1 结束.
任务 4 结束.
任务 3 结束.
任务 2 结束.
任务 5 结束.
所有进程结束
```

从打印的结果来看,map 是全部进程执行完毕以后统一结束的,它会使进程阻塞直到结果返回。这点与 apply_async 不一样,apply_async 是非堵塞的。

9.3.3　multiprocessing.Queue 队列

子进程之间的通信,可以使用 multiprocessing.Queue 来实现。之前多线程之中有用过 queue.Queue,那么两者之间有什么区别呢？queue.Queue 是各个进程私有的队列,而 multiprocessing.Queue 是各个子进程共有的队列。多进程里子进程间的通信使用 multiprocessing.Queue 来实现。分别用 queue 和 multiprocessing.Queue 来试验能否在多进程下实现子进程通信。

1．首先尝试使用 queue.Queue 进程通信

```
from multiprocessing import Process, Queue
```

```python
import os, time, random
import queue
#往队列写入操作
def write_queue(q):
    item=['石头','剪刀','布']
    q.put(random.choice(item))
#从队列取出操作
def read_queue(q):
    item=q.get()
    print(f'从队列中获取{item}')
if __name__=='__main__':
    #定义变量名 q 为队列
    q = queue.Queue()
    #创建进程
    t1 = Process(target=write_queue, args=(q,))
    t2 = Process(target=read_queue, args=(q,))
    #开启进程 t1 并等待进程结束
    t1.start()
    t1.join()
    #开启子进程 t2 并等待进程结束
    t2.start()
    t2.join()
```

写了两个函数 write_queue 和 read_queue，前者往队列里写内容，后者从队列里提取内容。然后开启两个子进程，一个调用 write_queue 另一个调用 read_queue。运行代码以后，查看结果：

没错，什么都没有。代码一直处于运行状态，但是没有内容输出。因为两个子进程之间的队列是相互独立的，并不是共有的。结果是 write_queue 往 a 队列里写了内容，read_queue 在等待从 b 队列里提取内容。所以 read_queue 一直无法获取内容，代码一直保持运行状态。

2. 接下来尝试用 multiprocessing.Queue 进行通信

```python
from multiprocessing import Process, Queue
import os, time, random
#往队列写入操作
def write_queue(q):
    item=['石头','剪刀','布']
    q.put(random.choice(item))
#从队列取出操作
def read_queue(q):
    item=q.get()
    print(f'从队列中获取: {item}')
if __name__=='__main__':
    #使用 multiprocessing.Queue 定义变量名 q 为队列
    q = Queue()
    #创建进程
    t1 = Process(target=write_queue, args=(q,))
    t2 = Process(target=read_queue, args=(q,))
    #开启进程 t1 并等待进程结束
    t1.start()
    t1.join()
    #开启子进程 t2 并等待进程结束
    t2.start()
    t2.join()
```

代码基本上保持不变，唯独变量 q=queue.Queue()变为 q=Queue()，使用了 multiprocessing.Queue。运行代码查看结果：

```
leon@leon-F83VF:~/文档$ python3 processqueue.py
从队列中获取: 剪刀
leon@leon-F83VF:~/文档$ python3 processqueue.py
从队列中获取: 石头
leon@leon-F83VF:~/文档$ python3 processqueue.py
从队列中获取: 石头
leon@leon-F83VF:~/文档$ python3 processqueue.py
从队列中获取: 布
```

write_queue 函数使用了个 random 方法，每次随机从 item 中获取一个元素，写入队列。然后 read_queue 函数从队列中获取这个元素，打印出来。连续运行四次代码，可以看到这四次运行 write_queue 都从 item 这个列表中随机获取石头剪刀布中一个写入了队列。然后 read_queue 从队列获取了这个值，成功打印出了结果，证明 t1，t2 两个子进程通过 multiprocessing.Queue 实现了子进程之间的通信。

上面用到了 Process 来创建子进程，并使用 multiprocessing.Queue 实现了子进程间的通信。但假如是 Poo 来创建子进程，然后使用 multiprocessing.Queue 来实现子进程之间的通信，又会有不一样的事情发生。

3. 使用 Pool 创建子进程后，通过 multiprocessing.Queue 通信

```
from multiprocessing import Process, Queue,Pool,Manager
import os, time, random
#往队列写入操作
def write_queue(q):
    item=['石头','剪刀','布']
    q.put(random.choice(item))
#从队列取出操作
def read_queue(q):
    item=q.get()
    print(f'从队列中获取: {item}')
if __name__=='__main__':
    #定义变量名 q 为队列
    q =.Queue()
    #定义进程池
    p = Pool()
    #创建进程
    p.apply_async(write_queue, args=(q,))
    p.apply_async(read_queue, args=(q,))
    p.close()
    p.join()
```

write_queue 函数和 read_queue 函数不变，使用 Pool 的 apply_async 来创建子进程，然后运行代码，查看结果：

什么都没有打印，而且这次是代码已经运行结束，并不是保持运行状态。出错的原因是在 Pool 进程池中无法通过 multiprocessing.Queue()来实现主进程与子进程之间的通信。如果想要在 Pool 中实现主进程与子进程的通信，需要使用到 multiprocessing 的一个类 Manager()。

4. 使用 Manager()实现主进程与子进程间的通信

```
from multiprocessing import Process, Queue,Pool,Manager
import os, time, random
#往队列写入操作
def write_queue(q):
    item=['石头','剪刀','布']
    q.put(random.choice(item))
#从队列取出操作
def read_queue(q):
    item=q.get()
    print(f'从队列中获取: {item}')
if __name__=='__main__':
    #定义变量名 q 为队列
    #定义 Manager
    manager = Manager()
    #使用 Manager 主进程队列
    q =manager.Queue()
    p = Pool()
    #创建进程
    p.apply_async(write_queue, args=(q,))
    p.apply_async(read_queue, args=(q,))
    p.close()
    p.join()
```

这里将 multiprocessing.Queue 换成了 Manager().Queue()主进程队列，然后将主进程队列作为参数传入到新创建的子进程中调用，运行代码，查看结果：

```
leon@leon-F83VF:~/文档$ python3 processqueue.py
从队列中获取: 布
leon@leon-F83VF:~/文档$ python3 processqueue.py
从队列中获取: 布
leon@leon-F83VF:~/文档$ python3 processqueue.py
从队列中获取: 石头
leon@leon-F83VF:~/文档$ python3 processqueue.py
从队列中获取: 石头
leon@leon-F83VF:~/文档$ python3 processqueue.py
从队列中获取: 剪刀
```

read_queue 函数成功从队列中获取了 write_queue 写入的内容并打印出来。通过这几个例子，相信大家已经掌握了多进程中队列的使用方法，这里不再多说。

9.3.4 multiprocessing.Pipe 管道

管道和队列一样都是用于进程之间的通信。那么管道 pipe 和队列 Queue 又有什么区别呢。队列 Queue 的使用场景是多个进程之间的通信，如 multiprocessing.Queue 用于多个子进程间的通信，multiprocessing.Manager().Queue 用于主进程与子进程间多个进程的通信。而管道 Pipe 只用在两个进程之间进行通信的场景。使用管道 Pipe 的两个进程，既可以是消费者也可以是生产者，没有固定的身份，可以是你存我取，也可以是我存你取。

下面通过一个简单的例子示范管道 Pipe 的使用。

```
from multiprocessing import Process, Pipe
```

```python
def productor(pipe):
    pipe.send('我来自生产者productor')
def consumer(pipe):
    reply = pipe.recv()
    print('消费者获取信息:', reply)
    pipe.send('我来自消费者consumer')
if __name__ == '__main__':
    #con1,con2 可以理解为一个通道的两个出入口
    (con1, con2) = Pipe()
    #创建子进程send
    sender = Process(target = productor, args = (con1, ))
    sender.start()
    #创建子进程reciver
    reciver = Process(target = consumer, args = (con2,))
    reciver.start()
    sender.join()
    reciver.join()
    print('主进程获取信息: ',con1.recv())
```

productor 函数为生产者，将信息放入管道。管道的另一边连接 consumer 消费者，消化从生产者 productor 传递过来的信息。con1、con2 为管道的两端，创建子线程的时候作为入参传入，等于是分别在两个子进程连接了一条管道。信息通过 con1 进入，从 con2 出来，实现了两个进程间的通信。默认 Pipe(duplex=True)双向通信，con1、con2 既可以接收信息也可以发送信息。如果 Pipe(duplex=False)，双向通信会被关闭，con1 将只能接收信息，con2 只能发送信息。但是 Pipe 管道并没有限定只能在 sender 和 reciver 两个子进程中使用。只要 Pipe 管道是通畅的，它既可以在子进程间进行通信，也可以在主进程和子进程间进行通信。但是它只能是两个进程间的通信，运行代码查看结果：

```
消费者获取信息: 我来自生产者productor
主进程获取信息: 我来自消费者consumer
```

sender、reciver、主进程三个进程之间，每次只能实现两个进程间的通信。从一开始的 prodctor 和 consumer 通信，到后来的 consumer 和主进程通信都是两两进行的。

9.3.5　multiprocessing.Lock 锁

多进程的锁和多线程的锁一样，是为了防止进程间抢占共有的资源而导致执行任务过程中发生错误，确保共有资源的正确性。但同样使用锁会导致多进程的运行变为堵塞模式，爬虫的爬取效率也会降低。在已有队列和管道的情况下，可以满足大部分场景下对共有资源的使用，已经不需要用到锁。而且对于新手来说，不建议使用一个可能导致代码运行效率下降并容易出错的工具。就爬虫方面来说，更推荐熟练掌握队列和管道的使用，尽量不要使用锁。

如果爬虫尽量不要使用锁，那在哪些场景需要用到锁呢？多进程的运行是多个进程并行执行任务，在结果输出的时候也是并行输出，在排版顺序上都是错乱的。如果你的需求是整齐排版按顺序的输出结果，这时候可以使用进程锁。在进程1完成输出任务之前，其他进程处于等待状态。直到进程1释放锁之后，进程2才可以开始进行任务。这样在结果输出上就能实现整齐排版和按顺序进行。在网上看到有句话是这么总结线程锁和进程锁的：

线程锁是为了防止共享数据发生错误，例如某个全局变量在线程来回切换的过程中发生了错

误,从而加锁确保每次操作全局变量的只有一个线程。而进程锁是为了共享屏幕的时候输出不会出错,例如打印输出不会出现错乱。爬虫追求的是效率,而锁会将爬虫重新变为堵塞排队的模式。所以,爬虫与锁基本上是无缘的。

9.4 多进程爬虫

在了解了多进程的基本知识之后,开始实践使用这些知识去进行爬取,将知识消化掌握。

9.4.1 多进程爬取音频

爬过文章、爬过图片,这次想爬一点不一样的东西。所以选择了爬取某声音板块里的声频文件。

(1)首先来段伪代码来看一下爬取的思路。

```
def list_page(url,q):
    pass
def download(q):
    pass
```

这里有两个函数,list_page 爬取列表页,从列表页中获取所有音频文件的名字和 URL,然后写进队列之中。download 函数从队列中获取音频文件的名字和 URL 进行下载。在主进程中开启多个子进程去调用这两个函数来完成任务。

(2)编写函数。

```
import requests
import traceback
from multiprocessing import Process,Queue,Pool,Manager
from bs4 import BeautifulSoup
#伪装的请求头
headers = {'User-Agent':'Mozilla/5.0 (X11; Ubuntu; Linux i686; rv:64.0) Gecko/20100101 Firefox/64.0'}
#列表函数
def list_page(url,q):
    print('start mission')
#发送请求并解析源码
    res=requests.get(url,headers=headers).text
    soup = BeautifulSoup(res,'lxml')
    audio=soup.find('div',class_='j-r-list').find('ul').find_all('li')
#遍历获取音频文件名字和url写入队列中
    for i in audio:
        try:
            item=i.find('li',class_='j-r-list-tool-l-down    f-tar    j-down-video j-down-hide ipad-hide')
            if item:
                name=item.get('data-text')
                url=item.find('a').get('href'
                    )
                data={'name':name,'url':url}
                print(data)
#写入队列
```

```
                q.put(data)
#异常处理
        except Exception:
            traceback.print_exc()
            #print(i.find('a').get('href'))
#下载函数
def download(q):
#开启无限循环
    while True:
#从队列获取名字和url
        name=q.get()['name']
        url=q.get()['url']
#向url进行请求
        res = requests.get(url,headers=headers)
        path = f'./audio/{name}.mp3'
#保存文件
        with open(path, 'wb') as f:
            f.write(res.content)
            f.close()
            print("文件保存成功")
```

这里将 list_page 函数和 download 函数的功能完整的编写了出来。list_page 负责爬取，download 开启无限循环等待从队列中获取任务进行下载。download 下载音频文件其实也是使用 Requests 进行请求，然后将内容写入文件的过程。

（3）创建子进程并开启。

```
if __name__=='__main__':
    q=Queue()
    url='http://www.budejie.com/audio/'
    t1= Process(target=list_page, args=(url,q))
    t1.start()
    t2= Process(target=download, args=(q,))
    t3=Process(target=download, args=(q,))
    t2.start()
    t3.start()
    t1.join()
    t2.join()
    t3.join()
```

代码定义了变量 q 队列和列表页的 URL，然后开启了三个子进程，运行代码查看结果：

```
start mission
{'name': '3D 潮音 - 3D 环绕嗨曲', 'url': 'http://mvoice.spriteapp.cn/voice/2016/0517/573b1240d0118.mp3'}
{'name': '电音House 耳机福利', 'url': 'http://mvoice.spriteapp.cn/voice/2016/1108/5821463c8ea94.mp3'}
{'name': '爱过的人我已不再拥有，错过的人是否可回首．（治愈女声）', 'url': 'http://mvoice.spriteapp.cn/voice/2016/1104/581b63392f6cb.mp3'}
{'name': '感觉很放松,我最喜欢在我的兰博基尼上听这首歌,先不说,...', 'url': 'http://mvoice.spriteapp.cn/voice/2016/1123/5834c6bc02059.mp3'}
{'name': '一輩子有多少的来不及发现已失去最重要的东西．（精神节奏）', 'url': 'http://mvoice.spriteapp.cn/voice/2016/0703/5778246106dab.mp3'}
{'name': '陪你度过漫长岁月.(达尔文)', 'url': 'http://mvoice. spriteapp.cn/voice/2017/
```

```
0515/591969966204f.mp3'}
        {'name': '应广大百友要求!要我媳妇把整首《天空之城》清唱完毕!在...', 'url': 'http://mvoice.
spriteapp.cn/voice/2016/0423/571ac24dab840.mp3'}
        {'name': '我是肌无力患者,由于力气不足唱得不好,我真心送给天下母...', 'url': 'http://mvoice.
spriteapp.cn/voice/2017/0108/5871ba43667c6.mp3'}
        {'name': '你想听什么歌,直接评论给我.会唱的话会回复你.很多歌都...', 'url': 'http://mvoice.
spriteapp.cn/voice/2018/1104/5bdf1680b98f5.mp3'}
        {'name': '#投票神器#突然想起的暖心瞬间', 'url': 'http://mvoice.spriteapp.cn/voice/2018/
1105/5be0032336d35.mp3'}
```

打开文件夹查看下载回来的音频文件,如图 9-1 所示。

图 9-1 已下载的音频

可以看到已经将音频文件成功的下载回来了。整个爬取任务通过 3 个子进程来完成,t1 进程负责爬取 URL 相当于 master 进行任务的分配。然后,t2、t3 进程从队列中获取任务进行爬取。到这里虽然说我们的任务是成功了,但是这个爬虫还有很多可以改善的地方。多进程爬虫的目的是提高效率,而这个爬虫并没有在效率上表现出它的优势。因为爬虫并没有完全将进程的性能进行利用,造成了很大的浪费。而且开启无限循环等待任务的到来,不能自己终结,下载的音频也不完整。

9.4.2 多进程加多线程进行爬取

一个进程下包含多个线程,所以不需要为每一个线程创建一个进程,太过浪费资源。可以在多进程下使用多线程,尽可能地利用进程的资源。

(1) 重新编辑 list_page 函数。

```
def list_page(url,q):
    print('start mission')
#发送请求并解析源码
    res=requests.get(url,headers=headers).text
    soup = BeautifulSoup(res,'lxml')
    audio=soup.find('div',class_='j-r-list').find('ul').find_all('li')
#新增 alldata 列表,用来存放所有数据信息
    alldata = []
#遍历获取音频文件名字和 url 写入队列中
    for i in audio:
        try:
            item=i.find('li',class_='j-r-list-tool-l-down    f-tar    j-down-video j-down-hide ipad-hide')
            if item:
                name=item.get('data-text')
                url=item.find('a').get('href')
                data={'name':name,'url':url}
```

```
          #往alldata列表中增加元素
          alldata.append(data)
          #q.put(data)
#异常处理
      except Exception:
          traceback.print_exc()
  q.put(alldata)
```

代码增加了存放所有元素的列表 alldata，同时将往队列中写入数据的方法移出到循环之外进行。

（2）新增 download_audio 函数。

```
        #下载函数
def download_audio(item):
    #从item获取信息
    name=item['name']
    url=item['url']
    #发起请求，将音频下载
    res = requests.get(url,headers=headers)
    path = f'./audio/{name}.mp3'
#将音频写入文件并保存
    with open(path, 'wb') as f:
        f.write(res.content)
        f.close()
        print("文件保存成功")
```

将原来 download 函数的下载保存功能，移到函数 download_audio 中实现。

（3）从队列中获取爬取任务，创建多线程进行爬取。

```
def download(q):
#堵塞获取消息队列
  data=q.get(block=True)
#创建线程列表
  thread_list=[]
#遍历循环开启多线程
    for i in data:
      thread_list.append(threading.Thread(target=download_audio,args=[i]))
    for j in thread_list:
      j.start()
    for k in thread_list:
      k.join()
```

download 函数从进程队列中获取爬取任务，然后为每一个任务开启一个线程进行爬取下载。

（4）修改运行代码。

```
if __name__=='__main__':
    q=Queue()
    url='http://www.budejie.com/audio/'
    t1= Process(target=list_page, args=(url,q))
    t1.start()
    t2= Process(target=download, args=(q,))
    t3=Process(target=download, args=(q,))
    t2.start()
    t3.start()
```

```
    t1.join()
    t2.join()
    t3.join()
```

将进程 t3 从代码中删除,只保留 t1 和 t2 两个子进程。运行代码,结果如图 9-2 所示。

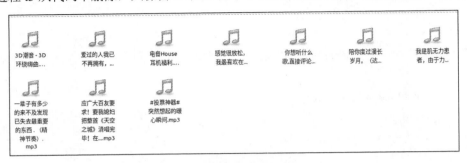

图 9-2　多进程加多线程爬取结果

与图 9-1 进行对比,可以发现之前没抓取成功的任务这次全部完成了抓取。而且取消了无限循环,任务完成以后爬虫可以自己终结,使用多线程后还节省了系统的资源。但这个爬虫还不够完美。因为当前的音频下载任务是通过增加线程的模式来进行的。每一个下载任务会创建一个子线程去进行下载。任务量少的时候这样做没什么,但遇到任务量多的情况,例如十万、百万的任务量。如此无节制的开启线程,会导致系统资源占满然后崩溃。一个合格的程序员,必须学会根据需求来设计代码。当需求改变的时候,需要设计出新的代码方案。

第 10 章 爬虫接口优化

爬虫的运行方式有两种。一种是以脚本的方式运行，在服务器中启动脚本开启爬取工作。另一种是以接口的方式运行，Python 中写接口可以使用 Django 和 Flask。接口接收到带参数的请求的时候就会启动爬虫进行工作。以 Flask 为例，Flask 编写接口十分灵活简单，但使用的是 Flask 自带的服务器，在性能上比较弱，不支持并发，当有多个人同时请求的时候，就只能堵塞排队的等待任务。所以需要对爬虫接口进行优化，让接口支持并发。

10.1 Gunicorn 的安装与使用

Gunicorn 是一个为 UNIX 系统设计的 Python WSGI HTTP 应用服务器，全称为 Gunicorn 'Green Unicorn'。可以使用 Python 进行配置，操作简单，和多种 web 框架兼容，而且它足够快。Gunicorn 可以直接使用 pip 进行安装，打开终端输入命令：

```
pip install gunicorn
```

等待下载安装完成，然后在终端中输入：

```
gunicorn -v
```

查看输出结果：

```
gunicorn (version 19.7.1)
```

可以看到系统已经成功安装了 Gunicorn，版本号为 19.7.1。接下来可以准备一个最简单的应用，创建 test.py 文件。

```
from flask import Flask
import time
app = Flask(__name__)
app.config['SECRET_KEY'] = 'you-never-know'
@app.route('/',methods=['GET'])
def run():
  time.sleep(15)
   return 'hello world'
```

一个最简单的 Flask 应用，请求 127.0.0.1/，在等待 15 秒后返回"hello world"。打开新的终端，使用 Gunicorn 运行：

```
gunicorn -b 127.0.0.1:5000 test:app
```

-b 表示绑定 127.0.0.1:5000 这个 IP 和端口，test 是接口文件名，用 test:app 告诉 Gunicorn 这个是要启动的应用。

查看输出：

```
[2019-01-27 14:16:31 +0800] [40] [INFO] Starting gunicorn 19.7.1
[2019-01-27 14:16:31 +0800] [40] [INFO] Listening at: http://0.0.0.0:5000 (40)
[2019-01-27 14:16:31 +0800] [40] [INFO] Using worker: sync
[2019-01-27 14:16:31 +0800] [43] [INFO] Booting worker with pid: 43
```

然后打开浏览器，访问 127.0.0.1/，结果如图 10-1 所示。

接口成功运行了，现在开始测试一下服务器支持的并发数。新建一个 testthread.py 的多线程爬虫脚本。

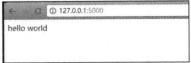

图 10-1　返回结果

```python
import requests
#导入多线程
import threading
import time
#请求爬虫接口
def crawl():
    url='http://127.0.0.1:5000/'
    res =requests.get(url).text
    print(res)
start = time.time()
#创建线程
thread_list=[]
for i in range(10):
    thread_list.append(threading.Thread(target=crawl))
#启动线程
for j in thread_list:
    j.start()
#守护线程
for k in thread_list:
    k.join()
print(time.time()-start)
```

crawl 方法向 127.0.0.1:5000/发送请求，并打印页面内容。开启 10 个线程并发访问这个简单的应用，计算总共花费的时间。运行 testthread.py，查看结果返回。

```
hello world
hello world
hello world
hello world
hello world
hello world
hello world
hello world
hello world
hello world
150.0315067768097
```

在已经开启了 10 个线程并发访问的情况下，最后完成访问的时间还是 150 秒。这代表着 10 个线程，每个线程都花了 15 秒的时间。正常的并发访问花费时间，应该是 10 个线程 15 秒时间就能跑完。所以，现在的服务器还是以单线程堵塞的方式运行。重启服务器，开启服务器多进程模式。

```
gunicorn --workers=10 -b 0.0.0.0:5000 test:app
```

输出结果：

```
[2019-01-27 14:55:49 +0800] [70] [INFO] Starting gunicorn 19.7.1
[2019-01-27 14:55:49 +0800] [70] [INFO] Listening at: http://0.0.0.0:5000 (70)
[2019-01-27 14:55:49 +0800] [70] [INFO] Using worker: sync
[2019-01-27 14:55:49 +0800] [73] [INFO] Booting worker with pid: 73
[2019-01-27 14:55:49 +0800] [74] [INFO] Booting worker with pid: 74
[2019-01-27 14:55:49 +0800] [75] [INFO] Booting worker with pid: 75
[2019-01-27 14:55:49 +0800] [76] [INFO] Booting worker with pid: 76
[2019-01-27 14:55:49 +0800] [77] [INFO] Booting worker with pid: 77
[2019-01-27 14:55:49 +0800] [78] [INFO] Booting worker with pid: 78
[2019-01-27 14:55:49 +0800] [80] [INFO] Booting worker with pid: 80
[2019-01-27 14:55:49 +0800] [82] [INFO] Booting worker with pid: 82
[2019-01-27 14:55:49 +0800] [83] [INFO] Booting worker with pid: 83
[2019-01-27 14:55:49 +0800] [87] [INFO] Booting worker with pid: 87
```

增加了 10 个 worker，代表开启 10 个进程支持 10 个并发数，可以自行增加或者减少。重新启动 testthread.py 爬虫，查看结果。

```
hello world
hello world
hello world
hello world
hello world
hello world
hello world
hello world
hello world
hello world
15.031906604766846
```

15 秒时间完成 10 个并发访问，这一次只用了 15 秒，服务器成功支持了 10 个并发。

10.2 Gunicorn 配置

Gunicorn 通过配置可以实现更多的功能。配置的方法可以直接在运行命令中带参数，也可以使用配置文件进行配置。

10.2.1 配置参数

在 Gunicorn 启动的时候带有很多参数，例如:--worker -b，这些参数代表着开启不同的功能。当配置比较简单的时候，可以直接在命令行中添加 Gunicorn 配置。常用的 Gunicorn 具体的配置可以参考使用。

```
--reload
```

当代码发生变动的时候，是否重新加载。默认值为 False，不加载，True 为加载。

`reload_engine`

重新加载引擎，默认方式为 auto，可选的方式有 auto、pool、inotify（需单独安装）。

`--reload-extra-file FILES`

重新加载文件列表，默认为空列表[]。当列表中的文件发生变动时，重新加载，如：templates，configuration。

`--access-logfile`

保存访问日志的目录，默认为 None 无。'-'为标准输出。

`--access-logformat STRING`
`%(h)s %(l)s %(u)s %(t)s "%(r)s" %(s)s %(b)s "%(f)s" "%(a)s"`

日志保存的格式，各字符格式说明参考如表 10-1 所示。

表 10-1 格式参考

h	远程地址	B	返回对象长度
l	'-'	b	返回对象长度 CLF 格式
u	用户名	f	跳转源
t	请求日期	a	浏览器信息
r	状态行（如.GET / HTTP/1.1）	T	请求时间，单位为秒
m	请求方式	D	请求时间，单位为微秒
U	带参数的 URL 路径	p	进程 ID
q	请求参数	{Header}i	请求头
H	协议	{Header}o	返回对象请求头
s	状态码	{Variable}e	环境变量

`--error-logfile FILE, --log-file FILE`

错误日志保存文件，FILE 为文件名。

`--log-level LEVEL`

记录错误日志的最低等级，各日志等级为：debug（调试）、info（信息）、warning（警告）、error（错误）、critical（危急）。

`-n STRING, --name STRING`

进程名，当你通过 ps 或者 top 命令查看进程时候可以看到自定义命名的进程，默认值为 None，默认使用 gunicorn 为进程名。

`-w INT, --workers INT`

用于处理工作的 workers 进程数量。

`--worker-connections INT`

最大并发数，只影响 Eventlet 和 Gevent 两种 worker class。

`-k STRING, --worker-class STRING`

工作进程类型，指定以下任意一种类型：

（1）eventlet，需安装 0.97 以上版本，可以通过 pip 进行安装。
（2）gevent，需安装 0.13 以上版本，可以通过 pip 进行安装。
（3）tornado，需安装 0.2 以上版本，可以通过 pip 进行安装。
（4）gthread，Python2 环境需安装 futures 模块，可以通过 pip 进行安装。
（5）gaiohttp，需要 python 3.4 和 aiohttp>=0.21.5。

`--threads INT`

worker 进程开启线程数量，默认为 1。

`--max-requests INT`

设置一个进程最大请求数量，达到以后重启。

`-t INT, --timeout INT`

设置超时等待时间，默认为 30 秒，超过以后直接返回请求失败。

`-D, --daemon`

守护进程，在后台执行，默认为 False。

`--backlog`

最大等待数量，必须为整数，一般设定在 64～2048 之间。

`-b ADDRESS, --bind ADDRESS`

服务器绑定地址和端口，默认为 127.0.0.1:8000。

10.2.2 通过 config 文件启动

数目繁多的配置如果全部写在命令行内显得十分麻烦，而且容易出错。好在 Gunicorn 支持配置文件的方式启动，创建 config.py 配置文件。

```
# 监听本机的 5000 端口
bind = '0.0.0.0:5000'
#预加载
preload_app = True
# 开启工作进程，建议根据开启数量为 cpu 的 2 倍+1 个
workers = multiprocessing.cpu_count() * 2 + 1
# 每个进程的开启线程，建议开启数量为 cpu 数量×2
threads = multiprocessing.cpu_count() * 2
#最大等待连接数
backlog = 2048
#工作模式为
worker_class = "sync"
# 守护进程，后台执行
daemon = True
# 进程名称
proc_name = 'gunicorn.pid'
# 进程 pid 记录文件
#保存日志等级
loglevel = 'debug'
#保存日志文件
logfile = 'debug.log'
```

```
#访问日志
accesslog = 'access.log'
#访问日志格式
access_log_format = '%(h)s %(t)s %(U)s %(q)s'
```

这里设置了 Gunicorn 启动的基本配置，包括绑定地址端口，worker 数量，开启线程数，日志等级以及保存文件。

打开终端，输入：

```
gunicorn -c config.py test:app
```

由于开启了守护进程，接口会在后台运行。所以，终端没有任何输出。打开浏览器，输入 127.0.0.1:5000，结果如图 10-2 所示。

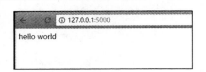

图 10-2　返回结果

虽然终端没有任何输出，但浏览器访问的结果和之前的图 10-1 一样，已经成功访问并返回了结果"hello world"，证明接口已经在正常工作。

这一章中，接口加爬虫的模式使得爬虫已经变成一项服务，面向的使用者不再是开发者一个人。每一个使用接口的人，都是爬虫的使用者。以往的爬虫只需要将数据快速爬回来就完成任务了。但对于接口爬虫来说，要求会多一些，要让多个同时使用接口的人能够快速获取爬虫爬取回来的数据。这就是高并发，不仅考验开发者的能力，还考验着服务器的承受能力。

第 11 章 使用 Docker 部署爬虫

爬虫的每次爬取时间,可以是几分钟、几小时不等,爬取结束任务就结束了。但有一些爬虫是需要 7*24 小时随时待命的,随时等待命令进行爬取,每次爬取结束恢复待命状态,直到爬取命令再次到来。而对于这种需要长期反复使用的爬虫,需要将爬虫项目部署到服务器中作为一项服务来运行。

11.1 Docker

Docker 是一个开源的引擎,可以为应用创建轻量级的容器,支持各种环境,耗能小,十分适合用来部署 Web 接口和爬虫脚本。

11.1.1 Docker 的安装

在使用 Docker 之前,计算机首先必须安装 Docker。Docker 的安装也十分简单方便。
Linux 系统下安装 Docker,直接在终端输入:

```
sudo apt-get install docker.io
```

一步安装到位,无须其他繁杂操作。
Windows 和 Mac 系统下安装 Docker,需要到官网直接下载安装。

```
https://hub.docker.com/editions/community/docker-ce-desktop-windows
```

安装完成之后,打开终端检查是否成功。在终端输入:

```
docker -v
```

然后查看输出:

```
$ docker -v
Docker version 18.06.1-ce, build e68fc7a
Docker 版本为 18.06.1,已经成功安装了 Docker。
```

11.1.2 Docker 的镜像

Docker 的镜像就像是一个环境,之后的爬虫脚本就是使用这个环境的容器来运行的。所以在部署爬虫之前,得先有一个镜像。镜像的来源可以是自己创建,也可以是从公共资源镜像源下载。

一般刚开始都是先从公共资源镜像源下载，然后再利用公共镜像构建出一个满足自己需求的全新镜像。例如爬虫需要在一个拥有 Python3 的 Ubuntu 系统环境运行。那么首先需要从公共资源镜像源下载一个 Ubuntu 的镜像，然后利用此镜像安装 Python3 和各种依赖包来构建出一个新的镜像。不过其实不需要那么麻烦，因为在公共资源镜像源中可以直接下载 Python3 的镜像。

（1）在终端输入：

```
docker pull python:3.6
```

然后查看终端输出：

```
3.6: Pulling from library/python
df99e535d2df: Pull complete
f85ebddf711a: Pull complete
0903d64cc922: Pull complete
99b2ba2c2742: Pull complete
bf3936e86fe3: Pull complete
c508921a6ec8: Pull complete
bb68fbba4c91: Pull complete
739f12977a3d: Pull complete
e815fc2b6f7a: Pull complete
Digest: sha256:a01b318f4768a20a679da7d901de1676de0079bf85a01179611dd3fec67d5d66
Status: Downloaded newer image for python:3.6
```

（2）从输出看出已经成功下载了新的镜像，并在终端输入命令：

```
docker images
```

查看镜像：

```
REPOSITORY      TAG        IMAGE ID        CREATED         SIZE
python          3.6        9beb9339d8a3    12 days ago     885MB
```

Python3 的镜像已经在本地的镜像库，随时可以使用了。

操作 Docker 镜像常用的基本命令：

```
docker images
```

查看所有镜像。

```
docker rmi images
```

删除指定镜像。

```
docker rmi `docker images -q`
```

删除所有镜像。

```
docker build -t name:version .
```

构建镜像。

```
docker pull images:versin
```

从公共镜像源拉指定版本的镜像。

```
docker push images:version
```

将本地镜像推到远程仓库。

11.1.3 构建自己的 Docker 镜像

上一节从公共资源镜像库中下载了 Python3 的镜像，但里面除了 Python3 什么都没有。现在试着去构建一个新的属于自己的镜像来使用。

（1）在任意目录下创建 helloworld.py。

```
print('hello world')
```

（2）新建一个 Dockerfile 文件。

```
#通过Python3.6的镜像构建新镜像
FROM python:3.6
#将helloworld.py复制到镜像内的当前目录
COPY helloworld.py .
```

Docker 创建镜像是根据一个 Dockerfile 文件里的内容来创建。Dockerfile 主要写指定的镜像源，以及 Docker 运行的命令。

（3）打开终端输入命令：

```
sudo docker build -t mypython:v1 .
```

构建新的镜像命名为 mypython 版本为 v1，最后是有一个不显眼的'.'存在的，千万别忽略了，代表当前目录。

查看输出结果：

```
Sending build context to Docker daemon  702.7MB
Step 1/2 : FROM python:3.6
 ---> 9beb9339d8a3
Step 2/2 : COPY helloworld.py .
 ---> 864610087907
Successfully built 864610087907
Successfully tagged mypython:v1
```

镜像成功构建了，在终端输入命令查看镜像库：

```
docker images
```

查看输出结果：

```
REPOSITORY          TAG           IMAGE ID           CREATED            SIZE
mypython            v1            864610087907       30 seconds ago     885MB
```

已经可以在镜像库里看到刚创建的新镜像。这个镜像是以 python:3.6 为基础，将 helloworld.py 文件放入到镜像之后构建成新的镜像。一句话概括，这个镜像还是 python:3.6 那个镜像，只不过镜像里多了一个 helloworld.py 的文件。

11.1.4 容器使用

镜像可以比喻为一个环境，容器相当于一个应用。你在 Docker 上运行你的服务或者应用，就是通过建立一个容器来运行的。现在有了镜像，可以通过镜像创建一个容器来运行应用。现在可以在终端输入命令：

```
docker ps
```

终端输出结果：

```
CONTAINER ID        IMAGE          COMMAND          CREATED          STATUS
PORTS               NAMES
```

展示当前服务器上的所有容器，不过现在还没创建容器，所以是空的。现在试着通过上一节构建的镜像来运行容器。

```
REPOSITORY       TAG       IMAGE ID          CREATED         SIZE
mypython         v1        864610087907      21 hours ago    885MB
```

在终端输入命令：

```
docker run mypython:v1 python helloworld.py
```

终端输出结果：

```
hello world
```

Docker 成功运行了在镜像 mypython 中的 helloworld.py 文件，但是这时候输入：

```
docker ps
```

终端输出结果：

```
CONTAINER ID        IMAGE          COMMAND          CREATED          STATUS
PORTS               NAMES
```

还是什么都没有。因为上一条命令中，容器已经完成了自己的任务关闭了，所以没有继续在运行。

重新修改 helloworld.py，让容器运行时间长一点。

```
import time
print('hello world')
print('now sleep 120s')
#睡眠120s
time.sleep(120)
print('now finish sleeping,end')
```

强制增加了 120 秒的睡眠时间，然后重新构建镜像：

```
docker build -t mypython:v2 .
```

然后运行容器：

```
docker run mypython:v2 python helloworld.py
```

打开一个新的终端输入命令：

```
docker ps
```

查看输出结果：

```
CONTAINER ID        IMAGE          COMMAND                CREATED          STATUS
PORTS               NAMES
3ccfcadd9387        mypython:v2    "python helloworld.py" 10 seconds ago   Up 5 seconds
```

可以看到正在运行的容器，mypython 是镜像名，v2 是版本号。这个就是刚才启动的容器，现在还在运行状态。2 分钟后切换另一个终端，可以看到终端输出的结果：

```
hello world
```

```
now sleep 120s
now finish sleeping,end
```

容器运行结束，自动关闭。

如果想进入容器的内部检查文件，可以使用命令：

```
docker exec -it 容器名字 /bin/bash
```

这样就进入了容器，开启了一个终端，输入命令：

```
ls
```

可以看到当前目录的文件：

```
bin   dev  helloworld.py  lib      mnt  proc  run   srv   tmp  var
boot  etc  home           media    opt  root  sbin  sys   usr
```

构建容器时复制的 helloworld.py 就在这里。

另外，容器和镜像其他的一些常用的基本操作可以参考以下命令：

```
docker stop container
```

停止容器，使容器关闭。如果想删除某个镜像，在删除之前必须先停止使用该镜像的所有容器。

```
docker restart container
```

重启容器，将容器重新启动。当容器卡住或者出错的时候，可以使用此操作。

```
docker rm container
```

删除指定容器。

```
docker rm `docker ps -a -q`
```

删除所有容器。

```
docker logs -f container
```

查看容器日志。

11.1.5 Dockerfile

Dockerfile 是一个写满创建镜像时输入的各种安装指令的文件，包括创建文件夹、安装包、指定工作路径、设置环境变量等。

Docker 创建镜像需要根据一个 Dockerfile 的文件来创建。Dockerfile 中也有很多指令，需要学习使用这些指令才能构建出一个属于自己的镜像。

```
FROM python: 3.6
```

指定镜像作为基础镜像。

```
COPY examplefile   /home
```

COPY 命令，将指定的目录或者文件复制到镜像中的指定位置，如：将当前目录下的一个叫 examplefile 的文件复制到镜像中/home 位置。不过 COPY 命令只是单纯的复制，不做提取和解压。

```
ADD  examplefile   /home
```

ADD 命令，除了将文件复制到指定位置下之外，还会对压缩文件进行解压和提取。

```
RUN apt-get update
RUN CD /somefile
```

RUN 命令，在构建镜像过程中执行指定命令。如使用 RUN apt-get 提前安装和更新指定的包，将环境一次性搭建好。又或者使用 CD 命令切换目录。

```
WORKDIR /path/to/workdir
```

WORKDIR 命令，指定镜像中使用 RUN、CMD、ENTRYPOINT、COPY、ADD 时的工作目录。

```
CMD ["/bin/bash"]
```

CMD 命令，在 Dockerfile 中通过 CMD 命令指定容器运行时执行的命令。

```
ENTRYPOINT ["echo", "foo"]
```

ENTRYPOINT 命令和 CMD 一样，都是在容器运行时指定执行的命令。

11.2 爬虫部署

学会 Docker 的基本操作以后，接下来将爬虫构建成镜像，然后部署到服务器中运行。

11.2.1 爬虫接口

现在需要编写一个开放的爬虫接口，任何人都可以通过这个接口来获取爬虫爬取的数据。为了方便，所以选择比较简单的糗事百科文字板块作为演示。

创建一个新的目录 mydockerfile，然后在/mydockerfile 新建 qiushibaike.py 文件。

```
#crawl 爬虫，爬取糗事百科文字板块，将文字内容返回
def crawl():
    headers = {
            'cache-control': "no-cache",
                'postman-token': "dd6b12bd-efbf-532a-475e-6568214bd3cb",
                    'User-Agent': 'Mozilla/5.0 (Windows NT 10.0; Win64; x64)
AppleWebKit/537.36 (KHTML, like Gecko) Chrome/66.0.3359.181 Safari/537.36'
                        }
    url = 'https://www.qiushibaike.com/text/'
    res=requests.get(url=url,headers=headers).text
    soup = BeautifulSoup(res,'lxml')
    text=''
    for i in soup.find_all('div',class_='content'):
        text=text+i.text
    return text
#flask 路由，通过访问 qiubai 这个页面可以返回糗事百科内容
@app.route('/qiubai',methods=['GET'])
def QIUBAI():
    content=crawl()
    return content
if __name__ == '__main__':
#服务器运行
    app.run(host=('0.0.0.0'),port=5000,debug=True)
```

爬虫接口有两个函数，一个是负责爬取的 crawl，另一个是返回内容到页面的视图函数

QIUBAI。QIUBAI 使用的是 GET 的方法访问，由于这个接口并不需要参数，所以 GET 和 POST 方式之间的差别并不大。

直接运行代码，通过浏览器访问 http://127.0.0.1:5000/qiubai 则会调用爬虫 crawl 取爬取糗事百科然后将数据返回到页面当中，这就是一个爬虫接口。

11.2.2 部署爬虫接口

（1）在/mydockerfile 目录下新建 requirements.txt，将需要安装的包写入。

```
flask
bs4
requests
gunicorn
lxml
```

新构建的镜像是一个纯净的镜像，里面没装任何的包，所以需要重新把要用到的包在构建镜像的时候统一安装。pip 命令里有一个命令可以将你的 Python 中安装的包导出到一个 txt 文件中。

```
pip freeze > requirements.txt
```

然后在当前目录下会生成一个 requirements.txt 的文件，里面是当前环境所有包的名字集合。当切换到一个新环境，需要安装到这些包的时候，运行命令：

```
pip install -r requirements.txt
```

pip 会批量帮你安装完文件中所有的包，无须逐个单独安装。

（2）在/mydockerfile 目录下新建 Dockerfile，编写 Dockerfile。

```
#以python3.6为基础镜像
FROM python:3.6
#从当前目录将文件复制到app目录下
COPY . /app
#将工作目录设置为app
WORKDIR /app
#使用pip从requirements.txt中安装依赖包
RUN pip install -r requirements.txt
#设置python运行目录
RUN export  PYTHONPATH=/app
#接口运行命令
CMD ["python","qiushibaike.py"]
```

Dockerfile 将所有的安装和运行步骤写下，在容器运行的时候会自动运行最后一条 CMD 命令：

```
CMD ["python","qiushibaike.py"]
```

这里要注意，一定要使用双引号，否则无法执行。爬虫接口就会被激活，处于运行状态。

（3）构建镜像，在/mydockerfile 目录下运行终端：

```
docker built -t mydocker:v1 .
```

镜像成功构建以后，运行容器：

```
docker run -p 5000:5000 mydocker:v1
```

查看终端输出：

```
* Serving Flask app "qiushibaike" (lazy loading)
```

```
 * Environment: production
   WARNING: Do not use the development server in a production environment.
   Use a production WSGI server instead.
 * Debug mode: on
 * Running on http://0.0.0.0:5000/ (Press CTRL+C to quit)
 * Restarting with stat
 * Debugger is active!
 * Debugger PIN: 256-025-030
```

看来是成功运行了，打开一个新的终端，运行命令：

```
docker ps
```

查看输出：

```
CONTAINER ID        IMAGE               COMMAND                  CREATED             STATUS
PORTS                   NAMES
295679d531a0        mydockerfile:v4     "python qiushibaike.…"   51 seconds ago      Up 48 seconds       0.0.0.0:5000->5000/tcp   epic_davinci
```

可以看到端口：

```
0.0.0.0:5000->5000/tcp
```

代表容器内部的 5000 端口映射外部 5000 端口，外部已经成功与容器互联。尝试一下打开浏览器，访问 127.0.0.1:5000/qiubai，结果如图 11-1 所示。

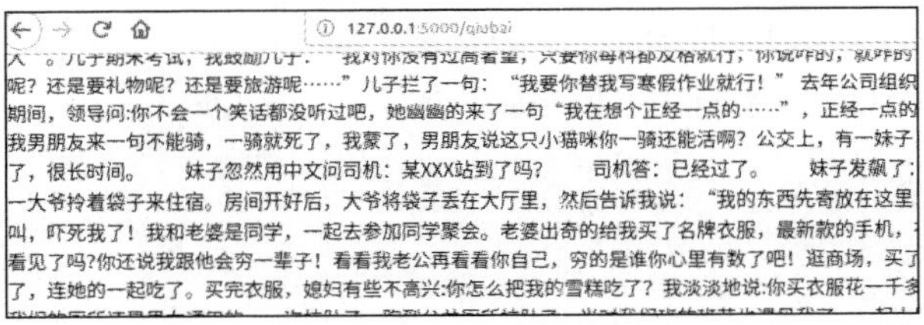

图 11-1 接口返回结果

爬虫从糗事百科页面中成功爬取数据并返回到接口，镜像成功构建并可以使用。

（4）注册 Docker hub 的账户，然后在 Docker hub 网页中先创建一个自定义 Docker 仓库，如图 11-2 所示。

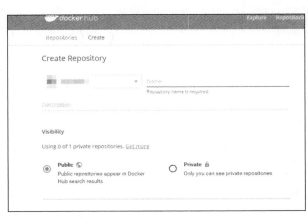

图 11-2 Docker hub 创建新仓库

第 11 章 使用 Docker 部署爬虫

新仓库命名为 mydocker，创建成功后打开终端使用命令：

```
docker login
```

输入用户名密码登录到 Docker hub 的服务器之后，在终端输入：

```
docker push mydocker:v1
```

查看输出结果：

```
The push refers to repository [mydocker]
d7619f1c42e4: Pushed
4d664fb6d2bd: Pushed
41513fe320e4: Pushed
fd7426e08985: Layer already exists
4ea48c6662b0: Layer already exists
1c032c076212: Layer already exists
ca0f73f3019c: Layer already exists
6326f3d91213: Layer already exists
9e25bb958b9e: Layer already exists
c8dc8201fe77: Layer already exists
5ab9da579311: Layer already exists
c03c947190bd: Layer already exists
ba8340163843: Layer already exists
dcfca4869a91: Layer already exists
5dcf19c39103: Layer already exists
6bf386855d95: Layer already exists
0282fa83446f: Layer already exists
594a03362312: Layer already exists
c8c8418550a6: Layer already exists
56388ddcbf7f: Layer already exists
edda128d7256: Layer already exists
0870b36b7599: Layer already exists
8fe6d5dcea45: Layer already exists
06b8d020c11b: Layer already exists
b9914afd042f: Layer already exists
4bcdffd70da2: Layer already exists
201901261553: digest: sha256:91e428cf154c03470594fc03359df93bbf5065eca3142a3856f340bc6f2180ac size: 5796
```

本地镜像 mydocker 的 v1 版成功被推送到 Docker hub 仓库中，然后在生产服务器中使用同样的方式登录到 Docker hub 之后，在终端输入：

```
docker pull mydocker:v1
```

mydocker 的 v1 版本就会被下载到生产服务器中，然后运行命令：

```
docker run mydocker:v1
```

这样，容器成功部署到生产服务器中并运行。开发环境的搭建是一件令人头痛的事情，因为在不同的服务器搭建环境的时候总会出现意想不到的错误。Docker 的出现，将整个开发环境都放置在一个容器中作为微服务存在。使得我们可以随意更换服务器的同时，免于搭建开发环境，在工作中节省了大量的时间。只需要将所需的环境写入到镜像中，在不同的服务器下下载镜像即可运行使用完成部署。

第二篇　实战案例

第 12 章

实战 1：建立代理 IP 池

到了这里已经基本掌握了爬虫的基本知识，可以根据需求写出各种爬虫。但是为了让爬虫能够稳定持续的运行，我们需要使用大量的代理 IP，需要建立一个爬虫专用的代理 IP 池。

12.1 爬取免费代理 IP

代理 IP 是爬虫的一个必备的工具，用来躲过目标网站的反爬措施。但是优质的代理 IP 价格昂贵，对于个人而言是个不小的负担。不过网上有很多免费代理 IP 的网站，虽然质量稍差，但是还能通过爬虫去建立属于自己的免费代理 IP 池。

12.1.1 爬取代理 IP

这次把目标定在西刺代理这个网站上，因为它的 IP 可以在页面源代码中获取，这样就可以不用去爬接口以及破解那些接口的 token，难度会大大降低。另一个原因就是它的 IP 数据量非常大。因为大部分免费的代理 IP 都是失效不能用的。所以想要获得更多有效的代理 IP 就需要自己去爬取尽可能多的 IP。

首先看一下西刺代理以及它的源码，如图 12-1—图 12-2 所示。

国家	IP地址	端口	服务器地址	是否匿名	类型	速度	连接时间	存活时间	验证时间
	112.117.107.198	9999	云南昆明	透明	HTTPS			1小时	18-03-17 17:24
	222.186.45.123	62222	江苏镇江	透明	HTTP			485天	18-03-17 16:22
	120.55.66.99	7777	长城宽带	透明	HTTPS			10天	18-03-17 15:20
	175.171.190.248	53281	辽宁大连	透明	HTTP			1分钟	18-03-17 14:44
	219.219.254.163	61202	江苏徐州	透明	HTTP			5天	18-03-17 13:02
	222.186.45.59	62586	江苏镇江	透明	HTTP			447天	18-03-17 13:00
	14.211.10.255	808	广东佛山	透明	HTTPS			23小时	18-03-17 13:00
	14.153.55.240	3128	广东深圳	透明	HTTP			2小时	18-03-17 12:40
	112.95.206.233	8888	广东深圳	透明	HTTP			1分钟	18-03-17 12:31
	60.168.6.125	9999	安徽合肥	透明	HTTP			52分钟	18-03-17 12:22
	59.75.223.141	61202	陕西	透明	HTTP			1分钟	18-03-17 12:15
	218.20.54.186	9999	广东广州市天河区	透明	HTTPS			1分钟	18-03-17 10:11
	119.57.144.253	8080	北京	透明	HTTP			626天	18-03-17 08:30
	112.192.45.68	9797	四川达州	透明	HTTPS			17分钟	18-03-17 07:50
	218.20.55.3	9797	广东广州市天河区	透明	HTTPS			59天	18-03-17 07:33
	112.91.221.232	9000	广东河源	透明	HTTPS			1分钟	18-03-17 07:22
	218.20.54.50	9999	广东广州市天河区	透明	HTTPS			30天	18-03-17 06:00
	183.33.128.232	9999	广东珠海	透明	HTTPS			28分钟	18-03-17 05:50

图 12-1 西刺代理

源码中有需要的 IP，接下来考虑的就是翻页，因为需要抓取不止一页的 IP，爬取完当页的所有 IP 后翻到下一页继续爬取直到最后爬完所有结束。西刺代理国内透明代理第一页的 URL 是 http://www.xicidaili.com/nt/1，这里 NT 代表国内透明代理，数字 1 则代表第一页。所以可以通过更改数字来实现翻页。由于需要大量可用的有效 IP，所以要求短时间内抓取大量的 IP，因此需要用多线程来提高爬虫的速度。基于以上的需求，可以很快写出一个爬虫原型：

```
<tr class="odd">
  <td class="country"><img src="http://fs.xicidaili.com
  <td>14.211.10.255</td>
  <td>808</td>
  <td>
    <a href="/2018-03-16/guangdong">广东佛山</a>
  </td>
  <td class="country">透明</td>
  <td>HTTPS</td>
  <td class="country">
    <div title="0.249秒" class="bar">
      <div class="bar_inner fast" style="width:85%">
```

图 12-2　西刺代理源码

在任意目录下创建 crawlip.py 文件。

```
    import requests
    from bs4 import BeautifulSoup
    from multiprocessing.dummy import Pool as ThreadPool      #多线程模块
    data=[]                                                     #用来存放 IP
    def getIp(page):                                            #爬取单页 IP
        url='http://www.xicidaili.com/nt/%d'%(page)
        headers={'User-Agent':'Mozilla/5.0  (Windows  NT  10.0;  Win64;  x64;  rv:59.0)
Gecko/20100101 Firefox/59.0'}                                   #伪装请求头
        res = requests.get(url,headers=headers).text            #发送请求
        soup=BeautifulSoup(res,'lxml')
        for i in soup.find_all('tr'):
            try:   data.append({'ip':'%s:%s'%(i.find_all('td')[1].get_text(),i.find_all
('td')[2].get_text()),
        'verify':False})#使用 beautifulsoup 解析网页源码，将 ip 提取出来存入 data
            except:
                continue                                        #异常处理，发送错误跳过
    pool = ThreadPool(10)                                       #开启 10 个线程
    pool.map(getIp, [i for i in range(100)])                    #目标爬取页数
    pool.close()
    pool.join()
    print(data)
    print(len(data))
```

这里测试了爬取 100 页，用时不到 1 分钟，获取 IP 有 9000 多个。这个网站比较简单，因为只用了一个请求头做伪装，而且对爬虫的速度也没有加任何限制。IP 抓到以后，需要验证它是否有效。但是由于验证需要花费的时间较多，所以建议将抓取和验证异步进行。因此在验证之前，需要把 IP 存放到数据库中，可以在原来的爬虫基础上新增以下代码：

```
    from pymongo import MongoClient                    #引入 mongo 数据库
    db=MongoClient('127.0.0.1', 27017).test            #连接数据库
    db.ippool.insert_many(data)                        #批量将 IP 插入 proxy_ip 这个集合
```

然后到 MongoDB 中查看 IP 有没有成功插入，如图 12-3 所示。

增加一个 verify 的字段来区分可用和待验证的以及验证不通过的 IP，不过这里代码只用了 bool 值将待验证的和验证不通过的归为一类，数据量不大的时候可以这样做。但是随着爬取的数据量增加，数据的字段过于简单会因无法精准定位导致大量重复工作，因此字段的设计需要根据需求由简单变为复杂。

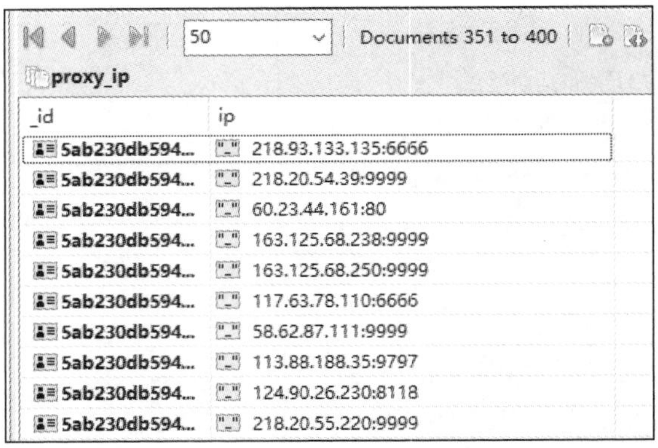

图 12-3　存放在 MongoDB 中的 IP

12.1.2　检验代理 IP

代理 IP 已经获得，但是其中很多都是失效的不能使用，所以需要写一个方法对这些 IP 进行检验。如何检验一个 IP 是否可用？方法很简单，只需要使用这个代理 IP 去访问一个网站，如果返回状态码 200 则证明是有效 IP，返回状态码 403 代表此 IP 已失效。其实就是一个简单的挂了代理的爬虫。可以直接写代码：

```
import requests
url='http://www.baidu.com'                              #百度，最好的测网速网站
proxies = {
  'http': 'http://42.96.168.79:8888',                   #代理 ip
}                                                       #抓取回来的 ip 地址
try:
    res = requests.get(url, proxies=proxies,timeout=5)  #发送请求，设置 timeout 五秒超时
    print(res.status_code)                              #打印请求状态，200 为请求成功
except Exception as e:                                  #异常处理
    print(e)                                            #若发生错误，打印错误原因
```

12.2　建立代理 IP 池

上一节学会了代理 IP 的爬取、存储以及验证。分开来看这些都是基础的知识，并不难。现在将这些知识结合在一起来运用，去建立属于自己的代理 IP 池。

12.2.1　检验代理 IP

这次的目标是要建立一个可以存放可用 IP 的代理 IP 池，所以存放进代理 IP 池的 IP 必须是经过检验可用的，爬取 IP 和检验 IP 的工作流程如图 12-4 所示。

爬取 IP 和验证是同时进行的，如果用阻塞模式的话效率会非常低，因为验证一个 IP 是需要几秒钟的时间的，所以爬取和验证需要异步同时进行。对原来的检验 IP 代码进行修改，加入多进程。

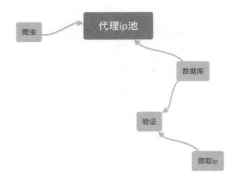

图 12-4　代理 IP 池设计思路

```
import requests
```

```
import multiprocessing                                    #引入多线程模块
import time
url='http://www.baidu.com'
ippool =[ip列表]                                          #获取的所有ip
start = time.time()                                       #开始时间
def verify(ip):                                           #验证ip
    proxies = {
    'http': 'http://%s'%(ip),
    }
    try:
        res = requests.get(url, proxies=proxies,timeout=2)#发送请求,设置2秒超时
        print(res.status_code)                            #打印请求状态,状态码200为成功
    except Exception as e:
        print(e)
pool = multiprocessing.Pool(processes=10)                 #启用10个线程
pool.map(verify,ippool[:50])                              #从ip池中截取前50个ip进行检验
print(time.time()-start)
print('finished')
```

开了10个进程以后,检验50个IP只花了10秒钟的时间,效率还算是让人满意的。不过代码还不够完整,需要从数据库中获取IP验证后重新写进数据库。

```
import requests
import multiprocessing                                    #引入多线程
from pymongo import MongoClient                           #引入数据库
import time
url='http://www.baidu.com'
db=MongoClient('127.0.0.1', 27017).test                   #链接mongo数据库test
url='http://www.baidu.com错误!超链接引用无效。
ippool = []
for i in db.ippool.find({'verify':False}):                #从数据库中ippool这个集合获取ip
    ippool.append(i['ip'])                                #从数据库中读取ip,添加到列表
start = time.time()
def verify(ip):                                           #对ip进行检验
    proxies = {
    'http': 'http://%s'%(ip),
    }
    try:
        res = requests.get(url, proxies=proxies,timeout=2)
        print(res.status_code)
        if res.status_code ==200 :                        #如果状态码为200,写进数据库
            db.ippool.insert({'ip':ip,'verify':True})#写进数据库,ip可用的ip,verify
布尔值true为可用
            print('insert finished'.center(50,"*"))
    except Exception as e:
        print(e)
pool = multiprocessing.Pool(processes=10)
pool.map(verify,ippool[:100])                             #选取100个ip进行验证
print(time.time()-start)
print('finished')
```

这次检验100个IP,花了18秒的时间,数据库中查询到通过验证的IP有10个。数据库作为代理IP池,这10个通过验证的IP就是你代理IP池里的IP。但是这个检验IP的脚本需要在启

动爬取 IP 的爬虫后另外手动开启。难道每次都要开了爬虫然后手动运行这个检验 IP 的脚本吗？代码的存在就是为了节省人力的。所以 Redis 消息队列要上场了。

12.2.2 Redis 消息队列

Redis 的消息队列需要两个角色，发送者和接收者。发送者将信息发送出去，接收者获取信息，就像手机接收短信一样。

（1）在和 crawlip.py 爬虫同一目录下 Sender.py 文件。

```
import redis                                              #引入 Redis
pool=redis.ConnectionPool(host='127.0.0.1',port=6379,db=0)  #
r = redis.StrictRedis(connection_pool=pool)               #连接 Redis
while True:
    msg = input("publish:")                               #通过 input 输入要发布的内容
    if input == 'over':                                   #如果 input 是 'over'，则中断
        print ('停止发布' )
        break;
    r.lpush('tq', msg)                                    #往 tq 列表中插入 msg
```

通过 while True 死循环保持连接状态等待输入内容，然后将内容写入 Redis 数据库中。

（2）在相同目录下创建 getter.py 文件。

```
import time
import redis
pool=redis.ConnectionPool(host='127.0.0.1',port=6379,db=0)
r = redis.StrictRedis(connection_pool=pool)               #连接 Redis
while True:
    task = r.brpop('tq', 0)                               #从列表 tq 中移除第一个元素
    print (task[1].decode());
    time.sleep(10);
```

getter.py 作为接收者，从 Redis 数据库获取 sender.py 写进去的内容。

通过这两个简单的实例代码可以直观地看到 sender 作为发送者，将信息发送到接收者 getter 那里。同理代理 IP 池可以将爬虫作为发送者，待验证的 IP 列表则是 Msg 发送给接收者去检验并写进数据库。对爬虫 crawlip.py 进行修改以及创建验证 IP 的脚本 verify.py。

（3）修改爬虫 crawlip.py。

```
import requests
from bs4 import BeautifulSoup
from multiprocessing.dummy import Pool as ThreadPool
from pymongo import MongoClient
import redis
data=[]
db=MongoClient('127.0.0.1', 27017).test
def getIp(page):                                          #方法，爬取单页 IP
    url='http://www.xicidaili.com/nt/%d'%(page)
    headers={'User-Agent':'Mozilla/5.0 (Windows NT 10.0; Win64; x64; rv:59.0) Gecko/20100101 Firefox/59.0'}   #伪装请求头
    res = requests.get(url,headers=headers).text
    soup=BeautifulSoup(res,'lxml')                        #使用 beautifulsoup 对网页源码进行解析
    for i in soup.find_all('tr'):
        try:                                              #将网页中所有 ip 存入 data 列表
```

```
                data.append({'ip':'%s:%s'%(i.find_all('td')[1].get_text()
    ,i.find_all('td')[2].get_text()),'verify':False})
            except:
                continue
pool = ThreadPool(10)
pool.map(getIp, [i for i in range(5)])             #目标爬取页数,这里只爬取 5 页
pool.close()
pool.join()
db.ippool.insert_many(data)#使用 insert_many 方法,可将列表中所有元素马上插入数据库
redispool=redis.ConnectionPool(host='127.0.0.1',port=6379,db=0)
r = redis.StrictRedis(connection_pool=redispool)    #连接 Redis
r.lpush('tq', 'action')                              #往 Redis 中写入信息 'action'
```

新增代码连接 Redis、MongoDB 数据库,将爬取回来的 IP 写入 MongoDB 然后向 Redis 数据库写入命令验证脚本的启动命令 action。

(4) 在相同目录创建 verify.py 文件。

```
import requests
import multiprocessing
from pymongo import MongoClient
import time
import redis
redispool=redis.ConnectionPool(host='127.0.0.1',port=6379,db=0)
r = redis.StrictRedis(connection_pool=redispool)           #连接 redis
while True:                                     #while true 除非发生异常,脚本会一直运行
    task = r.brpop('tq', 0)                     #从 redis 中移除第一个元素并命名为变量 task
    print(task[1].decode());                    #打印 task
    if task[1].decode() == 'action':            #如果 task 是 action,则执行以下代码
        url='http://www.baidu.com'
        db=MongoClient('127.0.0.1', 27017).test
        url='http://www.baidu.com'
        start = time.time()
        ippool = []
        for i in db.ippool.find({'verify':False}):
            ippool.append(i['ip'])              #从数据库中读取 ip,添加到列表
        def verify(ip):                         #方法,验证 ip
            proxies = {
            'http': 'http://%s'%(ip),           #代理 ip,分为 http 和 https
            }
            try:
                res = requests.get(url, proxies=proxies,timeout=2)#使用代理进行访问
                print(res.status_code)
                if res.status_code ==200:       #若请求返回状态码为 200 则使用代理访问成功
                    db.ippool.insert({'ip':ip,'verify':True})
                    print('insert finished'.center(50,"*"))
            except Exception as e:
                print(e)
        pool = multiprocessing.Pool(processes=10)#启用 10 个线程
        pool.map(verify,ippool[:100])
        print(time.time()-start)
        print('finished')
```

通过 while True 让脚本一直处于运行状态,从 Redis 数据库中获取到内容为 action 时,从

MongoDB 数据库中获取之前代理 IP 爬虫写入的待验证的 IP 进行验证。

检查数据库发现 400 个 IP 里只有 2 个是能用的，如图 12-5 所示。

_id	ip	verify
5ab89bcb5940...	139.198.12.22...	true
5ab89c205940...	111.231.253.1...	true

图 12-5　验证可用的代理 IP

一个代理 IP 池只有 2 个 IP 可用，这是不合格的。所以需要增加更多的数据源，定时去更新代理 IP 池，这样代理 IP 池中的可用 IP 会变得丰富一些。如果有条件的话，建议还是去购买付费的代理 IP。

12.2.3　master 爬虫

master 爬虫的主要任务是抓取详情页面的 URL 作为任务分配给爬虫 slave 进行爬取。master 工作流程如下：

（1）获取最大页数。

（2）获取当前页中所有详情页的 URL。

（3）进入下一页。爬虫会根据这三步来进行编写。

1．首先是获取最大页数，创建爬虫 master.py

```
    import requests
    from bs4 import BeautifulSoup                              #解析网页源码
    import re
    def crawl():
            name=input('what movie do you want to see:')  #输入想看的电影
            headers = {                                        #伪装请求头，防止被发现是爬虫
        'user-agent': "Opera/9.80 (Macintosh; Intel Mac OS X 10.6.8; U; fr) Presto/2.9.168
Version/11.52",
        'accept': "application/json",
        'accept-language': "zh-CN,zh;q=0.8,en-US;q=0.5,en;q=0.3",
        'accept-encoding': "gzip, deflate, br",
        'content-typ': "application/json",
    }
            url='https://www.kkcili.com/main-search.html?kw=%s'%name
            res= requests.get(url,headers)
            res.encoding='utf-8'    #修改编码格式为 utf-8，防止出现中文乱码
            soup = BeautifulSoup(res.text,'html.parser')
            page=re.findall(r'\d*',soup.find('ul',class_='pagination col-md-8')\
    .find_all('li')[-1].find('a').get('href').split('-')[-1])[0]#使用 beautifulsoup 来定
位元素，获取页数
            print(page)
```

上面代码中将 kkcili 的 URL 进行重构，根据传入的关键词生成新的 URL 然后发送请求。然后通过 Beautifulsoup 对源码进行解析，获取页数。

2．获取当前页中所有详情页的 URL

（1）首先分析一下网页源码。

```html
<div class="panel-body">
<h5 class="item-title"><a href="/main-show-id-6815111.html" target="_blank">冰与火之歌: <span class="highlight">权力的游戏</span>.第1季.Game.of.Thrones.S01.2011.Bluray.720p.x265.AAC(5.1).GREENOTEA</a></h5>
<table>
<tr>
<td><span class="label label-info"><b>2018-02-26</b></span></td>
<td><span class="label label-info"><b>4.44GB</b></span></td>
<td><span class="label label-success"><b>很快</b></span></td>
<td><span class="label label-danger"><b>10 °C</b></span></td>
<td><a class="label label-primary" href="/main-show-id-6815111.html" target="_blank" title="查看详细信息">详细信息</a></td>
</tr>
</table>
</div>
<div class="panel-body">
<h5 class="item-title"><a href="/main-show-id-6809480.html" target="_blank"><span class="highlight">权力的游戏</span>.Game.of.Thrones.S03E04.中英字幕.BDrip.720X400.mp4</a></h5>
<table>
<tr>
<td><span class="label label-info"><b>2018-02-25</b></span></td>
<td><span class="label label-info"><b>0.30GB</b></span></td>
<td><span class="label label-success"><b>很快</b></span></td>
<td><span class="label label-danger"><b>5 °C</b></span></td>
<td><a class="label label-primary" href="/main-show-id-6809480.html" target="_blank" title="查看详细信息">详细信息</a></td>
</tr>
</table>
</div>
```

这段代码是直接从网页源码中复制过来的 html 源码，搜索出来的条目信息存放在独立的 class 名为 panel-body 的 div 标签下。详情页的 URL 就存放在这个 div 标签下的 a 标签里。所以，只要把所有的 panel-body 找出来，就可以拿到详情页的信息。

（2）写一个新的函数，专门用来获取详情页的 URL，根据这一思路，就可以写出代码：

```python
def get_url(response):
    soup = BeautifulSoup(response.text,'html.parser')#对源码进行解析,使用 html.parser 可避免出现中文乱码
    for i in soup.find_all('div',class_='panel-body'):
        link= 'https://www.kkcili.com/'+i.find('a').get('href')
```

请求回来的 response 作为入参传入函数 get_url 中，通过 Beautifulsoup 对源码进行解析获取所有详情页的链接。为了实现翻页功能建议在 get_url 这个函数去对网页发送请求，即入参由 response 改为 URL，然后在 get_url 函数内对 URL 进行请求获取 resposne。目的是为了方便使用多进程，提高效率，所以需要增加代码和修改函数。

（3）增加代码和修改函数。

```python
master.py
#增加和修改以下代码
from multiprocessing.dummy import Pool as ThreadPool#多进程
link_lis=['https://www.kkcili.com/main-search-kw-%s-px-1-page-%s.html'%(name,str(
```

```
i)) for i in range(1,int(page))]              #重新拼接每页url并放入列表中待用
    def get_url(link):                         #由原来的传入response改为传入url,在函数内访问
        res = requests.get(link, headers)
        soup = BeautifulSoup(res.text,'html.parser')
        for i in soup.find_all('div',class_='panel-body'):
            Item= 'https://www.kkcili.com/'+i.find('a').get('href')
    pool = ThreadPool(10)                      #线程池
    pool.map(get_url, link_lis)
    pool.close()
    pool.join()
```

这里重新修改了代码的格式,使用多进程。通过之前获取的页码,拼接每一页的 URL 存放到列表 link_lis 中。然后使用多进程 map 映射,将列表中每一个元素传递到 get_url 中运行。

到了这里就可以考虑要怎么给爬虫 slave 传递任务 URL 了。MongoDB、Redis、Celery,都可以用来传递任务 URL。甚至可以选择使用一个 txt 文件来传递任务 URL。但是爬虫 slave 应该是一个高效的爬虫,使用 txt 文件这种方法太过低效可以直接忽略。另外的几个可以比较一下:

- Celery 需要搭建环境,过程较为麻烦而且不支持 Windows 系统。
- Mongodb 是作为一个大型数据存储的数据库,在大量数据读写的效率上并不是那么的优秀。
- Redis 有着超快的读写速度,最适合用作缓存或者消息中间件。而且使用 Redis 时不需要填写太多字段,直接将 URL 存入集合即可。

3. 使用 Redis 分配任务队列,然后爬虫 slave 使用多线程去进行爬取任务

```
master.py
#增加和修改一下代码
import redis
ip = '127.0.0.1'
password = ''
pool = redis.ConnectionPool(host=ip, port=6379, db=0, password=password)
r = redis.Redis(connection_pool=pool)         #连接Redis
def get_url(link):
    print(link)
    res = requests.get(link, headers)
    soup = BeautifulSoup(res.text,'html.parser')
    for i in soup.find_all('div',class_='panel-body'):
        item= 'https://www.kkcili.com/'+i.find('a').get('href')
        r.sadd('link',item)                    #使用集合写入Redis
```

连接 Redis 数据库,然后在 get_url 方法最后将新拼接成的 URL 通过 Redis 的 sadd 方法写入 Redis 中。

第 13 章 实战 2：磁力链接搜索器

很多人生活里都喜欢看电影、动漫或者电视剧，有时候看到喜欢的影视作品想下载回来收藏，但是现在各大平台都已经没有下载这个功能了。磁力搜索的出现就成为我们分享的渠道，通过磁力搜索可以找到自己喜欢的作品，下载回本地。我们可以自己打造一个磁力链接搜索器，通过搜索电影关键词然后爬取获得该电影的磁力链接。然后根据自己的需求取进行电影的下载。

13.1 爬取磁力搜索平台

通过搜索关键词"磁力搜索"可以看到很多磁力搜索的网站，大部分点开都带有广告跳转。所以不如自己亲自打造一个纯净的搜索器，不再被烦人的广告骚扰，随时随地下载自己想要的内容。

13.1.1 磁力平台

在百度上找到一些平台，然后进行比较，磁力链这个平台可以找到一些新出的影视作品的资源，速度也比较快，而且它所有的数据都可以在源码中拿到，可以通过重构 URL 的方式来进行搜索，难度非常低。因此在性价比上非常高，很适合爬取。首先看一下整个网站的结构，如图 13-1、图 13-2 所示。

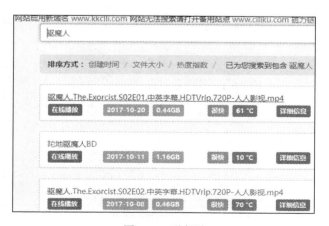

图 13-1 列表页

图 13-2　详情页

然后再看一下 URL 的结构：

```
http://www.xxcili.com/main-search-kw-驱魔人-px-1-page-1.html
```

通过 URL 可以看出 kw=key word，所以 kw 后接影片名驱魔人。Page 代表页码，后面数字代表第几页。这样就可以很容易重构出 URL，得到想要的那个列表页。然后爬虫访问列表页，获得详情页的 URL，进入详情页提取磁力链接保存。这个过程需要两个爬虫，一个是爬取列表页 URL 的爬虫 master，另一个是爬取详情页磁力链接的爬虫 slave。

13.1.2　slave 爬虫

上一节已经将任务 URL 存进了 Redis 之中。现在 slave 爬虫就可以直接从任务池里提取 URL 进行爬取。这次需要爬取的字段有：标题、创建时间、磁力连接、文件大小等，如图 13-3 所示。

图 13-3　电影详情信息

爬取的字段尽可能的多，这样方便以后进行筛选。这些字段在网页的源代码中都能找到，所以非常简单，如图 13-4 所示。

图 13-4　详情页源代码

slave 爬虫的思路是访问一个详情页，获取字段信息，写入数据库，不过这是单线程的思路，效率太低。现在的思路是把访问单个详情页和提取字段写成一个函数，然后使用多线程去请求任务池中的 URL，把所有爬下来的信息暂存在一个列表里，最后批量插入到数据库。这个方式会比单线程快上 10 倍不止，如图 13-5 所示。

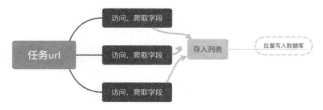

图 13-5 slave 爬虫思维导图

（1）在和 Master 爬虫同一目录下创建爬虫 slave.py，先写一个函数，命名为 start。start 方法专门用来接收 URL，然后发送请求，从源码中提取电影的信息。

```
import requests
from bs4 import BeautifulSoup
from collections import ChainMap        #管理多映像对象模块
data=[]
def start(url):
    headers = {                          #伪装请求头
    'Connection' : 'keep-alive',
    'User-Agent' : 'Mozilla/5.0 (Windows NT 10.0; Win64; x64; rv:58.0) Gecko/20100101 Firefox/58.0',
    }
    res = requests.get(url,headers)
    res.encoding = 'utf-8'               #修改 encoding，不然中文会显示乱码
    soup = BeautifulSoup(res.text,'lxml')
    item={}
    item['download']=soup.find_all('div','container')[5].find('a',class_='btn btn-sm btn-success').get('href')         #下载链接
    item['name']=soup.find_all('div','container')[3].find('h3').text#电影名
    item2={soup.find_all('div','container')[4].find_all('div',class_='col-xs-4')\
    [i].find('b').text:soup.find_all('div','container')[4].find_all('div',class_='col-xs-4')[i].find('span').text for i in range(0,6)}使用推导式
    item3 =ChainMap(item,item2)          #利用 ChainMap 把两个字典合并在一块
    data.append(item3)
```

这里比较难理解的是推导式，其实原理和列表推导式一样，字典推导式格式 {key:value for 循环 }：

```
for 循环 for i in range(0,6)
循环遍历 0 到 6 这个数字范围
    key:{soup.find_all('div','container')[4].find_all('div',class_='col-xs-4')[i].find('b').text
    这个作为字典的键
    value:soup.find_all('div','container')[4].find_all('div',class_='col-xs-4')[i].find('span').text
    这部分作为字典的值
```

再写一个简单的推导式作为例子：

```
{k:k for k in range(0,4)}
```

输出结果是：

```
{0: 0, 1: 1, 2: 2}
```

根据这一原理在提取字段的时候，可以把同一父级目录下不同标签的字段内容提取出来作为字典的键和值，十分方便。不然的话还得逐个字段人工输入，这就费时、费力了。

（2）剩下来的时间比较简单，就是从 Redis 中读取 URL，启动多线程，最后批量写入数据库。

```
import redis
from multiprocessing.dummy import Pool as ThreadPool      #线程池
from pymongo import MongoClient
ip = '127.0.0.1'
password = ''
pool = redis.ConnectionPool(host=ip, port=6379, db=0, password=password)
r = redis.Redis(connection_pool=pool)                     #连接Redis
url_lis=r.smembers('link')                                #读取URL
db=MongoClient('127.0.0.1', 27017).test
pool = ThreadPool(10)                                     #进程池
pool.map(start, url_lis)
pool.close()
pool.join()
db.movie.insert_many(data)                                #批量将详情页中的所有元素插入数据库中
```

数据已经成功写进数据库中，爬虫的基本功能也已经实现。

13.2 实现磁力搜索器

一个磁力搜索器的功能不仅有爬虫的作用，还要展示数据。如果是自己用的话只需要对数据进行筛选即可，不需要用到前端知识。

13.2.1 展示与交互

爬虫的功能已经写完了，但是这个项目实现的是输入电影名自动爬取，然后可以查看结果。现在需要手动启动 slave 爬虫，接下来再做展示，所以从这里开始逐一去做。

如果想要 slave 爬虫的启动也应该由代码去完成的话，python 中有个 os 的模块提供了可以使用 cmd 命令的功能。

```
import os
os.popen('your/paht/to/python3 slave.py')
```

将 os.popen 加在爬虫 master.py 的最后，然后启动爬虫 master.py。稍等片刻以后，查询 MongoDB 数据库会发现 slave 爬虫已经成功将数据写进数据库中。

接下来开始做交互，期望能在运行 py 文件时通过输入不同的参数实现不同的功能，将爬虫启动和展示分离出来。当运行爬虫 master.py 时候首先会打印出帮助菜单。

```
-crawl                     想抓取的电影
-check                     获取此电影的链接
```

代码会根据命令行中传入的参数来启动不同的功能。如果传入 crawl 加电影名，则会启动爬

第 13 章 实战 2：磁力链接搜索器

虫进行爬取。如果传入的是 check 加电影名，则会从数据库中查询并导出下载链接。所以写段伪代码方便理解下思路吧！

```
参数列表：['master.py', '-check', '斯巴达克斯']
import sys
if sys.argv[1] == 'crawl':
    name = sys.argv[2]
    crawl(name)                          #启动爬虫
elif sys.argv[1] =='check':
    Name = sys.argv[2]
    check(name)                          #查看数据库
```

然后重写爬虫 master.py。

```
import requests
from bs4 import BeautifulSoup
import re
import redis
from multiprocessing.dummy import Pool as ThreadPool
import os
import sys
from pymongo import MongoClient
print('-crawl','\t\t\t\t\t\t 想抓取的电影')
print('-check','\t\t\t\t\t\t 获取此电影的链接')
print ('参数列表：', str(sys.argv))
headers = { 'user-agent': "Opera/9.80 (Macintosh; Intel Mac OS X 10.6.8; U; fr) Presto/2.9.168 Version/11.52",           #伪装的请求头
    'accept': "application/json",
    'accept-language': "zh-CN,zh;q=0.8,en-US;q=0.5,en;q=0.3",
    'accept-encoding': "gzip, deflate, br",
    'content-typ': "application/json"}
class master(object):                    #master 类
    def __init__(self):                  #对参数进行初始化
        self.ip = '127.0.0.1'
        self.password = ''
        self.pool = redis.ConnectionPool(host=self.ip, port=6379, db=0, password=self.password)
        self.r = redis.Redis(connection_pool=self.pool)
        self.name=name
    def get_url(self,link):              #方法，获取任务 url，写入 Redis
        print(link)
        res = requests.get(link, self.headers)
        soup = BeautifulSoup(res.text,'html.parser')
        for i in soup.find_all('div',class_='panel-body'):
            item= 'https://www.kkcili.com/'+i.find('a').get('href')
            self.r.sadd('link',item)
    def crawl(self):                     #方法，爬虫
        url = 'https://www.kkcili.com/main-search-kw-%s-px-1-page-1.html' % name
        print(headers['user-agent'])
        res= requests.get(url,headers)
        res.encoding='utf-8'
        soup = BeautifulSoup(res.text,'html.parser')
        #print(soup)
```

```
            #temp=soup.find('ul',class_='pagination
col-md-8').find_all('li')[-1].find('a').get('href')
            page=re.findall(r'\d*',soup.find('ul',class_='pagination col-md-8')\
.find_all('li')[-1].find('a').get('href').split('-')[-1])[0]#获取页数
            link_lis=[self.r.sadd('link','https://www.kkcili.com/main-search-kw-%s-px-1-page-
%s.html'%(name,str(i))) for i in range(1,int(page))]#使用列表推导式的同时将链接写入Redis
    if 'crawl' in sys.argv[1] :
        print(sys.argv[2])          #参数列表 ['master.py', '-check 或者 -crawl', 影片名]
        name = sys.argv[2]
        print(name)
        master.crawl(name)                      #启动爬虫
        os.popen(r'python3 slave.py')           #启动 slave 爬虫
    elif 'check' in sys.argv[1]:
        name = sys.argv[2]
        master.check(name)                      #查看数据库
```

创建一个 master 的类，初始化的时候连接 Redis。将爬虫 master.py 原来的 get_url 方法和 crawl 方法也放进 master 这个类中。运行爬虫 master.py 时通过入参判断启动爬虫或者查询数据库。

重新整理 master 的代码，将各个功能统一写在一个类里来调用，这样代码更优雅、更规范。如果需要添加或者删除功能时候，只要修改负责功能的函数就可以了。

13.2.2　数据查询

在写代码之前心里得有一个目标：要达到什么样的效果？需要一条查询命令把关于电影的所有内容全部无差别罗列出来，还是经过有筛选的展示？如果需要筛选，要怎样筛选？展示的数据条数要不要做限制，还是无限制的展示？写代码就是为了实现需求，所以要学会像产品经理那样思考。

（1）查询时输入两个关键词，关键词 1 电影名，关键词 2 标题包含内容，如：高清，BD，TS，如果是剧集可以输入第几集。

（2）返回速度快的链接。

（3）自定义返回条数。

通过入参判断电影名、关键词然后调用 check 方法从数据库中查询符合条件的电影数据，可以写出代码。

```
from pymongo import MongoClient
class master(object):
    def __init__(self):
        self.db=MongoClient('127.0.0.1', 27017).test
    def check(self,name,key,number):
        for i in self.db.movie.find({'name':{'$regex':"{name}.*{key}".format(name=name,key=key)},'连接速度':"很快"}).limit(number):
            print(i
elif 'check' in sys.argv[1]:
    name = sys.argv[2]
    key=''
    number=int(sys.argv[3])                  #限制返回多少条数据
    if len(sys.argv)>4:
        key = sys.argv[4]
        print(sys.argv[4])
    master().check(name,key,number)          #查看数据库
```

第 13 章 实战 2：磁力链接搜索器

运行的命令为：

```
python3 master.py check name number keyword
```

将代码加入到爬虫 master.py 中，然后运行：

```
python3 master.py check 斯巴达克斯 1
```

控制台输出结果：

```
{'创建时间':'2015-04-22','热度指数':'17℃','活跃时间':'2018-04-10','文件数量':'10','文件大小':'5.99GB','连接速度':'很快','download':'magnet:xt?=un...','name':'斯巴达克斯.s03:诅咒之战'}
```

成功查询并返回了一条斯巴达克斯的数据。如果想要获取 10 条数据则将数字 1 改为 10，如果有特别的关键词如高清、BD 可以添加在最后，如：

```
python3 master.py check 斯巴达克斯 5 高清
```

这条命令代表从数据库中寻找斯巴达克斯+高清，返回 5 条结果。至此，磁力搜索器已经完成，可以根据用户的关键词进行搜索查询并返回指定条数。

第 14 章

实战 3：爬虫管家

爬虫工作时间根据项目不同，时间不同。有的项目爬取数据量非常大，达到要求需要连续多天不间断地爬取。而在这么长时间里，各种状况都可能发生。这时候需要给爬虫加上监控，随时可以查看爬虫的运行情况。

14.1 QQ 机器人

很多时候程序员不是经常坐在电脑前看着爬虫工作的，更多时候是把爬虫部署在服务器上自己运行。如果我们人在外面时想知道爬虫爬了多少条数据或者想重启爬虫的时候就变得很麻烦。所以写一个机器人脚本，把机器人部署在爬虫的服务器上，然后通过向机器人输入指令来操作爬虫，这样就非常方便了。机器人的载体有很多，QQ、微信、Web 都可以，这里先尝试以 QQ 作为载体。

14.1.1 qqbot

qqbot 是一个用 Python 实现的、基于腾讯 Smart QQ 协议的机器人，可运行在 Linux，Windows 和 Mac OSX 平台下，主要实现监控、收集 QQ 信息，自动消息推送、聊天机器人以及通过 QQ 远程控制你的设备。使用 pip 命令可以直接安装。

```
pip install qqbot
```

14.1.2 基本操作

安装成功后在命令行输入：qqbot，即可启动一个 qqbot。Windows，Linux 系统可以直接弹出二维码图片，扫描登录。如果没有弹出，也可以手动打开图片文件进行扫码。

```
# 给 好友"jack" 发消息 "你好"
qq send buddy jack 你好
# 给 群"198 班" 发消息 "大家好"
qq send group 198班 大家好
# 给 QQ 为 12345 的好友发消息
qq send buddy 12345 xxx
# 给讨论组发消息
qq send discuss MyDiscuss hello
```

14.1.3 实现自己的机器人

很多时候需要一个属于自己的机器人，希望它会根据接收到的指令去进行各种各样的操作。这个并不难，只需要定义一个消息响应函数并按插件加载就可以运行。

```
def onQQMessage(bot, contact, member, content):
    if content == '-hello':
        bot.SendTo(contact, '你好，我是 QQ 机器人')
    elif content == '-stop':
        bot.SendTo(contact, 'QQ 机器人已关闭')
        bot.Stop()
bot     : QQBot 对象，提供 List/SendTo/Stop/Restart 等接口
contact : QContact 对象，消息的发送者，具有 ctype/qq/uin/nick/mark/card/name 等属性
member  : QContact 对象，仅当本消息为群消息或讨论组消息时有效，代表实际发消息的成员
content : str 对象，消息内容
```

将以上代码保存为 sample.py 文件，放到~/.qqbot-tmp/plugins/ 目录下，如果不知道目录在哪里，可以搜索计算机找到文件夹。在控制台输入：

```
qq plug sample 加载插件
qq unplug sample 卸载插件
```

成功加载后，向机器人发送 hello，它会自动回复"你好，我是 QQ 机器人"；发送 stop，它会回复"QQ 机器人已关闭"并关闭机器人。爬虫管家的思路跟这个类似，向机器人发送指令，它会对指令进行判断，然后执行其他操作。

14.2 爬虫监控机器人

掌握了 QQ 机器人的基本操作后，就可以去设计开发属于自己的爬虫监控机器人了。想象一下，会在哪些场景需要用到爬虫监控机器人？比如：在外面，想知道现在爬虫进行到什么进度了；如果爬虫挂了，需要将它重启；有时候，想知道某个网站今天更新了一些什么信息等。总结下来就是：

- 查询爬虫爬取进度。
- 选择爬虫。
- 启动爬虫。

首先假设爬虫是分布式的，任务队列分为已爬取和未爬取两个队列，从数据库或者缓存中获取两者的数量，很容易就能得到当前爬虫任务的进度数值。但很多时候需要爬取的数据量不大，就直接用单个爬虫去爬取，这种情况是没有待爬取任务队列的。因此查询爬虫进度只能返回一个已爬取数据的总量。选择和启动爬虫其实是一体两面，只需要对传给机器人的内容进行判断，可以得到被选择的爬虫名，然后通过 sys 命令来直接启动。

（1）获取当前爬虫爬取状况的数据。

假设待爬取的任务队列存放在 Redis 数据库，需要查询 key 的条数然后通过 QQ 消息返回。查询的命令为：

```
import redis
r = redis.Redis(host='127.0.0.1')
ItemNumber = len(r.smembers('link'))    #获取 key 为 link 的总数
```

然后把这段代码放到 QQ 机器人的脚本中去：

```python
import redis
r = redis.Redis(host='127.0.0.1')
def onQQMessage(bot, contact, member, content):
    if content == 'check link':           #当接收到的内容为 check link
        ItemNumber = len(r.smembers(content.split(' ')[-1]))
        bot.SendTo(contact, 'still have %d waiting for crawled'%ItemNumber)#将结果发
送给联系人
```

将文件保存为 crawler.py，放到 /.qqbot-tmp/plugins/ 目录下。

（2）在已登录的情况下，新打开控制台输入：

```
qq plug crawler
```

成功加载以后尝试给机器人发送命令 check link，结果如图 14-1 所示。

这里的 link 指的是 Redis 数据库中的 key，可以根据不同的爬虫来进行命名，比如爬取豆瓣的爬虫，存放在 Redis 数据库中以 'douban' 作为 key。

简单的查询已经完成，然后要做的是通过命令启动爬虫。以糗事百科作为目标写一个爬虫，让 QQ 机器人爬取糗事百科的笑话发给我们，这个很有意思也很简单。

（1）先在 crawler.py 增加一个爬虫函数 sample，用来爬取糗事百科内容。

```python
from bs4 import BeautifulSoup                #解析 html 的模块
import requests
def sample():
    url = 'https://www.qiushibaike.com/'     #糗事百科地址
    res = requests.get(url)                  #发送请求
    soup = BeautifulSoup(res.text,'lxml')    #使用 beautifulsoup 进行解析
    data = []
    for i in soup.find_all('div',class_='content'):#将糗事百科内容通过遍历写进列表并返回
        print(i.get_text())
        data.append(i.get_text().strip())
    return data
```

通过调用 sample 方法，会直接向糗事百科发送请求，使用 Beautifulsoup 对源码进行解析，将内容存放进 data 列表中。

（2）这就是糗事百科的爬虫，然后放到 qqbot 插件中去。

```python
def onQQMessage(bot, contact, member, content):#QQ 机器人回调函数
    if content == 'check link':              #如果接收到的内容为 check link
    Pass                                     #代码同上，略
    if content == 'start sample':            #如果接收到的内容为 start sample
        for i in sample():#sample()返回的是一个列表 data,遍历将段子发送给联系人
            bot.SendTo(contact,i)
```

这里增加了内容的判断，如果 QQ 信息收到内容为 start sample，则会调用 sample 方法，对糗事百科进行爬取。然后将爬取的内容发送给联系人。

（3）控制台重新输入：

```
qq plug crawler
```

加载插件，然后向 QQ 机器人发送消息 start sample，效果如图 14-2 所示。

图 14-1　QQ 机器人回复爬虫进度

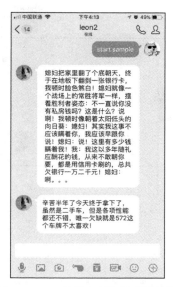
图 14-2　QQ 机器人爬取糗事百科热门

如果想让运行的爬虫是个独立的项目，可以使用之前学过的 os.popen 命令来运行爬虫。

```
Import os
os.popen(r'python path/to/your/sample.py')
```

（4）是不是觉得这机器人很可爱，越来越喜欢了？还可以设置定时任务，每天在固定时间机器人会给你爬取有趣的信息，这里需要用到 qqbot 的定时模块。

```
from qqbot import qqbotsched
@qqbotsched(hour='16,17', minute='44')
def mytask(bot):
    buddy = bot.List('buddy', 'LEON')
    if buddy is not None:
        bot.SendTo(buddy[0], '这里是定时自动任务')
```

重新加载一下插件，这个简单的定时任务会在每天的 16 点 17 点 44 分给昵称为 LEON 的好友发送信息，如图 14-3 所示。

如果把定时模块好好运用的话，会给你带来不可估量的效益。假设你有一个女神，你知道她每天的睡觉起床时间。然后定时的每天给她来个晚安，早安，中间再发点糗事百科或者她比较关注的信息。时间一长，可能女神还是不会理你。但假设，你有 50 个女神！你分别给 50 个女神做定时任务，就算只有一成的可能，也会有五个女神愿意够你交往，最后脱单绝对不是梦想！

图 14-3　QQ 机器人定时任务

第 15 章

实战 4：数据可视化

数据的用途有两种，一种是作为内容传送到前端使用，另一种是对数据进行分析。数据分析最好的方法是将数据可视化，以图表的形式对数据进行展示。将数据可视化可以帮助我们更容易理解数字背后的意义，同时挖掘出更多数据的价值。

15.1 可视化包 Pyecharts

Pyecharts 是 Python 的一个开源的数据可视化的包，提供了各种报表模板还有地图等内容。

15.1.1 Pyecharts 的安装

自从 v0.3.2 开始 Pyecharts 为了缩减项目自身的体积进行轻量化。Pyecharts 将不再带地图 js 文件，需要用户自行安装，可以使用 pip 命令将 Pyecharts 以及地图进行安装：

```
pip install pyecharts
pip install echarts-countries-pypkg
pip install echarts-china-provinces-pypkg
pip install echarts-china-cities-pypkg
pip install echarts-china-counties-pypkg
pip install echarts-china-misc-pypkg
```

安装好以后可以写一个图表试一下。

```
from pyecharts import Bar
bar = Bar("我的第一个图表", "这里是副标题")
bar.add("服装", ["衬衫", "羊毛衫", "雪纺衫", "裤子", "高跟鞋", "袜子"], [5, 20, 36, 10, 75, 90])
# bar.print_echarts_options()          # 该行只为了打印配置项，方便调试时使用
bar.render()                            # 生成本地 HTML 文件
```

打开生成的 html 文件 render.html，效果如图 15-1 所示。

- add() 主要方法，用于添加图表的数据和设置各种配置项。
- print_echarts_options() 打印输出图表的所有配置项。
- render() 默认将会在根目录下生成一个 render.html 的文件，支持 path 参数，设置文件保存位置，如 render(r"e:\my_first_chart.html")，文件用浏览器打开。

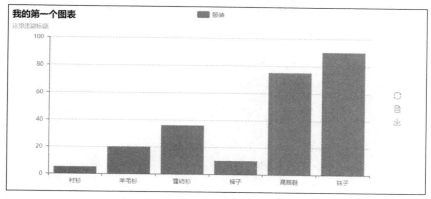

图 15-1　第一个图标

Pyecharts 提供了非常多的报表和地图模板,全部介绍是不可能了。所以在这里只对用到的报表和地图的用法做简单介绍。

15.1.2　地图展示数据

Pyecharts 可以在地图上展示数据,可选的效果多而且十分酷炫,如图 15-2～图 15-4 所示。

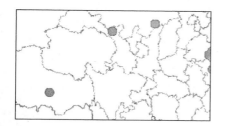

图 15-2　全国城市空气质量(连续型)

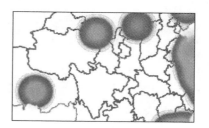

图 15-3　全国城市空气质量(heatmap 型)

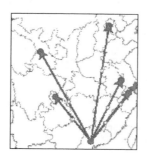

图 15-4　路线图

图 15-4 所示的路线图挺适合我们接下来要做的内容,来看一下它的代码。

```
from pyecharts import GeoLines, Style
style = Style(
    title_top="                            #fff",
    title_pos = "center",                  #中心
    width=1200,                            #宽
    height=600,                            #高
    background_color="#404a59"             #背景色
)
```

```
data_guangzhou = [
    ["广州", "上海"],
    ["广州", "北京"],
    ["广州", "南京"],
    ["广州", "重庆"],
    ["广州", "兰州"],
    ["广州", "杭州"],
]                                                       #线路
geolines = GeoLines("GeoLines 示例", **style.init_style)
geolines.add("从广州出发", data_guangzhou, is_legend_show=False)
geolines.render()
```

上面代码设置了以广州为出发地，飞向六个不同城市的六条线路。Style 设置颜色、长宽高等一些视觉元素，将路线以列表的形式存放进一个列表，然后用 GeoLines 生成路线图。GeoLine.add 是生成数据图表的主要方式，具体参数参考下面代码。

```
add(name, data,
#name 类型为 str 字符串用作图例名称。
#data 类型为 list 列表，包含列表的列表。每一行包含两个数据，如 ["广州","北京"]，则指定从广州到北京。
    maptype='china',                    #地图类型
    symbol=None,                        #线两端的标记类型
    symbol_size=12,                     #线两端的标记大小。
    border_color="#111",                #地图边界颜色。默认为 '#111'。
    geo_normal_color="#323c48",         #正常状态下地图区域的颜色。默认为 '#323c48'。
    geo_emphasis_color="#2a333d",       # 高亮状态下地图区域的颜色
    geo_cities_coords=None,
    geo_effect_period=6,                #特效动画的时间，单位为 s，默认为 6s
    geo_effect_traillength=0,           #特效尾迹的长度。取从 0 到 1 的值，数值越大尾迹越长。默认为 0
    geo_effect_color='#fff',            #特效标记的颜色。默认为 '#fff'
    geo_effect_symbol='circle',         #特效图形,有 'circle','rect','roundRect','triangle',
'diamond', 'pin', 'arrow', 'plane' 可选
    geo_effect_symbolsize=5,            #特效标记的大小
    is_geo_effect_show=True,            #是否显示特效
    is_roam=True, **kwargs)             #开启鼠标缩放和平移漫游。如果只开启缩放或者平移,可以设置成
scale=True 或 move=True
```

15.2 爬取最低价机票数据

有这么一个场景，节假日的时候想要订张机票出行，但还没有定好目的地，或者想找出价格最便宜的路线。学了这么久爬虫，终于可以让生活变得更便利一些。首先设定一个出发时间和出发地，全国各个城市作为目的地，把价格爬下来。然后将数据转化成报表或者其他形式的图片，这样数据变得直观并且看起来更舒服。数据可视化部分已经准备好了，但是现在还没有数据可以用，所以首先要爬取数据。国内最大的几家机票 OTA 平台有携程、去哪儿、途牛、飞猪等。在这里选择一个平台，选择一个出发地，把所有低价的线路爬取。

15.2.1 破解旅游网站价格日历接口

在开始爬取前要熟悉去哪儿网机票的业务流程，方便寻找目标路线。目标要拿到的是某一天某段路线的最低价。有两种思路可以实现：

（1）爬取当天所有航班价格，取最低价。
（2）爬取此路线航班日历，得到当天最低价。

第一种最难且复杂，耗时大，但获得的数据最精准、最齐全。第二种最简单，但是网站很多使用的是缓存或者根本没有价格。但是考虑到为了让教程简单易懂，没必要那么复杂，所以选择第二种。这里看一下去哪儿的价格日历，如图 15-5 所示。

图 15-5　价格日历

这个就是这次爬取的目标。首先查看网页源码，找不到与价格日历相关的信息。抓包之后，筛选一遍就可以发现数据所在的接口，如图 15-6 所示。

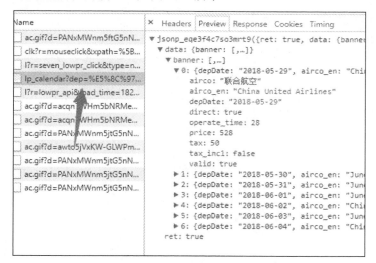

图 15-6　价格日历接口

这个接口名带有关键词日历的英文 calendar，点击查看可以看到一周七天的价格，没错这就是目标接口，然后看一下它的请求参数，如图 15-7 所示。

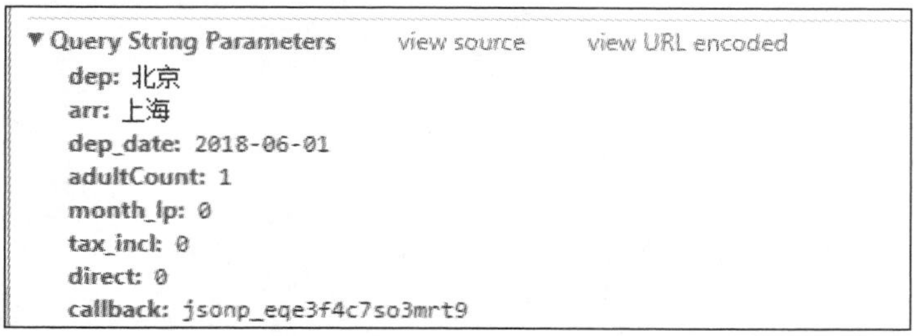

图 15-7　请求参数

从参数看只需要出发地、到达地还有出发时间，剩下的一个 callback 如果不是动态变化的话，那这个接口就是没有加密的。更换一下地址和时间，改成由南京出发到广州，时间为 7 月 1 日，重新请求一遍验证一下，效果如图 15-8 所示。

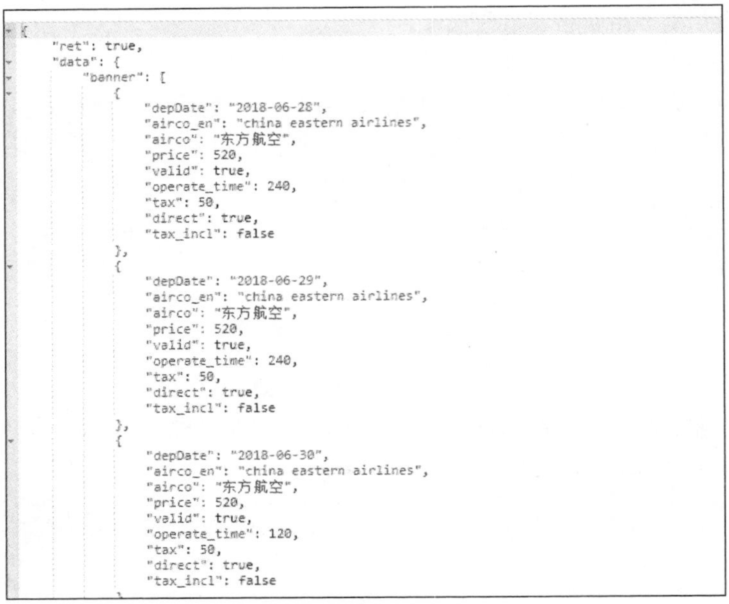

图 15-8　请求结果

然后将数据和去哪儿网页进行对比，如图 15-9 所示。

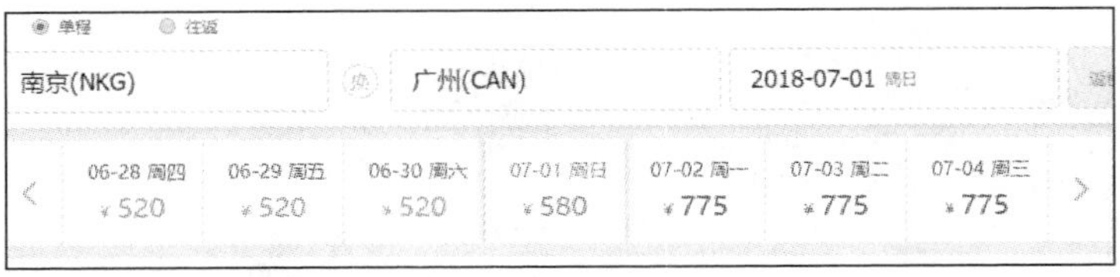

图 15-9　日历数据

数据完全吻合，接口没有加密，可以直接爬取。

15.2.2　爬取旅游网站

中国的地级市有 294 个，要请求的次数就需要 294 次。写个单线程的爬虫慢慢爬也不是不可以，但是能高效、快速就不要用慢的，使用多进程来写爬虫。

```
import json
import requests
import re
from multiprocessing.dummy import Pool as ThreadPool
city=['上海','北京','天津','南京','南宁','成都','武汉','杭州']
data_price=[]
def start(city):
    headers = { 'user-agent': "Mozilla/5.0 (Windows NT 10.0; Win64; x64) AppleWebKit/537.36 (KHTML, like Gecko) Chrome/64.0.3282.186 Safari/537.36"}
```

```
        url = 'https://lp.flight.qunar.com/api/lp_calendar?dep=深圳&arr={city}&dep_date=
2018-06-08&adultCount=1&month_lp=0&tax_incl=0&direct=0&callback=jsonp_77iruag5lhwjjw9
'.format(city=city)               #请求参数
        res = requests.get(url,headers=headers)
        print(city)
        for k in json.loads(re.findall(r'\{.*\}',res.text)[0])['data']['banner']:
            item={}
            if k['depDate'] == '2018-06-08':
                print(k['depDate'],' ',k['price'])
                item[city] = k['price']
                data_price.append(item)
pool = ThreadPool(10)
pool.map(start, city)          #通过map将city列表里的元素逐一映射
pool.close()
pool.join()
```

这里为了举例,只将 8 个热门城市存放进 city 列表中。start 方法通过接收城市名作为入参,向接口发送请求获取该城市 6 月 8 号的机票价格。使用多进程的方式将 city 列表中的城市元素逐一映射调用 start 方法。获取的结果以{城市:价格}字典格式存放进 data_price。

6 月 8 号从深圳出发到上海、北京、天津、南京、南宁的价格如下。

```
杭州
2018-06-08    609
南京
2018-06-08    420
上海
2018-06-08    760
武汉
2018-06-08    720
南宁
2018-06-08    340
天津
2018-06-08    710
成都
2018-06-08    704
北京
2018-06-08    980
```

爬取到了数据以后再将这些数据实现可视化,将数据变得直观一目了然。

15.2.3 将数据可视化

上一节已经将数据存放在名为 data_price 的字段中。这一节要将这些数据可视化。大概的思路是筛选出价格为 700 元以下的线路,制作成线路图和图表,之前看到的图 15-4 路线图的代码,现在可以拿过来修改一下使用。

```
from pyecharts import GeoLines, Style       #引入包
style = Style(                               #一些基本的颜色长宽高的设定
    title_top="                              #fff",
    title_pos = "center",
    width=1200,                              #宽
    height=600,                              #高
    background_color="#FFFFFF"               #背景色设置为白色
)
```

```
data_shenzhen = []
for i in data_price:
    if i[tuple(i.keys())[0]] <700:        #如果价格小于700，则添加进一个数组
        item_shenzhen = ["深圳",tuple(i.keys())[0]]
        data_shenzhen.append(item_shenzhen)
style_geo = style.add(                    #地图的参数设置，包括图标，位置
    is_label_show=True,
    line_curve=0.2,
    line_opacity=0.6,
    legend_text_color="#eee",
    legend_pos="right",
    geo_effect_symbol="plane",            #图标改成了飞机
    geo_effect_symbolsize=15,
    label_color=['#a6c84c', '#ffa022', '#46bee9'],
    label_pos="right",
    label_formatter="{b}",
    label_text_color="#eee",
)
geolines = GeoLines("GeoLines 示例", **style.init_style)
geolines.add("从深圳出发", data_shenzhen, **style_geo)
geolines.render()
```

之前爬虫将6月8号从深圳飞往列表中城市爬取结果存放进了列表 data_price 之中。然后通过遍历列表，取出符合条件的城市（价格低于700）存放到列表 item_shenzhen。Item_shenzhen=['深圳',符合条件的城市]，之后再将遍历中的 item_shenzhen 存入新的列表 data_shenzhen 之中。通过遍历，所有符合条件的城市都被以列表形式存放进 data_shenzhen，然后使用 GeoLines.add 方法将 data_shenzhen 作为入参，render 生成路线图，效果如图15-10所示。

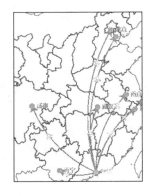

图15-10　价格筛选后的路线图

但是只有路线图还是不够的，还要将价格显示。由于 pyecharts 中暂时不支持在路线图中显示价格，所以使用另一种方法，再画一张新表来表明价格。

```
from pyecharts import Bar                 #引入包
echart_city=[]                            #城市
echart_price=[]                           #价格
for p in data_price:                      #遍历数据，将城市和价格分开
    if p[tuple(p.keys())[0]]<700:
        echart_city.append(tuple(p.keys())[0])
        echart_price.append(p[tuple(p.keys())[0]])
bar = Bar("航班价格", "从深圳出发")          #标题
```

```
bar.add("城市", echart_city,echart_price)      #将城市、价格数据导入
bar.render(path='bar.html')                    #生成
```

这段代码同生成路线图的代码大同小异，都是通过遍历 data_price，如果此目的地城市的航班价格低于 700，则分别将城市存放在 echart_city 列表，价格存放在 echart_price。然后使用 Bar.add 添加数据，生成报表，如图 15-11 所示。

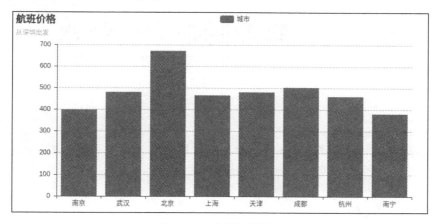

图 15-11　航班价格报表

从图 15-11 可以看到，6 月 8 号从深圳到南京的价格最便宜，票价只有 400 元。对比之下，深圳到北京的票价是最贵的，移动鼠标到北京的条形柱会显示价格为 670 元。

这样数据抓取与数据可视化已经完全实现了。Pyecharts 还有很多酷炫的功能和效果可以去探索，也可以发挥想象力做出更多令人赞叹的图表。

第 16 章

实战 5：爬取贴吧中的邮箱

现在有这样一个需求爬取尽可能多的邮箱，而贴吧是这几年很热门的交流平台，许多大学生都在上面留下了自己的 QQ 信息，只要拿到 QQ 就等于是获得了邮箱。

16.1 爬取网站

在爬取贴吧之前，首先要做一些准备工作。这次的目标是从贴吧中爬取 QQ，所以首先要获取这 2000 多家高校的名单。

16.1.1 爬取高校名单

在搜索网站上可以找到很多已经整理好的全国高校名单，但是有些名单不太齐全，所以去高考志愿网爬取。这个是找到的数据比较齐全的一个高考志愿网站，如图 16-1 所示。

图 16-1 网站

这里面有 3054 所高校，共 306 页，所有元素都在网页源代码中，并且网站是通过使用 GET 的方式来进行翻页的，所以爬取难度低，几行代码就能快速爬下来。

```
import requests
from bs4 import BeautifulSoup
from multiprocessing.dummy import Pool as ThreadPool
def crawl(page):#page 为第几页，crawl 方法指定爬取第几页的信息
    url='http://www.gaokaopai.com/daxue-0-0-0-0-0-0-0--p-%d.html'%(page)
    headers = {
        'user-agent': "Mozilla/5.0 (Windows NT 10.0; WOW64) AppleWebKit/537.36 (KHTML,
```

```
like Gecko) Chrome/54.0.2840.99 Safari/537.36"}    #伪装请求头
    res= requests.get(url,headers=headers)          #发送请求
    bs = BeautifulSoup(res.text,'html.parser')      #对网页源码进行解析
    for i in bs.find_all('li'):                     #提取数据
        try:
            print(i.find('h3').find('a').get_text())
            college.append(i.find('h3').find('a').get_text())
        except Exception:
            pass
pagelist=[i for i in range(1,307)]                  #将要爬取的所有页数存入列表中
college = []
pool = ThreadPool(2)                                #开启两个线程池
pool.map(crawl, pagelist)                           #将列表中的所有页码一一映射，进行爬取
pool.close()
pool.join()
print(college)
with open('college.json','w+') as f:                #将爬取的数据写入json格式的文件
    for j in college:
        f.writelines(j)
        f.writelines('\n')
```

Crawl 函数是向高考派指定页发送请求，然后使用 Beautifulsoup 解析网页源代码，获取列表中所有高校名字，从网页翻页栏中可以确定，页码总共有 306 页。然后使用多进程，通过 map 将 1 到 306 作为入参一一映射到 crawl 函数中重构成 URL 进行爬取。爬取的结果保存在文件 college.json 中，为了方便读取建议将 college.json 中的内容通过复制直接粘贴到 MongoDB 数据库中。

16.1.2　利用正则表达式匹配号码

QQ 是由五到十位的数字组成，正则可以写成[1-9][0-9]{5,10}。但是纯数字不一定就是 QQ，这样匹配回来的准确度就下降了。通过观察发现别人在发布 QQ 时候会在前面注明类似 qq、QQ 或者扣扣还有一些就直接 q+数字，又或者直接发邮箱如:XX@qq.com。根据这一习惯，可以最终写出正则表达式：

```
qq(.[1-9][0-9]{5,10})|QQ(.[1-9][0-9]{5,10})|(\d*)@qq|扣扣(.[1-9][0-9]{5,10})|q(.[1-9][0-9]{5,10})
```

接下来会根据这个正则表达式把页面中的 QQ 全部匹配出来。

16.2　分析贴吧搜索页面并提取号码

现在已经获得了高校的名单，接下来要去分析贴吧的整个结构，为爬取做准备。

利用贴吧高级搜索

贴吧高级搜索可以指定贴吧搜索关键词。这样就可以指定高校贴吧并搜索关键词 QQ，如图 16-2 所示。

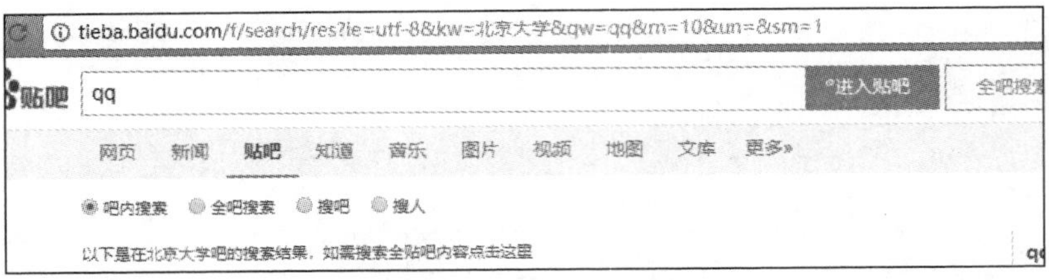

图 16-2 贴吧高级搜索

可以看到 URL 为：

```
http://tieba.baidu.com/f/search/res?ie=utf-8&kw=北京大学&qw=qq&rn=10&un=&sm=1
```

然后找到尾页这个元素，获取最大页数。

```
<a href="/f/search/res?isnew=1&amp;kw=%B1%B1%BE%A9%B4%F3%D1%A7&amp;qw=qq&amp;rn=10&amp;un=&amp;only_thread=0&amp;sm=1&amp;sd=&amp;ed=&amp;pn=76" class="last">尾页</a>
```

这里拿到的链接：

```
/f/search/res?isnew=1&kw=%B1%B1%BE%A9%B4%F3%D1%A7&qw=qq&rn=10&un=&only_thread=0&sm=1&sd=&ed=&pn=76
```

Pn=76 代表着尾页 pagenumber 为 76。列表页中每一个详情页的 URL 在网页的源码中，通过元素可以查看获得路径：

```
div.s_post_list > div:nth-child(2) > span > a
```

步骤分为三步：

（1）使用 Scrapy 对 76 页全部进行请求。

```
def parse(self, response):
    #实现翻页
    #print response.url,'>>>>>>>>>>>>>>>>>>>>>>>>>>>>>>>>>>>>>>>>>>>>'
    lastnum=re.findall(r'pn=(\d*)" class="last"',response.body)#通过正则获取最后一页的页码
    for j in range(1,int(lastnum[0])):
        pnurl=response.url+ '&pn='+ str(j)              #拼接每页的url
        #print '>>>>>>>>>>>>>>>>>>>>>>>>>>>>>>>>>>>>>>>>>>>>',pnurl
        yield scrapy.Request(url=pnurl, callback=self.parse_college)#向拼接的 url 地址发送请求，结果回调到函数 self.parse_college
```

parse 函数通过页面翻页栏获取搜索结果所有页码数，然后重构每一页的 URL 使用生成器 yield 发送请求将结果回调到函数 parse_college 中进行下一步操作。

（2）爬取每一页列表页中的详情页 URL。

```
def parse_college(self,response):#response 为上一步骤中传回来的结果
    #获取详情页 url
    soup = BeautifulSoup(response.body,'lxml')          #解析网页源码
    list = []
    contenturl=soup.find_all('a',class_='bluelink')     #找到所有的详情页所在的元素
    for i in contenturl:
        try:
            foo = re.findall(r'/p/.*pid',i.get('href'))[0]#做过滤筛选，只有url中存在/p/,/pid/字样的才是详情页 url
```

```
            except:
                continue
            if not foo in list:                    #对url进行去重处理
                newcontenturl='http://tieba.baidu.com/'+i.get('href')
                list.append(foo)
                yield scrapy.Request(url=newcontenturl, callback=self.parse_content)#
访问详情页，将结果回调到self.parse_content
```

从 parse 函数中请求返回的结果作为 parse_college 函数入参进行详情页 URL 的爬取。使用 Beautifulsoup 对网页源码 response 进行解析，找到所有详情页的 URL 并提取出来。变量 list 列表作为容器存储 URL，做去重处理，如果列表中存在 URL 则跳过。继续使用生成器 yield 向详情页 URL 发送请求，返回结果回调到函数 parse_content。

（3）访问每一个详情页，通过正则匹配获得 QQ。

```
    l = []#空列表，用来去重过滤
    def parse_content(self,response):
        #利用正则匹配qq
        QQlist= re.findall(r"qq(.[1-9][0-9]{5,10})|QQ(.[1-9][0-9]{5,10})|(\d*)@qq|扣扣(.[1-9][0-9]{5,10})|q(.[1-9][0-9]{5,10})",response.body)#正则匹配QQ号的各种模式
        print '>>>>>>>>>>>>>>>>>>>>>>>>>>>>>>>>>>>>>',QQlist,'<<<<<<<<<<<<<<<<<<<<<<<<<<<<<<<<<<<<<'
        item=QQItem()
        if QQlist:                                  #如果网页源码中匹配到QQ的信息
            for i in re.findall(r'\d*',str(QQlist)):   #进行过滤清洗，将数字提取
                if i and self.db.qq.find_one({'qq':{'$regex':i}}) :
                    print '>>>>>>>>>>>>>>>>>>>>>>>>>>>%s already exist<<<<<<<<<<<<<<<<<<<<<<<<<<<<'%i
                elif i and not i in l:              #如果l列表中不存在这个QQ，则添加
                    l.append(i)
                    print i
                    item['qq']=i + '@qq.com'        #将QQ以邮箱形式保存到item
                    item['title']=re.findall(r'<input class=.* value="(.*?)"',response.body)  #获取此页的贴吧学校名一并保存到item
                    yield item
```

访问返回的结果 response 为详情页的源码，作为函数 parse_content 的入参。通过正则匹配将源码中的 QQ 号码匹配出来以 QQ 邮箱形式保存在 item 中，通过生成器 yield 的方法将 item 传递到 Pipeline 中进行处理。

16.3 使用 Scrapy 开始编码

前期的爬取名单准备以及对百度贴吧源码的分析工作已经完成，现在可以创建项目，利用 Scrapy 开始进入到编码阶段。

16.3.1 创建贴吧 Scrapy 项目

打开终端输入命令新建 Scrapy 项目。

```
scrapy startproject college
```

项目的目录结构为：

```
├── college
│   ├── __init__.py
│   ├── __init__.pyc
│   ├── items.py
│   ├── items.pyc
│   ├── middlewares.py
│   ├── middlewares.pyc
│   ├── pipelines.py
│   ├── pipelines.pyc
│   ├── settings.py
│   ├── settings.pyc
│   ├── spiders
│   │   ├── bot.py
│   │   ├── bot.pyc
│   │   ├── __init__.py
│   │   ├── __init__.pyc
│   │   ├── scripts.ipynb
│   │   └── test.ipynb
│   ├── utils.py
│   └── utils.pyc
└── college.json
```

项目名为 college，spiders 目录下存放爬虫，items.py 文件定义爬取保存的字段，pipelines.py 文件对 items 进行保存或者其他处理，settings.py 文件保存项目的各种配置。

16.3.2 新建爬虫并编写爬虫逻辑

进入项目中，在目录文件下创建 bot.py 文件编写自己的爬虫逻辑。

```python
# encoding: utf-8
import scrapy
import re
from college.items import QQItem
from college.utils import MGClient
from bs4 import BeautifulSoup
default_encoding = 'utf-8'
l=[]
class CollegeSpider(scrapy.Spider):
    name = "college"                              #爬虫名
    def __init__(self):
        self.db = MGClient().get_mongo_client()   #连接数据库
    def start_requests(self):
        ##college.json中读取3000多所大学名字，并进行访问
        f = open("college.json", "a+")
        for i in re.findall(r'"schoolname" : "(.*?)"', f.read()):
            #print i
            url = 'http://tieba.baidu.com/f/search/res?ie=utf-8&kw=%s&qw=%s&rn=10&un=&sm=1'%(i,'Q')  #拼接url
            yield scrapy.Request(url=url, callback=self.parse)#发送请求并将结果回调到函数self.parse
```

```python
    def parse(self, response):
        #实现翻页
        #print response.url,'>>>>>>>>>>>>>>>>>>>>>>>>>>>>>>>>>>>>>>>>>>>>>>>>>'
        lastnum=re.findall(r'pn=(\d*)" class="last"',response.body)#通过正则获取最后一页的页码
        for j in range(1,int(lastnum[0])):
            pnurl=response.url+ '&pn='+ str(j)              #拼接url
            #print '>>>>>>>>>>>>>>>>>>>>>>>>>>>>>>>>>>>>>>>>>>>>>>>>>>',pnurl
            yield scrapy.Request(url=pnurl, callback=self.parse_college)#发送请求
    def parse_college(self,response):
        #获取详情页url
        soup = BeautifulSoup(response.body,'lxml')          #解析源码
        list = []
        contenturl=soup.find_all('a',class_='bluelink')     #通过beautifulsoup获取详情页url
        for i in contenturl:                                #对url进行过滤筛选
            try:
                foo = re.findall(r'/p/.*pid',i.get('href'))[0]#url中有/p/,pid字样的才是详情页url
            except:
                continue
            if not foo in list:#list空列表去重用,已爬过的url放进列表,爬取前先判断url是否已爬过
                newcontenturl='http://tieba.baidu.com/'+i.get('href')#拼接完整详情页url
                list.append(foo)
                yield scrapy.Request(url=newcontenturl, callback=self.parse_content)#请求详情页
    def parse_content(self,response):
        #利用正则匹配QQ
        QQlist= re.findall(r"qq(.[1-9][0-9]{5,10})|QQ(.[1-9][0-9]{5,10})|(\d*)@qq|扣扣(.[1-9][0-9]{5,10})|q(.[1-9][0-9]{5,10})",response.body)#使用正则匹配寻找网页源码中所有的QQ
        print ('>>>>>>>>>>>>>>>>>>>>>>>>>>>>>>>>>>>>',QQlist,'<<<<<<<<<<<<<<<<<<<<<<<<<<<<<<<<<<<<')
        item=QQItem()
        if QQlist:
            for i in re.findall(r'\d*',str(QQlist)):
                if i and self.db.qq.find_one({'qq':{'$regex':i}}) :#如果QQ已存在于数据库,不作任何操作
                    print      ('>>>>>>>>>>>>>>>>>>>>>>>>>>>>>>>>>>>>%salready    exist<<<<<<<<<<<<<<<<<<<<<<<<<<<<<<<'%i)
                elif i and not i in l:                   #l列表为空,用作再次去重处理,
                    l.append(i)
                    print i
                    item['qq']=i + '@qq.com'             #将QQ以邮箱形式保存到item
                    item['title']=re.findall(r'<input class=.* value="(.*?)"',response.body)#title为大学名
                    yield item
```

在 bot.py 文件中创建爬虫类 CollegeSpider，通过 name 变量命名爬虫为 college，然后初始化

MongoDB 数据库连接。这里没有使用列表 start_url 直接进行爬取，而是用了方法 start_requests，从 MongoDB 数据库中读取所有大学名字进行 URL 重构并发送请求。请求结果回调到函数 parse 中进行解析处理。parse 函数获取返回对象 response，从源码中获取最后一页的页码。然后重构出每一页的 URL，使用生成器 yield 发送请求，将结果返回到函数 parse_college 中。然后 parse_college 函数对返回的 response 源码进行解析，获取源码中所有详情页的 URL，去重处理后使用生成器 yield 进行请求，结果返回到函数 parse_content 中。parse_conten 获取了最终的详情页的源码，从源码中提取数据字段保存到 item 中，通过生成器 yield 传递到 pipeline.py 文件处理。

16.3.3 数据处理

在 item.py 文件中设置存储字段。

```
from scrapy.item import Item, Field
class QQItem(Item):
    title=Field()                    #标题，学校名
    qq = Field()                     #qq
```

引入 scrapy.item 创建 QQItem 的类，定义两个字段 title 和 QQ。title 字段的值为学校名，QQ 字段的值为 QQ 邮箱。在 bot.py 文件中通过。

```
from college.items import QQItem
```

对 QQItem 进行引用。

（1）爬取的 QQ 信息存放在 MongoDB 数据库里，然后需要在 util.py 文件写一个连接 MongoDB 数据库的方法以方便 pipeline.py 文件调用。

```
from pymongo import MongoClient
from pymongo.errors import ConnectionFailure
class MGClient(object):
    def __init__(self):
        try:
            uri = "你的mongo地址和密码"
            self.c = MongoClient(uri)
        except ConnectionFailure, e:                            #异常处理
            sys.stderr.write("Could not connect to MongoDB: %s" % e)
            sys.exit(1)
    def get_mongo_client(self, database="university"):          #连接数据库 university
        dbh = self.c[database]
        return dbh
```

建立类 MGClient，连接 MongoDB 数据库，作为公共的方法供 pipeline.py 脚本运行时候调用。

（2）在 pipeline.py 文件中编写存入的方法。

```
from utils import MGClient
from college.items import QQItem
import codecs
import json
class Mongo(object):
    def __init__(self):
        self.db = MGClient().get_mongo_client()
    def process_item(self, item, spider):
        if isinstance(item, QQItem):
```

```
#存入数据库
        self.db.qq.insert({'title': item['title'], 'qq':item['qq']})
        print ('insert finished')
        return None
    return item
```

Pipeline 是专门对数据进行处理的管道,pipeline.py 文件中的每一个方法,都需要在 setting.py 中进行添加才能够使用。添加类 Mongo,从 utils 中引入 MGClient 初始化数据库连接,然后将从 bot.py 文件中传入的 item 写入 MongoDB 数据库中。

(3) 在 setting.py 文件添加 pipeline.py 文件中新增的方法,增加以下代码。

```
ITEM_PIPELINES = {
   'college.pipelines.Mongo': 300,
}
```

编码已经基本完成,项目直接使用 scrapy crawl college 命令直接运行。由于爬取的网页数量庞大,需要花费数天才能完成。最后的结果如图 16-3 所示。

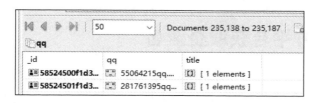

图 16-3 爬取结果

经过去重处理,爬到了很多号码。这些号码的作用有很多,可以用作数据分析,也可以做产品的虚拟用户,也可以用作推广等。

第 17 章

实战 6：批量爬取企业信息

企业的信息大部分都是公开的，可以通过网络平台获取企业的信息。只要是能看到的信息，就能够使用爬虫爬下来。

17.1 从第三方平台获取企业名

在工作中很多销售人员需要获得大量的企业电话号码进行电话营销。每天做的工作就是去各个网站手工抓下联系方式，然后再去推销。销售人员还用这种"刀耕火种"的方式来进行营销么？很多非专业人员都不知道什么是爬虫，所以是时候展示真正的技术了。

培训老师教他们从一些网站或者平台获取企业名，然后再用企查查去查这企业的信息。这次看一下装修行业的信息，从第三方平台上选择武汉的装饰公司可以获取到所有的装修公司，如图 17-1 所示。

图 17-1　第三方平台上企业信息

（1）定位数据，武汉的装修企业大概有几百家，检查一下源代码看一下，如图17-2所示。

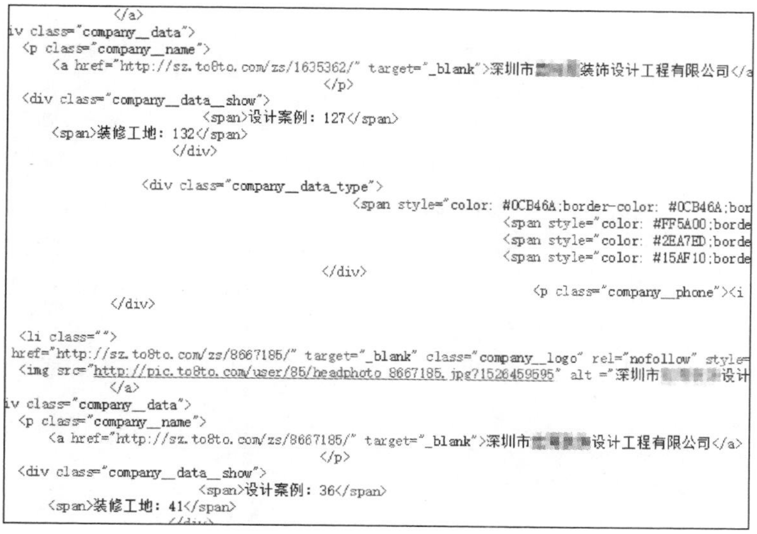

图17-2 网页源代码

数据全在源代码里，也可以看到没任何反爬措施。对于这样的网站，短短几十行的代码就能够完成抓取。

（2）尝试用代码请求网页，获取数据。

```python
import requests
from requests.auth import HTTPProxyAuth              #requests的代理认证模块
from bs4 import BeautifulSoup
from multiprocessing.dummy import Pool as ThreadPool  #进程池
headers = {
    'user-agent': "Opera/9.80 (Macintosh; Intel Mac OS X 10.6.8; U; fr) Presto/2.9.168 Version/11.52",
    'accept': "application/json",
    'accept-language': "zh-CN,zh;q=0.8,en-US;q=0.5,en;q=0.3",
    'accept-encoding': "gzip, deflate, br",
    'content-typ': "application/json",
}                                                    #伪装的请求头
url = ['http://wh.to8to.com/company/list_%d.html'%i for i in range(1,38)]#待请求的所有列表页url，共38页
print(url)
f = open('decoration_company.txt','w+')              #创建文件
def get_name(page):
    proxy_host = "example.com"                       #你使用的代理host
    proxy_port = "8010"                              #端口
    proxy_auth = HTTPProxyAuth("XXXXXXXXXX", "")     #代理认证的key
    proxies = {"https": "https://{}:{}/".format(proxy_host, proxy_port)}#使用http或https根据请求的url来决定
    res= requests.request(method='GET', url=page, proxies=proxies, auth=proxy_auth,
                    headers=headers, verify=False)   #参数添加proxies,auth,如果不想使用代理可以不加
    soup = BeautifulSoup(res.text,'lxml')
    for i in soup.find_all('div',class_='zgsclc_data'):  #找到所有公司名并写入
```

```
            f.writelines(i.find('a',class_='zgscl_name').get_text()+'\n')
pool = ThreadPool(10)#开启10个进程
pool.map(get_name, url)
pool.close()
pool.join()
f.close()
```

从网页中看到土巴兔最大页码为 38，URL 中可以看到当前页码，也就是可以重构出 38 页的 URL，通过 for 循环将重构的 URL 全部存放进列表 URL 中待用。增加 get_name 函数，函数主要功能为：向传入的 URL 发送请求访问，为防止 IP 被封而使用代理 IP 进行访问。然后通过 Beautifulsoup 解析源码获取需要的字段，写入文件 decoration_company.txt 中。最后使用多进程 map 方法，将 URL 列表一一对应映射调用函数 get_name 进行爬取。

把抓取下来的企业名保存在 decoration_company.txt 记事本里，打开可以看到：

武汉××装饰工程有限公司
武汉××装饰设计工程有限公司
深圳市××装饰设计有限公司武汉分公...
……

总共爬取了 550 个公司，试想一下用人工把这 550 个企业的信息复制粘贴，那该是多痛苦的一件事。人生苦短，早用 Python。

17.2 如何爬取企业详细信息

在获取了待爬取的企业名单之后，接下来就要获取这些企业的联系方式。企查查和天眼查都可以查询企业的详细信息。通过搜索名单中的企业，然后将返回的企业详细信息爬下来。

企查查网还有天眼查网因为上面有很多企业的详细信息，所以都是防爬很厉害的网站。但是企查查的微信小程序没有使用太多的防爬措施。可以直接从小程序入手，一步步把它爬下来。首先打开企查查的微信小程序，界面如图 17-3 所示。

（1）抓包找到接口，把手机连上 fiddler 抓包抓取到的信息，如图 17-4 所示。

图 17-3　企查查界面

对方使用的是 GET 请求的方式，分析一下它的 URL：

https://xcx.qichacha.com/wxa/v1/base/advancedSearchNew?searchKey=%E6%81%92%E5%A4%A7&province=&searchType=0&token=9ea72dbc8a9ea01d769bee5a52d19792&pageSize=5

通过 URL 解码 searchKey 是搜索的关键词恒大，token 是具有时效性的，而 searchType 和 province 可以忽略。token 经过测试短时间都不会失效，可以继续使用。修改 searchkey 的值，输入一个具体的企业作为关键词的时候，企查查会将其他类似的企业也作为结果返回，这个没关系，返回的结果越多越好。每个企业信息上都是有电话号码的，方便电话营销。接下来就可以写代码了，把这五百多个关键词填入到 URL 中进行抓取。

第 17 章 实战 6：批量爬取企业信息

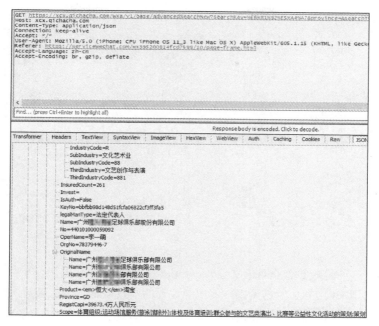

图 17-4 fiddler 抓包信息

（2）编写代码抓取数据。

```
import requests
import json
from multiprocessing.dummy import Pool as ThreadPool
from pymongo import MongoClient
from requests.auth import HTTPProxyAuth
# from bs4 import BeautifulSoup
client=MongoClient('127.0.0.1')              #连接mongo数据库
db=client.test
storage=[]
f=open('decoration_company.txt','r')          #之前爬取的五百个企业名单
for i in f.readlines():
    storage.append(i.strip())                 #遍历所有企业名单,存放在storage这个列表中
print(storage)
def start(key):                               #编写一个方法start,传入参数为key,对单个url进行请求
    url='https://wxa.qichacha.com/wxa/v1/base/advancedSearch?searchKey={key}&searchIndex=&province=&cityCode=&sortField=&isSortAsc=&subIndustryCode=&industryCode=&registCapiBegin=&registCapiEnd=&startDateBegin=&startDateEnd=&pageIndex=1&hasPhone=&hasEmail=&token=e684251f68de0bedfcecc0b4548cdb8d'.format(key=key)#token具有时效性,如果失效则再次抓包获取
    headers = {
        'user-agent': "Opera/9.80 (Macintosh; Intel Mac OS X 10.6.8; U; fr) Presto/2.9.168 Version/11.52",
        'accept': "application/json",
        'accept-language': "zh-CN,zh;q=0.8,en-US;q=0.5,en;q=0.3",
        'accept-encoding': "gzip, deflate, br",
        'content-typ': "application/json",
    }                                          #伪装的请求头,headers
    proxy_host = "example.com"                 #使用代理的host
```

```
        proxy_port = "port"                              #代理的端口
        proxy_auth = HTTPProxyAuth("XXXXXXXX", "")       #代理认证，参数为（账号，密码）
        proxies = {"https": "https://{}:{}/".format(proxy_host, proxy_port)}
        res = requests.request(method='GET', url=url,
                        headers=headers, verify=False)#开启代理进行请求
    print(res.text)
    data= json.loads(res.text)
    for i in data['result']['Result']:                   #遍历返回结果
        print(i)                                         #打印返回结果
        db.decoration.insert(i)                          #插入数据库
        print('insert success'.center(50,'*'))
pool = ThreadPool(10)
pool.map(start, storage)
pool.close()
pool.join()
f.close()
```

通过代码打开之前爬取的企业名单文件 decoration_company.txt，遍历名单存放进列表 storage 中。然后增加专门用来向 URL 发送请求并解析源代码的函数 start。start 函数入参为 URL，由于企查查反爬很严格，所以一定要使用代理 IP。URL 中的 token 具有时效性，如果失效需要重新抓包获取。请求返回的结果为 json 格式的数据，遍历数据并将数据插入到 MongoDB 数据库之中。同样，最后通过多进程的 map 方法将 storage 中的名单作为关键词一一映射到 start 函数中进行调用爬取。

运行代码，很快就爬完了。打开 mongochef 程序看一下结果，如图 17-5 所示。

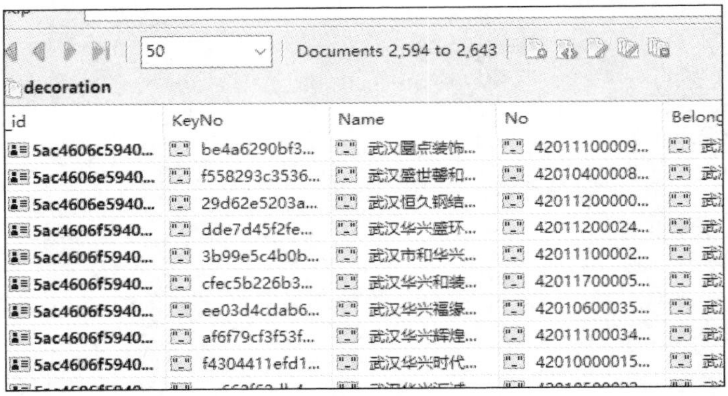

图 17-5 抓取结果

用这些企业名单，最后抓取了两千多条企业信息。这次的抓取挺有意思，即使你不是程序员，学会编程也可以帮助你提高工作效率。

第 18 章

实战 7：爬取公众号历史文章

经常会看到有人在群里问有没有人爬过公众号。虽然搜索引擎能够搜索公众号，但只显示最近的 10 条群发。所以，自己动手，丰衣足食！

18.1 分析公众号接口

在开始爬取之前，需要对微信的公众号接口进行抓包并分析，找到爬取微信公众号的最佳方法。

18.1.1 开始抓包

这次的目标是微信 PC 端，为什么选择 PC 端呢？因为网页版找不到公众号，又因为很多人不想连手机。所以选择 PC 端。首先打开微信，选择一个公众号，如图 18-1 所示。

因为是客户端，没办法通过火狐或者谷歌浏览器来抓包，所以使用 fidller 进行抓包。

（1）点击历史文章，然后 fiddler 直接刷出了几个会话，如图 18-2 所示。

但可惜的是里面没有找到想要的内容，通过观察类型也可以看出它们不是 json，所以这几个不是想要的目标。

图 18-1　天天美剧公众号

图 18-2　fiddler 抓包

（2）先清空 fiddler 列表，然后下拉微信公众号的文章列表，让它刷新，如图 18-3 所示。

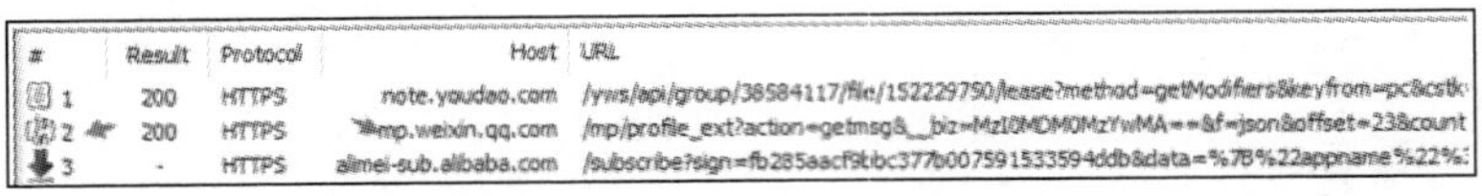

图 18-3　微信历史文章的接口

（3）刷出了新的接口，查看内容鉴定一下，如图 18-4 所示。

图 18-4　接口内容

（4）把抓取到的数据和公众号对比一下，如图 18-5 所示。

很明显，已经找到了目标接口。下一步要分析接口，成功请求返回数据。

图 18-5　微信公众号列表内容

18.1.2　分析接口

找到目标接口以后，首先要分析一下这个接口。然后才能根据接口的要求写出爬虫，获得数据。通过 fiddler 看一下它的请求参数，如图 18-6 所示。

Key	Value
action	getmsg
__biz	MzI0MDM0MzYwMA==
f	json
offset	10
count	10
is_ok	1
scene	124
uin	NDM3NzA2NDU%3D
key	f062ce1dda3cf8f665fa5fa40fa3f937b1fb71b0...
pass_ticket	IfRLp58IUAgBAbKE1mcFZ6GBIwoZ%2FGb%2F...
wxtoken	
appmsg_token	940_psk6RLH6in%252BU0IVKIIF7st8csYKw53...
x5	0
f	json

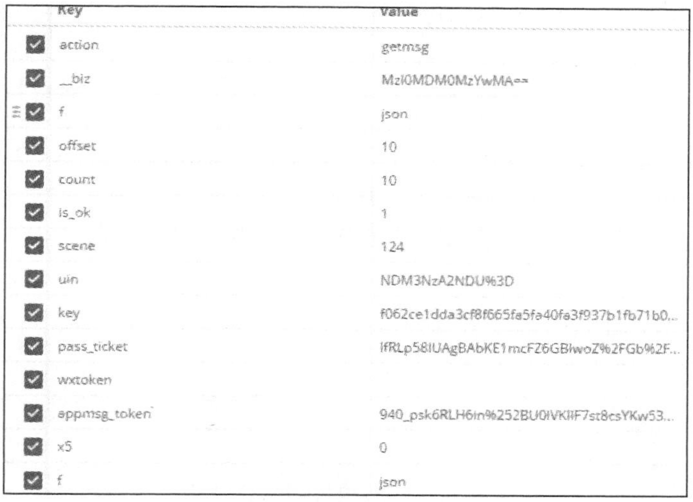

图 18-6　请求参数

有几个参数 key、appmsg_token、pass_ticket，应该是具有时效性的密钥之类的参数。如果这三个是马上失效，或者只针对这一页有效的话，爬取难度就会上升。经过对比观察，发现 offset 是个起始条数的参数，count 是返回多少条。然后返回的内容里，还能看到其他的内容，如图 18-7 所示。

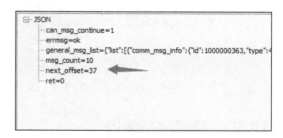

图 18-7　下一页的参数

这是下一页的起始点，有了这个就可以实现翻页的功能了。

18.1.3　尝试请求数据

在开始正式写爬虫之前，得先写一个小爬虫去验证能够请求返回数据。

```
    import requests
    url = "https://mp.weixin.qq.com/mp/profile_ext"
    querystring = {"action":"getmsg","__biz":"MzI0MDM0MzYwMA==","f":["json","json"],
"offset":"10","count":"10","is_ok":"1","scene":"124","uin":"NDM3NzA2NDU=","key":从抓包工具获取,"pass_ticket":
    从抓包工具获取,
    "wxtoken":"","appmsg_token":从抓包工具获取,"x5":"0"}#token 会失效
    headers = {
        'host': "mp.weixin.qq.com",
        'connection': "keep-alive",
        'accept': "*/*",
        'user-agent': "Mozilla/5.0 (Windows NT 6.1; WOW64) AppleWebKit/537.36 (KHTML, like
Gecko) Chrome/39.0.2171.95 Safari/537.36 MicroMessenger/6.5.2.501 NetType/WIFI WindowsWechat
```

```
QBCore/3.43.691.400 QQBrowser/9.0.2524.400",
    'x-requested-with': "XMLHttpRequest",
    'referer': "https://mp.weixin.qq.com/",
    'accept-encoding': "gzip, deflate",
    'accept-language': "zh-CN,zh;q=0.8,en-us;q=0.6,en;q=0.5;q=0.4",
    'cookie':用你自己的cookie
    }
response = requests.request("GET", url, headers=headers, params=querystring)#发送请求
print(response.text)#打印结果
```

通过复制 fiddler 抓包获取到的参数到 URL 中发起 GET 的请求。querystring 是请求内容的具体参数，包含请求文章的数量，以及作为钥匙的 key。Headers 请求头除了要带上 user-agent，还要带上 cookies 保持登录状态。最后把这些参数加入 Requests 之中，发起请求并查看结果。

cookie 是记录个人账号信息的隐私数据。使用 cookie 等于是进入了微信的登录状态，所以这里的 cookie 需要使用自己的 cookie。在抓包时可以找到，复制粘贴就可以了。

请求的结果如图 18-8 所示。

图 18-8　返回结果

数据成功拿到了！这里说明一下，headers 是必须要加的，包括你的 cookie。然后正式开始写爬虫，把整个公众号的历史文章爬下来。

18.2 爬取公众号

在经过上面的分析之后，已经对公众号的接口已经有一个比较全面的了解。接下来进入 coding 阶段，开始编写爬虫。

18.2.1 爬取思路

这次要写的爬虫是一个会自动翻页爬取所有文章内容的爬虫，爬取思路如图 18-9 所示。

用两种方式去写爬虫，一种是使用 Requests，另一种是使用 Scrapy 框架。Requests 需要重新编写爬虫的逻辑，比较复杂，但可以锻炼思维。

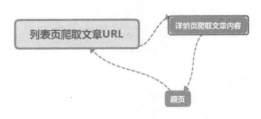

图 18-9　爬取思路

18.2.2 请求接口获取文章 URL

爬取分两步进行，第一步获取该公众号所有文章地址，第二步爬取每一篇文章内容。

（1）首先写一个 start 函数。

```
def start(offset=10):
    url = "https://mp.weixin.qq.com/mp/profile_ext"        #请求的url
    querystring = {"action":"getmsg","__biz":"MzI0MDM0MzYwMA==","f":["json","json"],
"offset":offset,"count":"10","is_ok":"1","scene":"124","uin":"NDM3NzA2NDU=","key":" 抓
包获取的 key","pass_ticket":"通行证","wxtoken":"微信 token","appmsg_token":"app 信息
token","x5":"0"}
    headers = {
        'host': "mp.weixin.qq.com",
        'connection': "keep-alive",                        #保持连接状态
        'accept': "*/*",
        'user-agent': "Mozilla/5.0 (Windows NT 6.1; WOW64) AppleWebKit/537.36 (KHTML, like
Gecko)  Chrome/39.0.2171.95  Safari/537.36  MicroMessenger/6.5.2.501  NetType/WIFI
WindowsWechat QBCore/3.43.691.400 QQBrowser/9.0.2524.400",
        'x-requested-with': "XMLHttpRequest",
        'referer': "跳转来源链接，可忽略",
        'accept-encoding': "gzip, deflate",
        'accept-language': "zh-CN,zh;q=0.8,en-us;q=0.6,en;q=0.5;q=0.4",
        'cookie': 抓包工具获取
    }
response = requests.request("GET", url, headers=headers, params=querystring).json()
```

start 函数主要功能是向目标 URL 发起网络请求。但是如果直接使用 Requests+请求头向目标 URL 发送的话，是无法返回正确数据的。从上面抓包的小节可以看到请求的时候必须带上各种 token 才能够获取正确的数据。所以 start 函数里也要带上这些参数，可以直接从 fiddler 中直接复制参数拿来使用。这些参数包括展示数据条数、数据格式、通行证、token 还有 key 等。函数入参是 offset，待会通过 offset 的改变来实现翻页功能。

（2）然后循环遍历里面的列表找到每一篇文章的 URL。

```
for i in json.loads(response['general_msg_list'])['list']:
    articleUrl = i['app_msg_ext_info']['content_url']
```

返回的数据结构如图 18-10 所示。

```
'ret': 0,
'errmsg': 'ok',
'msg_count': 10,
'can_msg_continue': 1,
'general_msg_list': '{
    "list": [{
        "comm_msg_info": {
            "id": 1000000619,
            "type": 49,
            "datetime": 1536502067,
            "fakeid": "3240343600",
            "status": 2,
            "content": ""
        },
        "app_msg_ext_info": {
            "title": "《国土安全》和《24小时》之后一部反恐新作",
            "digest": "杰克莱恩",
            "content": "",
            "fileid": 100012491,
            "content_url": "http:\/\/mp.weixin.qq.com\/s?__biz=MzI0MDM0MzYwMA
            "source_url": "",
            "cover": "http:\/\/mmbiz.qpic.cn\/mmbiz_jpg\/ALJEq3dhzd87exq3q85
```

图 18-10　返回的数据结构

18.2.3　解析文章网页源码

写一个新方法 parse 来请求文章的内容，提取需要的信息。先打开文章网页，查看一下网页

的结构，如图 18-11 所示。

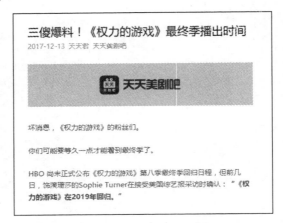

图 18-11　文章网页

需要的三个字段、标题、正文还有时间。查看网页源代码，看看里面有没有需要的内容，如图 18-12 所示。

```
<h2 class="rich_media_title" id="activity-name">
    三傻爆料！《权力的游戏》最终季播出时间                         </h2>
<div id="meta_content" class="rich_media_meta_list">
                    <em id="post-date" class="rich_media_meta rich_media_meta_text">2017-12-13</em>

            <em class="rich_media_meta rich_media_meta_text">天天君</em>
            <a class="rich_media_meta rich_media_meta_link rich_media_meta_nickname" href="##" id="post-user">天天美剧吧</a>
    <span class="rich_media_meta rich_media_meta_text rich_media_meta_nickname">天天美剧吧</span>

    <div id="js_profile_qrcode" class="profile_container" style="display:none;">
        <div class="profile_inner">
            <strong class="profile_nickname">天天美剧吧</strong>
            <img class="profile_avatar" id="js_profile_qrcode_img" src="" alt="">

            <p class="profile_meta">
            <label class="profile_meta_label">微信号</label>
            <span class="profile_meta_value">tiantianmeijuba</span>
            </p>

            <p class="profile_meta">
            <label class="profile_meta_label">功能介绍</label>
            <span class="profile_meta_value">美剧、英剧、电影，最新鲜最冰爽的果汁奉上，从此不再剧荒。</span>
            </p>

        </div>
        <span class="profile_arrow_wrp" id="js_profile_arrow_wrp">
            <i class="profile_arrow arrow_out"></i>
            <i class="profile_arrow arrow_in"></i>
        </span>
    </div>
</div>




<div class="rich_media_content " id="js_content">



    <p><img width="auto" class="__bg_gif" style="width: auto !important;height: auto !important;visibility: visible !important;" data-ratio="0.19444444444444445" data-type="gif" ...
```

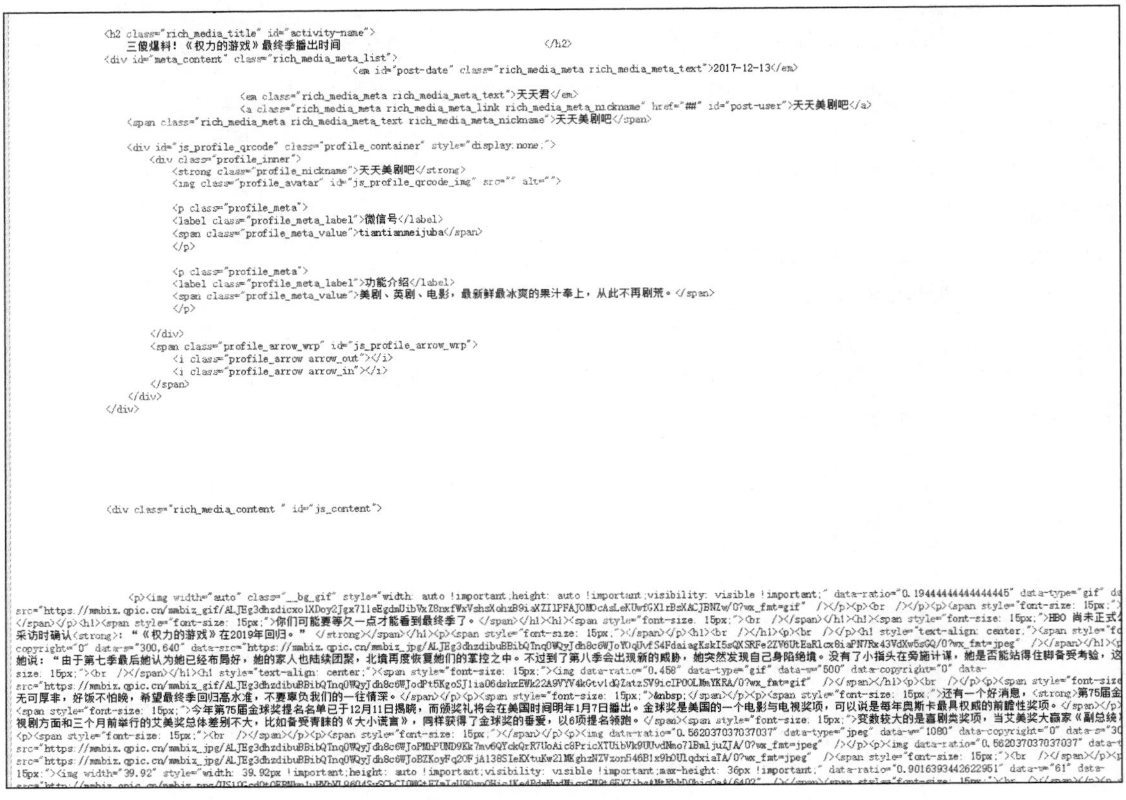

图 18-12　网页源代码

很幸运，需要的字段内容源代码里都有，通过查看元素看一下如何提取字段，如图 18-13、图 18-14 所示。

图 18-13　标题和时间

图 18-14　正文

这里可以看到标题在 h2 标签，class 为 rich_media_title。时间在一个 em 标签里，class 比较长，也可以看 id，id 是 post-date。最后一个是正文，在 div 标签，class 为 rich_media_content。然后就可以写代码来提取数据了。现在可以写 parse 这个方法了。

```
from bs4 import BeautifulSoup
def parse(url):
    response = requests.request("GET",url).text       #发送请求，以字符串格式返回结果
    soup = BeautifulSoup(response,'lxml')             #用beautifulsoup解析源码
    title = soup.find('h2',class_='rich_media_title').get_text().strip()#定位找到标题，并用strip去除空格
    date = soup.find('em',id='post-date').get_text().strip()#获取日期
    content = soup.find('div',class_='rich_media_content').get_text().strip()#获取内容
    item = {'title':title,
            'date':date,
            'content':content,
            }                                          #把标题、内容、时间存放在item之中
```

文章的标题、时间还有正文存放在字典里，方便保存。整个爬虫已经完成一半，但还有一些翻页功能需要完善。

18.2.4　合并代码

写翻页功能需要用到递归。把 start( )函数放进 start( )里，让它运行完再继续运行。当然，parse( )函数也是在 start( )中被调用的。这里可以写出完整的代码：

```
import requests
import json
from bs4 import BeautifulSoup
import json
data = []
def start(offset=10):
```

```python
        url = "https://mp.weixin.qq.com/mp/profile_ext"#接口 url
        querystring = {"action": "getmsg", "__biz": "MzI0MDM0MzYwMA==", "f": ["json",
"json"], "offset": offset,
                "count": "10", "is_ok": "1", "scene": "124", "uin": "NDM3NzA2NDU=",
                "key": "从抓包工具获取", "wxtoken": "",
                "appmsg_token": "从抓包工具获取", "x5": "0"}
        headers = {
            'host': "mp.weixin.qq.com",
            'connection': "keep-alive",
            'accept': "*/*",
            'user-agent': "Mozilla/5.0 (Windows NT 6.1; WOW64) AppleWebKit/537.36 (KHTML,
like Gecko) Chrome/39.0.2171.95 Safari/537.36 MicroMessenger/6.5.2.501 NetType/WIFI
WindowsWechat QBCore/3.43.691.400 QQBrowser/9.0.2524.400",
            'x-requested-with': "XMLHttpRequest",
            'referer': "https://mp.weixin.qq.com",
            'accept-encoding': "gzip, deflate",
            'accept-language': "zh-CN,zh;q=0.8,en-us;q=0.6,en;q=0.5;q=0.4",
            'cookie': 抓包工具获取,
        }
        response=requests.request("GET",url,headers=headers,params=querystring,verify=
False).json()                                           #向接口发送请求
        for i in json.loads(response['general_msg_list'])['list']:#遍历获得每一篇文章url
            link = i['app_msg_ext_info']['content_url']
            try:#调用 parse 方法
                parse(link)
            except Exception as e :                      #异常处理
                print(e)
        if response['next_offset'] <100:                 #当爬取条数小于100条时
            start(response['next_offset'])               #继续请求下面的10条数据
    def parse(url):                                      #请求并解析源码提取字段
        response = requests.request("GET",url).text      #发起请求
        soup = BeautifulSoup(response,'lxml')            #使用 Beautifulsoup 请求
        title = soup.find('h2',class_='rich_media_title').get_text().strip()   #标题
        date = soup.find('em',id='post-date').get_text().strip()               #日期
        content = soup.find('div',class_='rich_media_content').get_text().strip()#内容
        item = {'title':title,
            'date':date,
            'content':content,
        }                                                #把需爬取的内容存放在 item 之中
        print(item)
        f = open('weixin.txt','a')                       #打开 weixin.txt
        f.writelines(json.dumps(item))                   #将内容写入 weixin.txt
        f.close()
    if __name__ == '__main__':
    start()
```

这里是完整的代码,主要方法有 start 和 parse 两个函数。start 方法爬取微信公众号列表页的接口,获取每一篇文章的 URL。然后使用 parse 方法去请求并解析文章,提取字段写入保存。start 方法中加入了判断,只爬取 100 条数据,如果没到 100 条则在函数内继续调用 start 这个方法。

因为之前的 token 已经失效,所以代码是重新再写过的。除了使用递归,还增加了把数据写进文本,以及异常处理的操作。最后看一下爬下来的数据,如图 18-15 所示。

```
"title": "《国土安全》和《24小时》之后又一部反恐新作",
"date": "",
"content": "已经有很多小伙伴在后台留言要这个剧了应该都是克兰西（Tom Clancy）的粉
    "title": "一个伟大的、世俗的、无耻的，极品人渣！",
    "date": "",
    "content": "哈喽，今天和大家聊聊老爹。{"title": "Fuckyou! 致我心目中的第一骚
        "title": "敢和大臣滚床单，这个保镖真·贴身！",
        "date": "",
        "content": "九月好剧不断！一大波美剧正在回归的路上，9月5号之后将陆续播出
    }{
        "title": "网飞最有钱途的神剧，用金钱统治一切",
        "date": "",
        "content": "Netflix的好剧不少，但不是每款都能成为爆款。2017年上线的《黑
            "title": "最羞耻的剧回归，即将引领9月刷剧高潮",
            "date": "",
            "content": "九月剧单新鲜出炉啦！{"title": "《国土安全》和《24小时》
                "title": "小镇、谋杀、秘密",
                "date": "",
                "content": "哈喽，周末愉快！先预告一下，明天《堕落街传奇》S2回归
            }{
                "title": "好久不说晚安",
                "date": "",
                "content": "晚安，本想推荐最近很火的《人类清除计划》看了一集感觉
            }{
                "title": "靠出轨重燃激情？",
                "date": "",
                "content": "哈喽，大家好！{"title": "一个伟大的、世俗的、无耻的
                    "title": "Fuck you! 致我心目中的第一骚浪贱",
                    "date": "",
                    "content": "美剧《无耻之徒》Shameless马上要播出第九季了。{"
                        "title": "最羞耻的剧回归，即将引领9月刷剧高潮",
```


图 18-15　保存的数据

到这里已经成功将指定公众号的文章爬取回来。可以通过爬取公众号文章来进行爬虫爬取的练习。如果爬回来的数据要直接展示使用，有一点需要注意，这些文章都是别人的原创作品。虽然可以通过代码技术轻松获取，但是在使用这些数据的过程中一定要尊重他人的著作权。

第 19 章

实战 8：高效爬取——异步爬虫

爬虫一般有单线程爬虫、多线程爬虫和多进程爬虫以及异步爬虫。前面三种比较常见，异步爬虫见到的不多。这一章来探讨一下异步爬虫的实现。

19.1 异步编程

JS 中经常用到异步，减少用户的等待时间，提高用户的体验效果。例如用户注册时点击注册，然后网站将确认邮件发送到用户邮箱这一操作就是异步完成的。所以，用户可以点击注册之后，马上跳转到首页中。如果采用的是堵塞方式，则用户点击确认之后必须等待邮箱发送成功才能跳转回首页。但是这等待是不必要的。Python 中的异步可以理解为非堵塞，在函数等待的过程中继续执行其他任务，任务执行完成再进行回调。Python3 常用的异步库有 asyncio，异步爬虫则是 asyncio+aiohttp 的搭配。

19.1.1 asyncio 库

asyncio 是 Python3.4 以上版本的一个实现高并发的标准库，是专门用来实现高并发的模块，event_loop 是 asyncio 的事件循环，把函数注册到事件循环上开启无限循环，实现异步。

与多线程不同的是，异步是单线程。打个比方，多线程是一个 CPU 来回切换虚拟机，异步是一个 CPU 来回调程序。

在开始之前首先确认一下 Python3 库中有没有 asyncio 存在，如果没有可以直接使用 pip 命令安装。

```
pip install asyncio
```

先写一个小的 demo。

```
import time
def sync_func(name):
    print("run function {}".format(name))
    time.sleep(1)                          #暂停1秒
    print("function {} finished".format(name))
start = time.time()                        #记录开始时间
sync_func("foo")
sync_func("baz")
```

```
print("takes time {}".format(time.time() - start))
```

运行代码得到结果：

```
run function foo
function foo finished
run function baz
function baz finished
takes time 2.0012905597686768
```

可以看到上面这段代码运行了两次 sync_func 函数，总耗时 2 秒。这种是单线程堵塞的方式，现在采用异步的方式修改一下代码。

```
import asyncio
import time
async def async_func(name):                          #通过async关键字定义一个协程
    print("run {}".format(name))
    await asyncio.sleep(1)                           #暂停1秒
    print("run {} finished".format(name))
start = time.time()
loop = asyncio.get_event_loop()                      #创建循环
tasks = [                                            #循环的任务
    asyncio.ensure_future(async_func("foo")),
    asyncio.ensure_future(async_func("baz")),
]
loop.run_until_complete(asyncio.wait(tasks))         #开启无限循环直到完成
print("it takes time {}".format(time.time() - start))
```

运行代码查看结果：

```
run foo
run baz
run foo finished
run baz finished
it takes time 1.0008795261383057
```

耗时 1 秒，效率提高了一倍！利用 async 关键字定义了一个协程，协程也是对象，所以不能直接运行，需要把协程加入到事件循环 loop 中。Asyncio.get_event_loop 方法可以创建一个事件循环，然后使用 run_until_complete 方法启动循环。

从这两段代码运行结果的对比可以看出，采用异步的方式可以大幅度提高效率，减少运行时间。如果将这一技术运用到爬虫中，原来需要花费一天时间去爬取的任务，半天就能完成了。

19.1.2 aiohttp 库

aiohttp 是代替 Requests 向网页发送请求的一个支持异步的库，无须等待请求返回就可以进行下一步任务，爬取效率十分高效。aiohttp 库仅支持 Python3.5+版本，因为 3.5+版本才提供 await/async 的语法。平时大家都是用 Requests 对网页发起请求，但是它不支持异步，支持异步的 Requests 正在开发中。目前大多采用 asyncio + aiohttp 来实现异步爬取。先来看一个简单的例子，向 psnine 发送网络请求。

（1）使用 Requests 发送请求。

```
import requests
```

```
url='http://www.psnine.com/topic'
res = requests.get(url)
```

(2) 使用 aiohttp 发送请求。

```
import aiohttp                                          #异步请求库
import asyncio#
import async_timeout
async def fetch(session, url):                          #通过async 定义抓取方法
    async with async_timeout.timeout(10):               #设置超时
        async with session.get(url) as response:        #发送请求
            return await response.text()                #返回请求内容
async def main():                                       #通过async 定义主函数
    async with aiohttp.ClientSession() as session:      #创建会话
        html = await fetch(session, 'http://www.psnine.com/topic')#抓取python.org 并返回结果
        print(html)#打印网页源码=-= if __name__ == '__main__':
    loop = asyncio.get_event_loop()                     #设置事件循环
    loop.run_until_complete(main())                     #开启循环
```

这样一来，使用 Requests 简单很多。使用 aiohttp 库在发起请求之前还需要定义协程，开启事件循环。async def 函数是通过 async 关键字定义一个协程，fetch 方法中使用 ClientSession 方法发起请求。ClientSession 方法允许在多个请求间保存 cookie 以及相关对象信息。

19.1.3 访问多个 URL

上面是访问单个 URL 的场景，aiohttp 库和 Requests 之间的差距并不明显。换个多 URL 的场景来比较两者之间性能上的差距。

（1）使用 Requests 方法。

```
import requests
import time
start = time.time()
url = ['http://www.psnine.com/topic?page=%d'%i for i in range(1,11)]#建立url池
for j in url:                                           #遍历url池并发送请求
    res=requests.get(j)
    print(res.status_code)                              #打印请求的状态，200 为成功
print(time.time()-start)                                #耗时
```

返回的结果为：

```
200
200
200
200
200
200
200
200
200
200
1.28799986839
```

（2）使用 aiohttp。

```
import aiohttp                                        #异步请求库
import asyncio#
import async_timeout
import time
async def fetch(session, url):                        #通过async 定义抓取方法
    async with async_timeout.timeout(10):             #设置超时
        async with session.get(url) as response:      #发送请求
            return await response.text()              #返回请求内容
async def main(url):                                  #通过async 定义主函数
    async with aiohttp.ClientSession() as session:    #创建会话
        html = await fetch(session, url)              #抓取python.org 并返回结果
        #print(html)                                  #打印网页源码
if __name__ == '__main__':
    start = time.time()
    loop = asyncio.get_event_loop()                   #设置事件循环
    tasks= [asyncio.ensure_future(main('http://www.psnine.com/topic?page=%d' % i)) for i in range(1,11)]
                                                      #创建任务池
    loop.run_until_complete(asyncio.wait(tasks))      #开启循环
    print(time.time()-start)                          #打印耗费时间
```

运行代码，查看结果：

```
0.8058724403381348
```

可以看到比使用 Requests 少了三分之一的时间，效率得到了极大的提升。Requests 使用的是单线程阻塞的方式，直到有结果返回才进行下一次请求。但是 aiohttp+asyncio 不一样，它可以实现单线程并发 IO 操作。虽然同是单线程，但 aiohttp+asyncio 同是启动多个请求任务，不断切换任务查看返回结果。

19.2 爬取图片

初步了解过 asyncio+aiohttp 库后，下一步开始考虑使用异步进行爬取。这次的目标是爬取图片，通过关键词搜索图片，将返回结果中的所有图片下载回来。通过这样一个简单的爬虫来检验异步爬取的速度。

19.2.1 为函数命名

在爬取之前首先要知道爬虫需要实现什么功能，根据功能先命名函数，方便从整体上去思考爬虫的编写。

```
import asyncio
import hashlib
import logging
import os
import re
import shutil
import time
from urllib.parse import quote
import aiofiles
```

```python
import aiohttp
IMAGE_DIR = 'd:\\image_data\\'
logging.basicConfig(level=logging.INFO)
event = asyncio.Event()#事件对象
def check_image_dir_exist():
    """ 检查目录是否存在,存在则删除, 不存在则新建 """
async def get_json_result(q, key_word):
    """ 解析url 结果 获取 image_url put 到队列中 """
async def download_url(q):
    """ 通过从队列获取url 下载到本地 """
async def run(q, loop):
    """ 创建异步任务 """
```

这次的爬取会用到四个方法,除了第一个方法用来检验目录是否存在外,其余三个都用到了关键词 async 进行定义,主要功能也在注释中注明。接下来将这些方法逐个完善之后,爬虫也就完成了。

19.2.2　对网页进行解析

通过百度图片搜索关键词,如"dark soul"可以看到返回结果地址栏 URL。

https://image.baidu.com/search/flip?tn=baiduimage&ie=utf-8&word=darksoul&pn=20

调试分析 URL 可以知道 word 为搜索关键词,pn 为 pagenumber 页码。但是这里用显示图片数作为页码。可以通过修改关键词 word 和 pn 数字来重构 URL 爬取指定关键词和页码的图片。

然后查看网页源码可以看到,页面上所有的图片 URL 都在源码中可以找得到,如图 19-1 所示。

图 19-1　源码中的图片 URL

图中高亮文字后面就是图片的 URL,全部都在源码当中,可以直接爬取源码获取 URL。但是这些 URL 没有放在结构化的标签中,提取的时候需要用到正则匹配来提取。

19.2.3　异步爬取图片

分析完图片的源码找到图片地址所在之后,接下来开始一步一步的编写异步爬虫。

(1) 创建目录。

```
def check_image_dir_exist():
    """ 检查目录是否存在,存在则删除, 不存在则新建 """
    if os.path.exists(IMAGE_DIR):
        shutil.rmtree(IMAGE_DIR)
    os.mkdir(IMAGE_DIR)
```

为避免爬取的图片重复,每次爬取前都检测目录是否存在,如果存在则删除原目录然后新建。如不存在则直接新建目录。

(2) 获取图片 URL。

```
async def get_json_result(q, key_word):
    """ 解析url结果 获取 image_url put 到队列中 """
    async with aiohttp.ClientSession() as session:                    #创建会话
        # 百度搜索出来的图片最多能访问到接近2000张
        for num in range(0, 2000, 20):
            try:
                baidu_url = 'https://image.baidu.com/search/flip?tn=baiduimage&ie=utf-8&word={key_word}&pn={num}'#key_word为搜索的关键词,num对应图片序号
                request_url = baidu_url.format(num=num, key_word=key_word)#拼接url
                async with session.get(request_url) as resp:          #发送请求
                    content = await resp.read()                       #返回结果
                    content = content.decode('utf-8')                 #对结果进行解析
                    reg = re.compile(r'"middleURL":"(.*?)"')          #正则表达式,找出页面中图
片地址,中等大小图片
                    image_data_list = re.findall(reg, content)        #获取所有图片地址
                    for image_url in image_data_list:
                        if image_url.endswith('jpg'):                 #判断图片url正确性
                            await q.put(image_url)                    #存放到队列中
                    logging.info(f'done...{request_url}')
            except UnicodeDecodeError:                                #异常处理
                logging.error('UnicodeDecodeError')
            except aiohttp.client_exceptions.ClientConnectorError:#异常处理
                logging.error('ClientConnectorError')
    event.set()#设置事件,事件可以一个信号出发多个协程同步工作
```

asyncio.Queue()可以实现协程之间队列通信,不需要另外使用 Redis 或者 rabbitmq 这些消息队列来进行通信。get_json_result 入参为 asyncio.Queue 队列 q 和搜索关键词 key_word。百度搜索的图片最多有2000张,每20张为一页。这里 URL 有个特别的地方,pn 本来应该对应的是页数,2是第2页,3是第3页。但在这里 20 代表第2页,40 代表第3页,可以理解为每 20 张图片翻一次页,2000 张图就有1000页。通过遍历重构出百度1000页的 URL 并发送请求,通过正则匹配提取出页面中所有图片的 URL 存进队列 q 中。

(3) 下载图片。

```
async def download_url(q):
    """ 通过从队列获取url 下载到本地 """
    async with aiohttp.ClientSession() as session:                    #创建会话
        while 1:#无限循环
            try:
                url = q.get_nowait()                                  #直接从队列中获取图片url
            except asyncio.QueueEmpty as e:                           #队列为空时报错
```

```
            await asyncio.sleep(1)                      #等待
        if event.is_set():
            break
        continue
    async with session.get(url) as resp:                #发送请求
        content = await resp.read()
        md5 = hashlib.md5(content).hexdigest()  #对图片进行哈希,作为图片名
        file_path = os.path.join(IMAGE_DIR, md5 + '.jpg')
        async with aiofiles.open(file_path, 'wb+') as f:#通过aiofiles保存图片
            await f.write(content)
        now = time.time()
        logging.info(f'ok ... {file_path}... {now}')
        q.task_done()                                   #队列任务完成
```

从队列中获取 URL 进行下载。开启 while 循环等待队列 q 返回 URL 并发送请求,将返回的图片使用异步 aiofiles 写入本地目录。aiofiles 封装了一个线程池,不会堵塞主线程。这里直接对图片进行 hash（哈希）,返回的字符串用作图片名。

（4）创建异步任务。

```
async def run(q, loop):
    """ 创建异步任务 """
    key_word_o = 'darksoul'                 #关键词,你想要搜索的内容
    key_word = quote(key_word_o)            #因为关键词是用url来拼接的,所以对关键词进行编码
    tasks = [loop.create_task(get_json_result(q, key_word))]#创建图片url任务
    tasks_download = [loop.create_task(download_url(q)) for _ in range(5)]#创建5个图片下载任务
    await asyncio.wait(tasks + tasks_download)
```

实现爬取和下载功能的函数 get_json_result 和 download_url 已经完成。使用 loop.create_task 分别为这两个函数创建任务,等待调用。

（5）爬虫的功能已经写完了,最后还有启动的这一块要写上才能正常运行。

```
if __name__ == '__main__':
    start = time.time()                                 #记录开始时间
    check_image_dir_exist()                             #检查目录
    queue = asyncio.Queue()                             #创建队列
    event_loop = asyncio.get_event_loop()               #创建事件循环对象
    event_loop.run_until_complete(run(queue, event_loop))#开启循环
    print(time.time()-start)                            #打印所耗费的时间
```

创建队列和事件循环之后,开启循环,调用 run() 方法。然后 run() 方法启动 get_json_result 和 download_url 任务开始进行爬取。

多次尝试,最后结果在 60~80s 之间来回浮动,下载图片总量为 1000+,如图 19-2 所示

从效率上来说是十分惊人的!与单线程的爬虫相比,简直是"核武器"!

图 19-2　爬取结果

第 20 章

实战 9：爬取漫画网站

现在很多年轻人都喜欢看动漫，以前信息匮乏资源也有限，想看漫画只能去书店租或者买，那时候如果拥有一套自己喜欢的漫画是非常幸福的事情。随着信息科技的发展，现在可以在网上看自己喜欢的漫画，而且还可以看到最新的漫画。这时候，爬虫就会被派上用场了。

20.1 爬取单部漫画

这次目标是将自己喜欢的一部漫画全套爬取下来保存在本地。漫画为图片形式，数据比较大，所以保存的时候要选择一个空间比较充足的存储盘，不要使用系统盘。同时要保持网络畅通，如果网络不好、文件又大，爬取时间会比较长。

20.1.1 单集漫画的爬取

有些网站的漫画资源十分丰富，而且图片的地址都在源码当中，也没有做其他的反爬措施，爬取起来可以说是十分简单的事情。网站的结构同样简单，所有漫画在一个网页中，点开其中指定的漫画打开新的页面，此漫画的所有章节就会展现在这一页面中。然后点开某一个章节，图片会以翻页的形式展现。根据这一流程，爬虫大概需要 4 个函数。

```
def check_image_dir_exist():      #检查目录是否存在，创建目录
    pass
def get_chapter(url):             #获取所有章节
    pass
def get_img(url):                 #获取章节所有图片 url
    pass
def download(url):                #下载
    pass
def run()                         #运行
```

千里之行，始于足下，要下载一本漫画的全集就要先从单集入手。所以首先要做的就是把 get_img 和 downloadg 两个方法完成。get_img 通过翻页获取单一章节所有图片的 URL，通过队列传到 download 下载。

（1）首先写一个检验文件目录是否存在的方法。

因为在爬取的过程中经常会重复启动爬虫，这样操作会造成重复下载相同的图片。为避免图

片重复,在爬虫开始前调用方法检验文件目录是否存在,如果不存在则生成目录,如果存在则删除原文件目录新建目录。同时提前准备之后需要用到的一些全局变量,如请求头、文件目录、定义事件循环、存取 URL 的列表。

```python
IMAGE_DIR = 'd:\\manka\\'
event = asyncio.Event()
AGENT = 'Mozilla/5.0 (Windows NT 10.0; Win64; x64) AppleWebKit/537.36 (KHTML, like Gecko) Chrome/68.0.3440.84 Safari/537.36'
HEADERS = {
    'User-Agent':AGENT
}                                           #伪装的请求头
img_url = 'http://p1.xiaoshidi.net/'        #从网站查看得到的图片 host,拼接 url 用
url_list=[]                                 #存放章节 url
def check_image_dir_exist(DIR):
    """ 检查目录是否存在,存在则删除, 不存在则新建 """
    if os.path.exists('d:\\manka\\%s' % DIR):
        shutil.rmtree('d:\\manka\\%s'%DIR)
    os.mkdir('d:\\manka\\%s' % DIR)
```

check_image_dir_exist 方法,入参为目录名。会自动检查 d:\\manka\\目录下 DIR 文件夹是否存在,若不存在则在 d:\\manka\\目录下创建文件夹 DIR,若存在则删除然后新建文件夹 DIR。

(2)用异步的方式获取当前章节图片 URL。

```python
async def get_img(q,url):
    async with aiohttp.ClientSession() as session:
        url = url+'index_{num}.html'
        for i in range(0,200):                          #默认一章漫画有 200 页,其实没有那么多
            try:
                async with session.get(url.format(num=i),headers=HEADERS) as resp:#发送请求
                    if resp.status == 200:              #判断返回状态码,200 为正常
                        content=await resp.read()
                        soup = BeautifulSoup(content,'lxml')#由于返回的源代码中文多为 unicode,需要使用 beautifulsoup 进行解析
                        img_url = {'url':'http://p1.xiaoshidi.net/' + re.findall(r'mhurl="(.*?)"',str(content))[0],'page':str(i+1), 'chapter':soup.find('div',id='weizhi').find_all('a')[-1].text.replace('讨论区','')}#将单张漫画图片 url 和漫画章节写入字典
                        print(img_url)
                        await q.put(img_url)#将字典传入队列
                    else:#状态码不为 200 时断开,停止请求,一般为已经爬完当前章节所有页
                        break
            except Exception:
                traceback.print_exc()
        event.set()                                     #章节爬取结束,开启事件循环
```

函数接收两个参数 q 和 URL,q 为队列用来传输 URL,URL 为章节的 URL。默认遍历循环 200 页漫画,如果在遍历过程中请求返回状态码不为 200,则断开不再请求。例如,一章漫画在请求到 47 页的时候返回状态码不为 200,则判断此章漫画只有 46 页,直接断开请求,后面的 154 次请求不再发起。使用 Beautifulsoup 从请求成功的页面中提取图片 URL,写入队列 q 中进行传输,

然后在 download 函数那里进行下载。

（3）下载图片。

```
async def download(q):
    async with aiohttp.ClientSession() as session:      #创建会话
        while 1:                                        #开启死循环
            try:
                pic= q.get_nowait()                     #从队列不等待获取元素
            except asyncio.QueueEmpty as e:             #如果队列为空
                await asyncio.sleep(1)                  #等待一秒
                if event.is_set():                      #如果开启事件，退出循环
                    break
                continue
            async with session.get(pic['url'],headers=HEADERS) as resp:#发送请求
                try:
                    content = await resp.read()
                    check_image_dir_exist(pic['name']+'\\'+pic['chapter'])#检查存放漫画
章节的文件夹是否建立
                    file_path = os.path.join(IMAGE_DIR, pic['name']+'\\'+pic['chapter']+'\\'+pic['page'] + '.jpg')                       #存放路径
                    async with aiofiles.open(file_path, 'wb+') as f:    #写入文件
                        await f.write(content)
                        #logging.info(f'ok ... {file_path}... {now}')
                        q.task_done()                   #队列任务完成
                except Exception:
                    traceback.print_exc()
```

开启死循环，监听队列，从队列中获取元素，然后向图片的 URL 发送请求，将图片保存到本地文件夹。这里写入文件不用 file 的方法，使用支持异步的 aiofiles 模块，但是操作起来大同小异。

（4）现在代码还不能运行，需要一个主函数 run() 来运行。

```
async def run(q,loop):
    tasks = [loop.create_task(get_img(q,i)) for i in url_list]      #建立章节爬取任务
    download_tasks= [loop.create_task(download(q)) for _ in range(5)]#开启下载队列
    await asyncio.wait(tasks + download_tasks)                      #任务合并运行
```

然后创建队列，建立事件循环去运行主函数，在最底部外层添加代码。

```
if __name__ == '__main__':
    start=time.time()
    queue = asyncio.Queue()#创建队列
    loop = asyncio.get_event_loop()#创建循环
    loop.run_until_complete(run(queue,loop))#开启无限循环运行
    print(time.time()-start)
```

测试结果，爬取单集漫画需要的时间是不到 10s。

20.1.2　全集漫画的爬取

上一节完成了漫画单集的爬取，但是全集爬取的功能还没有完成，现在需要一个获取所有章节 URL 的方法。

```
async def chapter(url):
    async with aiohttp.ClientSession() as session:                  #创建会话
```

```python
    try:
        async with session.get(url,headers=HEADERS) as resp:      #发送请求
            if resp.status == 200:                                 #状态码200为请求成功
                content = await resp.read()
                soup = BeautifulSoup(content, 'lxml')
    manka_name = soup.find('title').text.split(' ')[0].replace('漫画','')
                check_image_dir_exist(manka_name)                  #创建漫画目录
                for i in soup.find('div',id='content').find_all('li'):  #获取章节列表
                    url_list.append(url+i.find('a').get('href'))   #获取章节url
    except Exception:
        traceback.print_exc()
        return None
```

chatper 方法接收漫画的列表页 URL 为入参，url_list 是个全局变量，只有 chapter 这个方法先运行，get_img 方法才可获得 URL 进行爬取。所以在 run 函数里，要先运行 chapter 方法，代码修改一下。

```python
async def run(q,loop):
    chapter_list=[asyncio.ensure_future(chapter(url))]    #建立 chapter 的任务列表
    await asyncio.wait(chapter_list)#启动 chapter
    tasks = [loop.create_task(get_img(q,i)) for i in url_list[-1:]]#建立章节爬取任务
    download_tasks= [loop.create_task(download(q)) for _ in range(5)]#开启下载队列
    await asyncio.wait(tasks + download_tasks)            #任务合并运行
```

由于爬取的是漫画全集，而漫画集数比较多，100 集的漫画爬完有几千张图，另外考虑到对对方服务器造成的压力，所以爬取过程需要等待一点时间，最后结果如图 20-1 所示。

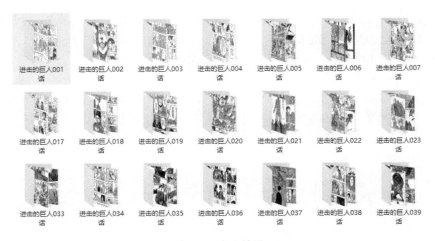

图 20-1 爬取结果

网络请求的速度很快，图片的 URL 很快就请求回来了。时间主要花费在下载保存到本地的过程中。整个下载过程用时差不多 20 分钟。下载速度主要取决于个人的网络。

20.2 爬取漫画全站

经过努力，漫画全集的爬取已经完成。但是可能你觉得一部漫画不够，又或者手动添加漫画太麻烦，所以干脆把整个漫画网站爬下来。

之前说过整个网站比较简单，漫画的章节都放在一个网页显示。同样，所有的漫画也已经罗列在一个网页中。由于之前已经把单部漫画的爬取下载功能写好了。这里只需要获取所有漫画的 URL 就能实现全站爬取。没错，全站爬取其实只差最后一块拼图。

（1）爬取主页漫画列表。

```
async def manka():
    async with aiohttp.ClientSession() as session:         # 创建会话
        url = 'http://manhua.fzdm.com/'
        try:
            async with session.get(url,headers=HEADERS) as resp:    #发送请求
                if resp.status == 200:                              #状态码200为请求成功
                    content = await resp.read()
                    soup = BeautifulSoup(content, 'lxml')
                    for i in soup.find('div',id='mhmain').find_all('div',class_='round'):
                        #获取漫画列表
                        mh_list.append('http://manhua.fzdm.com/'+i.find('a').get('href'))
                        #拼接漫画 url 存在 mh_list
                    print(mh_list)
        except Exception:
            traceback.print_exc()
```

编写 manka 方法，获取所有漫画的 URL。这个方法跟之前的 chapter 方法相同，也是发送单个请求然后解析网页获取所有 URL 并存入列表中。

（2）相应的 run 方法要将 manka 方法添加进去。

```
async def run(q,loop):
    manka_list = [asyncio.ensure_future(manka())]          #建立漫画爬取任务
    await asyncio.wait(manka_list)                          #开启任务
    chapter_list=[asyncio.ensure_future(chapter(j) )for j in mh_list[4:5]]
    await asyncio.wait(chapter_list)
    tasks = [loop.create_task(get_img(q,i)) for i in url_list[:100]]#建立章节爬取任务
    download_tasks= [loop.create_task(download(q)) for _ in range(5)]#开启下载队列
    await asyncio.wait(tasks + download_tasks)              #任务合并运行
```

将 manka 方法在 run 函数中添加进 asyncio。在 enusre_future 中建立爬取漫画列表的任务。然后使用 await asyncio.wait(manka_list)开启任务。

（3）运行代码。

```
if __name__ == '__main__':
    start=time.time()
    queue = asyncio.Queue()                                 #创建队列
    loop = asyncio.get_event_loop()                         #创建循环
    loop.run_until_complete(run(queue,loop))                #开启无限循环运行
    print(time.time()-start)
```

在 20.1.1 中已经在最底部外层添加了这几行代码，用于创建队列和建立事件循环去运行主函数。如果没添加这几行代码的话，爬虫是不会启动的。现在可以直接运行脚本，让爬虫去工作。爬取内容较多，在保证爬虫正常运行的情况下需要花费大概一天的时间去爬取，最终结果如图 20-2 所示。

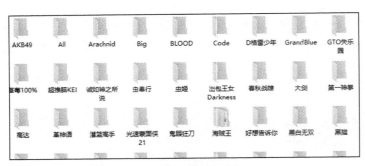

图 20-2　爬取结果

这样，全站漫画爬取的爬虫才算真正完成。不过如果没有需要全站漫画的话还是不要了，想看哪部漫画就爬哪部。因为全站爬取，可能会把整个网站搞瘫痪。

第 21 章

实战 10：给 kindle 推送爬取的小说

kindle 是一个很方便的阅读器，它除了可以从亚马逊商城中下载电子书籍，也可以通过接收邮件中的附件方式来下载书籍阅读，只要把想要阅读的书籍通过附件发送到 kindle 的邮箱就可以完成推送。

21.1 用 Python 发送邮件

在进行爬取之前，先来一个使用 python 发送邮件的教程。实现单纯的文本邮件发送可以用 smtplib 库。但是如果邮件主体包含 html、音频、视频以及其他附件的话，smtplip 不能满足需求，需要用到 email 模块。简单来讲 smtplib 负责发送邮件，而 email 模块负责构造邮件。

21.1.1 纯文本邮件的发送

首先尝试用 smtplib 库发送一封简单的纯文本无附件的邮件给自己。

```
import smtplib
from email.mime.text import MIMEText
from email.header import Header
_user = "XXXXX@example.com"              #发送者
_pwd  = "****"#密码
_to   = "XXX@example.com"                #接收者
def send_email():
    msg = MIMEText('hello, send by Python...', 'plain', 'utf-8')#邮件内容
    msg['From'] = Header(_user, 'utf-8')          # 发送者
    msg['To']  = Header(_to, 'utf-8')             # 接收者
    msg['Subject'] = Header('test', 'utf-8')#邮件标题
    s = smtplib.SMTP_SSL("smtp.aliyun.com", 465,timeout = 30)#设置邮件服务器
    s.set_debuglevel(1)                           #日志输出
    s.login(_user, _pwd)                          #登录服务器
    s.sendmail(_user, _to, msg.as_string())       #发送邮件
    s.close()
    print('email sent'.center(50,'*'))
send_email()
```

运行脚本，可以看到输出的日志，成功后返回。

```
send: 'ehlo [127.0.1.1]\r\n'
```

```
    reply: b'250-smtp.aliyun.com\r\n'
    reply: b'250-8BITMIME\r\n'
    reply: b'250-AUTH=PLAIN LOGIN XALIOAUTH\r\n'
    reply: b'250-AUTH PLAIN LOGIN XALIOAUTH\r\n'
    reply: b'250-PIPELINING\r\n'
    reply: b'250 DSN\r\n'
    reply: retcode (250); Msg: b'smtp.aliyun.com\n8BITMIME\nAUTH=PLAIN LOGIN XALIOAUTH\
nAUTH PLAIN LOGIN XALIOAUTH\nPIPELINING\nDSN'
    send: 'AUTH PLAIN AHphb2p1ZTQwNUBhbG15dW4uY29tAHBlZ2FzdXM0MDU=\r\n'
    reply: b'235 Authentication successful\r\n'
    reply: retcode (235); Msg: b'Authentication successful'
    send: 'mail FROM:<xxxx@example.com>\r\n'
    reply: b'250 Mail Ok\r\n'
    reply: retcode (250); Msg: b'Mail Ok'
    send: 'rcpt TO:<xxxx@example.com>\r\n'
    reply: b'250 Rcpt Ok\r\n'
    reply: retcode (250); Msg: b'Rcpt Ok'
    send: 'data\r\n'
    reply: b'354 End data with <CR><LF>.<CR><LF>\r\n'
    reply: retcode (354); Msg: b'End data with <CR><LF>.<CR><LF>'
    data: (354, b'End data with <CR><LF>.<CR><LF>')
    send: b'Content-Type: text/plain; charset="utf-8"\r\nMIME-Version: 1.0\r\nContent-
Transfer-Encoding: base64\r\nFrom: =?utf-8?q?xxxx=40aliyun=2Ecom?=\r\nTo: =?utf-8?q?
xxxx=40qq=2Ecom?=\r\nSubject: =?utf-8?q?test?=\r\n\r\naGVsbG8sIHNlbmQgYnkgUHl0aG9uLi4u
\r\n.\r\n'
    reply: b'250 Data Ok: queued as freedom\r\n'
    reply: retcode (250); Msg: b'Data Ok: queued as freedom'
    data: (250, b'Data Ok: queued as freedom')
    *********************email sent*********************
```

打开邮箱查询，可以看到邮件已经收到了。之前说过 smtplib 负责发送邮件，email 模块负责构造邮件。但是邮件的主题、如何显示收件人和发件人等信息不是通过 smtp 发送给 MTA(Mail Transfer Agent)邮件中转代理的，而是包含在发送给 MTA 的文本中。所以需要在邮件文本中也就是 msg 添加收件人发件人还有主题，才是一封完整的邮件。

21.1.2 带附件邮件的发送

发送到 kindle 的邮件是需要携带附件的邮件，纯文本邮件会被拒收。所以小说会被保存为 txt 或 mobi 格式作为附件发送出去。而发送附件，需要用到 MIMEMultipart()实例，然后构造附件。在开始之前，先创建一个 test.txt 的文件\home\leon 目录下。

```python
import os.path
import smtplib
from email.mime.multipart import MIMEMultipart
from email.mime.text import MIMEText
from email.mime.application import MIMEApplication
from email import encoders
from email.header import Header
_user = "xxxx@example.com"
_pwd  = "******"
_to   = "xxxxxx@example.com"
```

```
def send_email():
    path = r'/home/leon/'
    file_path = os.path.join(path,'test.txt')
    msg = MIMEMultipart()
    msg['Subject'] = Header('test2')                           #邮件标题
    msg['From'] = Header(_user)                                #显示发件人
    msg['To'] = Header(_to)                                    #接收邮箱
    attfile = file_path
    basename = os.path.basename(file_path)                     #获取文件名
    print(basename)
    fp = open(attfile,'rb')
    att = MIMEText(fp.read(),'base64','gbk')                   #构造附件
    att['Content-Type'] = 'application/octer-stream' #附件类型
    att.add_header('Content-Disposition', 'attachment',filename=
    ('gbk', '', basename))                                     #添加必要的头信息
    encoders.encode_base64(att)
    msg.attach(att)
    s = smtplib.SMTP_SSL("smtp.aliyun.com", 465,timeout = 30)#连接 smtp 邮件服务器,qq
邮箱端口为 465
    s.set_debuglevel(1)
    s.login(_user, _pwd)                                       #登录服务器
    s.sendmail(_user, _to, msg.as_string())                    #发送邮件
    s.close()
send_email()
```

运行脚本，打印输出日志成功后邮箱中可以看到带有附件的邮件。

21.2 爬取小说

上一部分完成了发送邮件的功能，现在该去爬取小说了。这次的目标不是一个综合的小说网站，它只有一本 fate/zero 的英文译本，由于 fate/zero 的动漫很精彩，而且英文译本更是稀有，所以将它作为这次的目标。

21.2.1 制作 word 文档

小说全集分四卷，每卷分多个章节，小说内容全部在网页源代码中，没有难度。但如果单纯将小说爬回来以 txt 保存，生成的小说没有标题和目录会十分影响阅读体验。kindle 使用的文档格式是 mobi，可以由 word 的 docx 转换获得。这里先熟悉一下如何将爬下来的文档保存为 docx，需要用到 docx 库，主要用到建立标题和增加段落的功能。

```
from docx import Document
document = Document()                                          #创建 document 实例
document.add_heading('Heading, level 1', level=1)              #标题
document.add_paragraph('''== Format Standards ===
*[[Format_guideline|General Format/Style Guideline]]
*[[Fate/Zero:Format_guidelines|Fate/Zero Format Guidelines]]
To Translators/Editors: It is highly suggested that you use terminology and concepts
from the [http://typemoon.wikia.com/wiki/Main_Page TYPE-MOON Wiki]. Any missing
information may be picked up from [http://tatari.110mb.com/fuyuki/index.htm Fuyuki Wiki].
--[[User:Velocity7|velocity7]]
```

```
== News ==''',)                                    #段落,style 为插入样式
document.save('demo.docx')                         #保存
```

打开着个保存好的 demo.docx 可以看到通过代码写进去的内容,如图 21-1 所示。

```
Heading, level 1
== Format Standards ===
*[[Format_guideline|General Format/Style Guideline]]
*[[Fate/Zero:Format_guidelines|Fate/Zero Format Guidelines]]

To Translators/Editors: It is highly suggested that you use terminology and concepts
from the [http://typemoon.wikia.com/wiki/Main_Page TYPE-MOON Wiki]. Any
missing information may be picked up from
[http://tatari.110mb.com/fuyuki/index.htm Fuyuki Wiki]. --[[User:Velocity7|
velocity7]]

== News ==
```

图 21-1　demo.docx

待会爬下来的小说就按照标题+内容形式保存。

21.2.2　爬取 baka-tsuki.org

定义好了爬取的格式,现在开始爬取 baka-tsuki.org 网站中 fate 小说的内容。

(1)爬虫应该分为两部分,第一部分爬取各章节的 URL,第二部分直接爬取章节内容,先写一个伪代码理解一下思路。

```
import requests
from docx import Document
document = Document()
chapter_list=[]                                    #存储章节 url
def chapter():                                     #爬取章节 url
    pass
def content(url):                                  #爬取内容并保存
    pass
def run():                                         #运行函数
    pass
```

(2)爬虫部分就两个函数,可以先从 content 功能开始,爬取单个章节的内容。

```
import requests
from docx import Document
from bs4 import BeautifulSoup
document = Document()
chapter_list=[]                                    #存储章节 url
def chapter():                                     #爬取章节 url
    pass
def content(url):                                  #爬取章节内容
    res = requests.get(url).text                   #发送请求
    soup = BeautifulSoup(res,'lxml')               #解析网页
    document.add_heading(soup.find('span',class_='mw-headline').text)#标题
    for i in soup.find_all('p'):                   #内容
        document.add_paragraph(i.text)
document.save('demo.docx')                         #保存
```

content 方法和保存文档不能放在同一层级下，因为最后是所有章节写完再进行保存的，而不是写一个章节就保存一个章节。

（3）然后需要完成剩下的 chapter 方法。

```
def chapter():                                          #爬取章节 url
    url = 'https://www.baka-tsuki.org/project/index.php?title=Fate/Zero'#列表页，所有章节目录都在这一页
    res = requests.get(url).text                        #发送请求
    soup = BeautifulSoup(res,'lxml')                    #解析网页
    for i in soup.find_all('dd'):                       #循环遍历 dd 标签寻找章节 url
        try:
            if 'Act' in i.find('a').text:               #通过筛选获得章节 url
                url2 = 'https://www.baka-tsuki.org/'+i.find('a').get('href')
                chapter_list.append(url2)               #将拼接好的章节 url 存入列表中
        except Exception:
            traceback.print_exc()                       #错误异常日志打印
```

爬虫从列表页获取所有章节的 URL，存入列表留给 content 方法使用。

（4）爬虫的功能写完，但还差一个开关去运行它。这里需要一个 run()函数作为总的开关来运行各个方法。

```
def run():
    chapter()                                           #爬取章节 url
    for i in chapter_list:                              #遍历章节 url 进行访问
        content(i)
    document.save('fatezero.docx')                      #保存
    send_email()
if __name__ == '__main__':
    run()
```

执行脚本，fate 小说会保存为 fatezero.docx，小说已经被完整爬下来了，然后调用 send_email()将小说推送到 kindle。

```
import requests
from docx import Document
import os.path
import smtplib
from email.mime.multipart import MIMEMultipart
from email.mime.text import MIMEText
from email.mime.application import MIMEApplication
from email import encoders
from email.header import Header
document = Document()
chapter_list=[]                                         #存储章节 url
def chapter():                                          #爬取章节 url
    pass
def content(url):                                       #爬取内容并保存
    pass
def send_email():
    pass
def run():                                              #运行函数
    chapter()
    for I in chapter_list:
```

```
            content(i)
        send_email()
if __name__ == '__main__':
    run()
```

在这里提醒一下,收件人和附件名字记得自己手动修改成 kindle 的邮箱和小说的名字。虽然说 fatezero 小说已经被完整爬取下来,但为方便阅读建议先打开小说用 word 生成目录,然后再手动调用 send_email()方法去进行推送。现在,可以好好地去抱着 kindle 看小说了。

第22章

实战 11：爬取游民星空壁纸

初学爬虫时会经常用爬虫来爬取很多图片，有的人喜欢爬唯美图片进行收藏。很多时候，这些图片都是爬回来就扔着不用了，这样有点可惜，其实可以专门去爬取高质量的图片用来做随机壁纸。

22.1 星空壁纸的爬取准备

图片壁纸网站有很多，搜索一下壁纸就会出来很多结果，甚至图片搜索也可以用来找壁纸。这次想找一个能及时更新图片信息，并且搜索时不会出现不相关图片的网站，经过筛选，发现游民星空壁纸频道挺不错。

在 coding 之前首先要了解整个壁纸板块的结构，掌握了结构在脑海中就可以直接生成一幅地图，每一个入口，每一条道路都清清楚楚。https://www.gamersky.com/ent/wp/这个 URL 是最初的入口，访问成功后进入的是列表页，列表页中每一个 URL 都对应着每一期的壁纸。从列表页中选取一期 URL 直接进入图册，图册通过 Get 的方式进行翻页。

```
import requests
def list_page():
    pass
def picture_page():
    pass
def download_pic():
    pass
def run():
    pass
```

因为进入图册以后需要翻页获取所有图片的 URL，所以 picture_page 方法需要有翻页的功能。实现翻页有两个思路：

（1）不停进入下一页，直到最后。

```
if next_page == True:
    res=requests.get(url).text
```

（2）直接获取图册页码，重构 URL，请求所有页面。

```
page_url_list=[]
```

```
page = XX                                       #页码
def start(url):
    res = requests.get(url).text
pool = ThreadPool(10)
pool.map(start,page_url_list)
pool.close()
pool.join()                                     #堵塞直到完成任务
```

以前有过类似的场景都是使用获取所有页面然后重构 URL 的方法来访问所有页面,也就是思路 2。现在可以尝试一下使用思路 1。思路 1 相比思路 2 要简洁许多,通过一个 if 条件开启循环,不需要再额外写其他代码。而思路 2 需要获取所有页码之后,重构 URL 存入列表,然后再通过多线程来访问全部页面,代码虽然变得复杂,但效率更高。只不过现在不是大批量的抓取,很短时间就可以抓完,使用高效率的方法反而显得不方便。

22.2 爬取壁纸

在之前的准备中理清思路,选择爬取的方法之后,现在开始 coding,将游民星空的壁纸全部爬下来作为桌面。

22.2.1 获取图片和下一页地址

picture_page 方法主要实现两个功能,获取图片地址和进行翻页,而下载图片通过另一个方法 download_pic 实现。

```
def picture_page(url):
    headers = {
        'user-agent':"Mozilla/5.0 (Windows NT 10.0; WOW64) AppleWebKit/537.36 (KHTML,
like Gecko) Chrome/54.0.2840.99 Safari/537.36"}   #伪装的请求头
    res = requests.get(url,headers=headers)          #发送请求
    res.encoding='utf-8'                             #修改编码
    res=res.text                                     #获取文本
    soup =BeautifulSoup(res,'lxml')                  #解析
    for j in soup.find_all('p'):                     #遍历获取所有图片 url
        try:
            print(j.find('a').get('href'))
            download_pic(j.find('a').get('href'))    #下载图片和保存
        except Exception:                            #异常处理
            traceback.print_exc()
    #print(soup)
    for i in soup.find('div',class_='page_css').find_all('a'):#找到下一页
        if '下一页' in i.text:                       #如果在下一页递归,继续调用此方法
            print(i)
            picture_page(i.get('href'))
```

入参为 URL,发送请求后获取网页代码并进行解析,找到图册当前页的图片后使用 download_pic 将图片下载到本地保存。然后寻找网页是否有下一页,如有下一页则重复调用 picture_page 方法。

(1)download_pic 下载图片。

```
def download_pic(url):
```

```
        print(url.split('?')[-1])                  #获取正确的url地址
        res = requests.get(url.split('?')[-1],headers=headers)
        file_path = os.path.join('C:\\Users\\lenovo\\untitled\\gamerskypic', str(int
(time.time())) + '.jpg')                    #图片保存路径,注意要提前先创建文件夹
        print(file_path)
        with open(file_path, 'wb+') as f:           #保存图片
            f.write(res.content)
```

游民星空网页查看图片的时候,URL 是由游民星空的 host+图片地址拼接而成。这个 host 就是前缀,需要去掉,否则无法成功下载图片。

```
https://www.gamersky.com/showimage/id_gamersky.shtml?http://img1.gamersky.com/image2017/11/20171125_zl_91_7/gamersky_01origin_01_20171125180FBE.jpg
```

以?为分隔,取后半部分地址。

(2)分类保存,图册中并不是所有图片都是 PC 壁纸,有部分是手机壁纸,需要分开来存放,picture_page 方法和 download_pic 方法都要做一点修改。

```
    def download_pic(url,file):                     #增加file入参
        print(url.split('?')[-1])                   #获取正确的url地址
        res = requests.get(url.split('?')[-1],headers=headers)
        file_path = os.path.join('C:\\Users\\lenovo\\untitled\\gamerskypic\\%s'%file,
str(int(time.time())) + '.jpg')                 #图片保存路径,注意要提前先创建文件夹
        print(file_path)
        with open(file_path, 'wb+') as f:           #保存图片
            f.write(res.content)
```

download_pic 方法增加 file 作为入参,gameskypic 目录下提前建立 PC 和 PHONE 两个文件夹。如果不想手动可以使用代码判断进行创建。

```
    if not os.path.exists(IMAGE_DIR):
        os.mkdir(IMAGE_DIR)
```

这行代码可以进行判断,如果不存在文件夹,则创建文件夹。

```
    def picture_page(url):
        headers = {
            'user-agent': "Mozilla/5.0 (Windows NT 10.0; WOW64) AppleWebKit/537.36 (KHTML,
like Gecko) Chrome/54.0.2840.99 Safari/537.36"}#伪装的请求头
        res = requests.get(url,headers=headers)     #发送请求
        res.encoding='utf-8'                        #修改编码
        res=res.text                                #获取文本
        soup =BeautifulSoup(res,'lxml')             #解析
        file = 'PC'                                 #默认为PC文件夹
        for j in soup.find_all('p'):                #遍历获取所有图片url
            try:
                #print(j.text)
                if '手机' in j.text:                #如果字符串中有手机,则将文件夹改成PHONE
                #print(j.find('a').get('href'))
                    file = 'PHONE'
                download_pic(j.find('a').get('href'), file)#下载图片
            except Exception:                       #异常处理
                pass
                #traceback.print_exc()
```

```
    #print(soup)
    for i in soup.find('div',class_='page_css').find_all('a'):#找到下一页
        #print(i.text)
        if '下一页' in i.text:                #如果在下一页递归,继续调用此方法
            #print(i)
            picture_page(i.get('href'))
```

picutre_page 方法增加了判断,存储的 file 首先默认为 PC,如果网页源代码中图片部分出现手机字样则将 file 变为 PHONE。

22.2.2 爬取列表页

爬取图册和下载图片的功能已经完成,现在可以去写最后一个方法 list_page()。list_page 方法和 picture_page 在功能上差不多,都是访问单个页面,然后循环遍历获取列表页其余页面的 URL。

```
def list_page():
    headers = {
        'user-agent': "Mozilla/5.0 (Windows NT 10.0; WOW64) AppleWebKit/537.36 (KHTML, like Gecko) Chrome/54.0.2840.99 Safari/537.36"}# 伪装的请求头
    url = 'https://www.gamersky.com/ent/wp/'
    res = requests.get(url,headers=headers)  #发送请求
    res.encoding='utf-8'                      #修改编码
    soup = BeautifulSoup(res.text,'lxml')
    for i in soup.find('ul',class_='pictxt contentpaging').find_all('li'):
        if not 'https' in i.find('div',class_='tit').find('a').get('href'):#判断href中是否带有https来决定url是否要拼接
            list_url='https://www.gamersky.com'+i.find('div',class_='tit').find('a').get('href')#
            picture_page(list_url)             #爬取图册
        else:
            list_url = i.find('div',class_='tit').find('a').get('href')
            picture_page(list_url)             #爬取图册
```

添加请求头 headers 防止爬虫被封,使用 Requests 对游民星空列表页发起请求,获取源码然后使用 Beautifulsoup 对源码进行解析,获取列表页 URL,然后调用 picture_page 爬取列表页的图册。

这里的 picture_page 是在 list_page 下调用的一个方法。代码是基本完成了,可是漏了一点——没有做异常处理。在代码测试阶段,可以正常将代码跑完,但不代表以后别人不会对网页做任何改动,所以异常处理是必需的。

```
def list_page():
    headers = {
        'user-agent': "Mozilla/5.0 (Windows NT 10.0; WOW64) AppleWebKit/537.36 (KHTML, like Gecko) Chrome/54.0.2840.99 Safari/537.36"}# 伪装的请求头
    url = 'https://www.gamersky.com/ent/wp/'
    res = requests.get(url,headers=headers) #发送请求
    res.encoding='utf-8'                     #修改编码
    soup = BeautifulSoup(res.text,'lxml')
    for i in soup.find('ul',class_='pictxt contentpaging').find_all('li'):
        try:
```

```
            if not 'https' in i.find('div',class_='tit').find('a').get('href'):
                list_url=
'https://www.gamersky.com'+i.find('div',class_='tit').find('a').get('href')
                picture_page(list_url)            #爬取图册
            else:
                list_url = i.find('div',class_='tit').find('a').get('href')
                picture_page(list_url)            #爬取图册
        except Exception:                          #增加异常处理
            traceback.print_exc()
```

增加异常处理，在循环开始前添加 try,except 方法，避免无可知的错误发生时爬取工作停止。这样就万无一失，即使中途发生部分错误，代码也可以继续运行下去。

22.2.3 爬取高清图片资源

全部爬取完成以后，发现有好多图片下载失败。检查发现图片 URL 中有部分不是高清原图的 URL 与代码设定的规则不同。高清原图的 URL 带 origin 字段，通过这个字段可以将不是高清字段的图片筛选出去。另外之前的命名方式是使用时间戳命名，纯数字看过去也不是那么美观。可以重新考虑使用下载图片时的图片原名，通过切片方式可以直接获得。

```
    def download_pic(url,file):                        #增加 file 入参
        if 'origin' in url:                            #通过 origin 字段过滤不是高清原图的图片
            print(url.split('?')[-1])                  #获取正确的 url 地址
            res = requests.get(url.split('?')[-1],headers=headers)
            file_path = os.path.join('C:\\Users\\lenovo\\untitled\\gamerskypic\\%s'%file,
url.split('origin')[-1])                               #图片保存路径，注意要提前先创建文件夹
            print(file_path)
            with open(file_path, 'wb+') as f:          #保存图片
                f.write(res.content)
```

增加了 if 判断，只要 origin 原图。另外修改了图片的命名，由原来的使用时间戳命名改为了使用图片原名。

最后写上运行脚本的代码。

```
    if __name__ == '__main__':
        list_page()
```

运行脚本，检查图片，之前下载失败的情况不再出现。系统可以直接使用此文件夹进行随机更换壁纸。如果使用的是 pycharm，可以下载插件 background image plus 设置壁纸文件夹，定时更换壁纸。

第 23 章 综合实战：建立一个小网站

在学了那么多爬虫之后，手上已经有了不少爬回来的数据。可以考虑自己建一个图片网站，电影网站或者资源搜索网站了。

23.1 Flask 框架

Flask 是一个轻量的 Web 框架，简单易上手。而且 Flask 拥有很多扩展，让你有更多的选择，在增强功能方面更加方便。

23.1.1 写一个简单的 hello word 网页

如果系统没有安装 Flask 框架，可以先用 pip 命令安装 Flask。另外建议在虚拟环境中使用 Flask 框架，因为 Flask 框架使用的拓展包很多，难以保证互相间不会造成影响，所以为避免环境崩溃，尽量使用虚拟环境保证环境的纯净。

```
from flask import Flask
app = Flask(__name__)
@app.route('/')
def hello_world():
    return 'Hello, World!'
if __name__ == '__main__':
    app.run(host='0.0.0.0',debug=True)
```

运行代码后打开浏览器输入 127.0.0.1:5000 就可以直接打开网页，如图 23-1 所示。

在今天的开发中，很多时候是前后端分离的。后端只需要提供数据接口，前端工作则是请求接口获得数据并展示。不过一人开发，前后端都是自己，所以模板需要自己

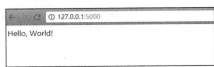

图 23-1 网页内容

去做。没有模板的网页就像图里面的那种，只有文字和数字，没有其他任何效果。

23.1.2 添加 html 模板

上一个路由中的 app.route('/') 是一个视图路由 view。如果路由为 app.route('/main')，当输入 127.0.0.1:5000/main 的时候，这个路由下的视图函数会被调用，然后跳转到设定的模板页面中。

如果没有模板，则会直接返回数据。先在同一目录下创建文件夹 templates，然后进入文件夹创建一个 html 文件 test.html。

```html
<!DOCTYPE html>
<html lang="en">
<head>
    <meta charset="UTF-8">
    <title>Title</title>
    <h1>Hello world</h1>
</head>
<body>
</body>
</html>
```

test.html 文件写完后保存关闭，返回上层创建 app.py 文件，再写一次 Flask 的简单网页的。之前代码 return 的是"Hello World"，这次 return 返回的是模板 test.html 文件。

```python
from flask import Flask, render_template
app = Flask(__name__)
@app.route('/')                              #路由
def index():                                 #视图函数
    return render_template('test.html')      #渲染模板
if __name__ == '__main__':
    app.run(host='0.0.0.0',debug=True)       #启动服务器
```

运行脚本，如图 23-2 所示。

这和图 23-1 就有点区别了，文字 hello word 加粗、加大、加黑了，因为这里使用的是 h1 标签，就是标题。很多效果都可以通过模板来实现，而且还能向模板传参。

（1）打开 templates 目录下的 test.html。

```html
<h1>Hello world</h1>
```

修改为：

```html
<h1>Hello{{user}}</h1>
```

（2）返回 app.py 新增路由和视图函数。

```python
@app.route('/<user>')                                        #路由
def hello_world(user):                                       #视图函数
    return render_template('test.html',user=user)
```

函数增加了入参 user，装饰器路由中也加入了参数 user，最后结果将 user 作为参数传入模板。使用方法为在 URL 后增加/user，比方说 127.0.0.1:5000/Leon，如图 23-3 所示。

图 23-2　模板 html　　　　　　　　图 23-3　模板传参

Flask 框架的 rende_template 模块使用的是 Jinja2 模板引擎，所以可以使用 Jinja2 的语法。
（1）打开 test.html，清空源代码，新增以下代码。

```html
<!DOCTYPE html>
```

```html
<html lang="en">
<head>
  <meta charset="UTF-8">
    <title>Title</title>
    <h1>Hello{{user}}</h1><!-- 从路由函数 hello_world 中传过来的参数 user -->
</head>
<body>
{% if user %}<!-- 判断条件如果 user 参数存在 -->
    Hello ,{{ user }}!
{% else %}<!-- 判断条件,如果 user 不存在 -->
    Hello ,Stranger!
{% endif %}
<ul><!-- 遍历 number -->
    {% for i in number %}
        <li>{{ i }}</li>
    {% endfor %}<!-- 停止遍历-->
</ul>
</body>
</html>
```

这里 html 除了原来的 head 标签，还增加了 body 标签。body 标签下接收从 app.py 文件下的视图函数传入的参数 user 和 number，根据条件进行判断并展示。

（2）打开 app.py 文件，修改 hello_world 视图函数。

```
from flask import Flask, render_template
app = Flask(__name__)                              #创建应用
@app.route('/<user>')                              #路由
def hello_world(user):                             #视图函数
    number = [i for i in range(1,10)]              #建立数字列表
    return render_template('test.html',user=user,number=number)#将用户名和数字列表传入
模板中
    if __name__ == '__main__':
        app.run(host='0.0.0.0',debug=True)         #启动服务器
```

访问 127.0.0.1:5000/user，视图函数会获得参数 user 然后将用户名 user 和数字列表传入到模板 test.html 中，根据要求进行展示。

然后刷新一下页面，如图 23-4 所示。

到这里相信你已经大概知道以前爬回来的数据可以用这样的方式进行展示了。不过这模板还是太单调，需要更多的装饰才漂亮。

图 23-4　Jinja2 语法效果

23.2　Bootstrap 框架

Bootstrap 是前端开发中比较受欢迎的框架，简洁且灵活。Bootstrap 中文网为 Bootstrap 框架专门构建了免费的 CDN 加速服务，访问速度更快、加速效果更明显、没有速度和宽带限制。

23.2.1 使用 Bootstrap 框架

使用 CDN 的 Bootstrap 框架不需要下载安装，只需要在 script 标签使用 Bootstrap 的 CDN 地址即可使用 Bootstrap 框架。复制以下 HTML 代码，就是一个最简单的 Bootstrap 页面，保存为新的 test.html。

```
<!DOCTYPE html>
<html lang="zh-CN">
  <head>
    <meta charset="utf-8">
    <meta http-equiv="X-UA-Compatible" content="IE=edge">
    <meta name="viewport" content="width=device-width, initial-scale=1">
    <!-- 上述 3 个 meta 标签*必须*放在最前面，任何其他内容都*必须*跟随其后！ -->
    <title>Bootstrap 101 Template</title>
    <!-- Bootstrap -->
    <link href="https://cdn.bootcss.com/bootstrap/3.3.7/css/bootstrap.min.css" rel="stylesheet">
    <!-- HTML5 shim 和 Respond.js 是为了让 IE8 支持 HTML5 元素和媒体查询（media queries）功能 -->
    <!-- 警告: 通过 file:// 协议（就是直接将 html 页面拖到浏览器中）访问页面时 Respond.js 不起作用 -->
    <!--[if lt IE 9]>
      <script src="https://cdn.bootcss.com/html5shiv/3.7.3/html5shiv.min.js"></script>
      <script src="https://cdn.bootcss.com/respond.js/1.4.2/respond.min.js"></script>
    <![endif]-->
  </head>
  <body>
    <h1>你好，世界！</h1>
    <!-- jQuery (Bootstrap 的所有 JavaScript 插件都依赖 jQuery，所以必须放在前边) -->
    <script src="https://cdn.bootcss.com/jquery/1.12.4/jquery.min.js"></script>
    <!-- 加载 Bootstrap 的所有 JavaScript 插件。你也可以根据需要只加载单个插件。 -->
    <script src="https://cdn.bootcss.com/bootstrap/3.3.7/js/bootstrap.min.js"></script>
  </body>
</html>
```

上述代码中将 CSS 样式、JS、jQuery 的 source 源 src 全部使用了 Bootstrap 的 CDN 地址，在此模板下可以添加其他代码实现更多的功能和效果。

23.2.2 Bootstrap 在线模板

如果不是专业的前端，直接操作 html 代码是一件困难的事情。http://www.ibootstrap.cn/ 提供 Bootstrap 在线模板，可视化操作。在操作完之后点击下载代码，复制到 Bootstrap 的基本模板中 <body> 标签内就可以直接使用。

在 test.html <body> 标签下添加以下代码。

```
<div class="container">
  <div class="row clearfix">
    <div class="col-md-12 column">
```

```html
           <div class="jumbotron">
               <h1>
                   Hello, world!
               </h1><!-- 标题 -->
               <p>
                   This is a template for a simple marketing or informational website.
It includes a large callout called the hero unit and three supporting pieces of content.
Use it as a starting point to create something more unique.
               </p><!-- 装饰用文字，无实际意义，只为查看效果 -->
               <p>
                   <a class="btn btn-primary btn-large" href="#">Learn more</a>
<!-- 按钮，点击查看更多，装饰用，未添加功能 -->
               </p>
           </div>
       </div>
   </div>
```

直接使用原来的 app.py 代码，然后运行脚本可以看到效果，如图 23-5 所示。

图 23-5　bootstrap 效果

看起来漂亮了很多，不再是单调的效果，而且使用起来十分简单，现在可以结合之前图 23-4 的数据做一个新模板。

```html
<div class="container">
    <div class="row clearfix">
<!--容器。-->
        <div class="col-md-12 column">
            <div class="page-header">
                <h1>
                    Hello
                </h1>
            </div>
            <h3>
<!-- 从路由函数中传过来的参数 user -->
                Hello {{user}}
            </h3>
            <table class="table">
                <thead>
                    <tr>
                        <th>
                            编号
                        </th>
                        <th>
                            名字
```

```
                </th>
            </tr>
        </thead>
        <tbody>
<!--开始循环。-->
    {% for i in number %}
            <tr class="success">
                <td>
                    {{ i }}
                </td>
                <td>
                    {{user}}
                </td>
            </tr>
    {% endfor %}
<!--结束循环。-->
        </tbody>
    </table>
    </div>
  </div>
</div>
```

然后刷新页面，可以看到网页发生了变化，如图 23-6 所示。

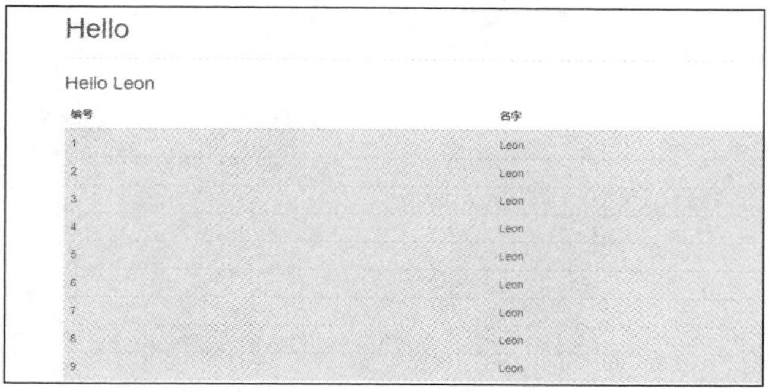

图 23-6　修改好的模板

整个网页排版都非常好看了，而且还可以适应手机屏幕。

23.2.3　添加壁纸板块

之前写过爬壁纸的爬虫，可以直接使用爬虫，把图片地址保存到数据库中。然后 app.py 从数据库中读取数据传入到模板。

（1）打开 app.py，新增以下代码。

```
from pymongo import MongoClient
import sys
class MGClient(object):                          #创建mongodb数据的类
    def __init__(self):
        try:
            uri = "mongodb://127.0.0.1:27017/"   #连接数据库
            self.c = MongoClient(uri)
        except Exception as e:
```

```
            sys.stderr.write("Could not connect to MongoDB: %s" % e)
            sys.exit(1)
    def get_mongo_client(self, database="test"):         #数据库 test
        dbh = self.c[database]
        return dbh
db=MGClient().get_mongo_client().pic                    #连接 mongodb, pic 集合
```

创建 MGClient 类，用来连接 MongoDB 数据库。

（2）然后修改原路由函数。

```
@app.route('/<user>')
def hello_world(user):
    pic = [i['url'] for i in db.find({})]               #从数据库读取 url
    return render_template('test.html',user=user,number=pic)  #传入模板
```

从数据库的 pic 图片集合中获取所有图片，传入到 test.html 模板中。

（3）test.html 删除原来的 container 标签的代码，使用以下新代码。

```html
<div class="container">
    <div class="row clearfix">
        <div class="col-md-12 column">
            <div class="row">
                {% for i in number %}
<!--开始循环遍历图片。-->
                <div class="col-md-4">
                    <div class="thumbnail">
                        <img alt="300x200" src={{i}} />
                                        <!--按照 300*200 的规格展示图片。-->
                                        <!--增加花括号后才可以使用变量 i-->
                        <div class="caption">
                            <h3>
                                Thumbnail label
                            </h3>
                            <!--装饰用的文字，无实际意义。-->
                            <p>
                                Cras justo odio, dapibus ac facilisis in, egestas eget quam. Donec id elit non mi porta gravida at eget metus. Nullam id dolor id nibh ultricies vehicula ut id elit.
                            </p>
                            <!--装饰用的文字，无实际意义。-->
                            <p>
                                <a class="btn btn-primary" href="#">Action</a> <a class="btn" href="#">Action</a>
                                        <!--装饰用的按钮，无实际功能。-->
                            </p>
                        </div>
                    </div>
                </div>
                {% endfor %}
<!--结束循环。-->
            </div>
        </div>
```

```
        </div>
    </div>
```

通过遍历循环的方法增加<img>、<h3>和<p>三个标签。<img>标签存放图片地址和定义展示的大小，<h3>为 3 级标题，<p>为图片的描述文字。

运行代码，新的网页效果如图 23-7 所示。

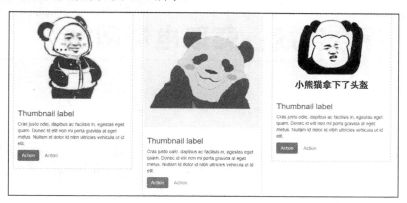

图 23-7　网页效果

这里 bootstrap 框架用循环的方式读取了图片的 URL，然后为每一张图片配备了一段装饰文字和一个框。这只是初步的效果，之前爬过电影、种子以及段子都可以作为数据源建立一个网站。将数据投入使用，这其实也是爬虫存在的意义。

第 24 章 综合实战：爬取电影网站

一直以来很喜欢的一部日本漫画改编的日剧《斗牌传说》，第三季已经开播了，才想起自己已经很久没有看电视和电影了。平时比较喜欢的电影网站上面会有最新更新的电影、动漫和电视剧。

24.1 理清爬虫的思路

在进行爬取之前，首先要去思考自己想要的是什么，想要一部电视剧还是电影，或者整部动漫，又或者想要全站的资源建立自己的一个网站。根据不同的需求，爬虫要实现不同的功能。多功能爬虫作为一个高级专业的爬虫，当然不能只满足某个需求而已，它必须是高效而且全能的。

这次的爬虫需要实现的功能有爬取单部作品（电视剧、电影、动漫）、爬取指定类型所有作品、爬取全站所有影视作品。其实三个功能之间是包含和被包含的关系，和之前爬取的网站一样都是由一到全，从单个的爬取到全站的爬取。先写一段伪代码来理清爬虫的思路，避免在 coding 的过程中走错了方向导致不能爬取。

```
def content(url):         #影片主页
    pass
def list_page(url):       #列表页
    pass
def main_page(url):       #主页
    pass
def run():                #运行
    pass
```

- content 方法是专门爬取某部作品的磁力链接和迅雷链接，考虑到有可能会作为建站资源使用，所以会把影片名、演员、剧情简介等信息一并爬下来。
- list_page 从列表页中获取所有影视作品的主页 URL，将 URL 传入并调用 content 方法。
- main_page 从主页中找到所有分类，并将分类 URL 通过遍历的方式传入 list_page。
- run 方法直接调用 main_page，启动脚本。可以考虑分几种情况运行，因为不是每次都想要全站爬取的。根据不同情况可以设置不同的爬取方式。

另外需要准备使用的工具就是 MongoDB 数据库，作为保存数据的容器。

24.2 分步编码实现爬取

爬取工作按照详情页、列表页、主页分类来进行爬取。三个不同的函数代表三个不同的页面爬取功能，可以相互调用实现全站的爬取，也可以单独的使用实现指定类别、或者单部电影的爬取。

24.2.1 爬取详情页

详情页的抓取，先从最终的抓取详情页内容的 content 方法开始写，由后往前写，从小到大。

```
def content(url):                                                          #影片主页
    headers = {
        'user-agent': "Mozilla/5.0 (Windows NT 10.0; WOW64) AppleWebKit/537.36 (KHTML, like Gecko) Chrome/54.0.2840.99 Safari/537.36"}
    res = requests.get(url),headers=headers
    res.encoding='utf-8'
    res = res.text
    soup = BeautifulSoup(res,'lxml')
    download_url=soup.find_all('div',id='jishu')
    item = {}
    item['title'] = soup.find('h2').text                                   #影片名
    item['cast'] =soup.find('div',class_='info fn-clear').find_all('dl')[0].text#主演
    item['story'] = soup.find('div',id='detail-intro').text                #剧情简介
    item['chapter'] = []
    print(item['title'])
    print(item['cast'])
    print(item['story'])
    for i in download_url:
        for j in i.find_all('li'):
            print(j.find('a').get('title'))
            chapter={}
            chapter['title'] = j.find('a').get('title')                    #对应的集数
            print(j.find('a').get('href'))
            chapter['url'] = j.find('a').get('href')                       #下载url
            if 'magnet' in chapter['url']:                                 #分类，磁力链接
                chapter['type'] = 'magnet'
            elif 'thunder' in chapter['url']:                              #分类，迅雷链接
                chapter['type'] = 'thunder'
            item['chapter'].append(chapter)
```

content 函数接收详情页 URL 作为入参，然后使用 Requests 发送请求获取详情页的源码。使用 Beautifulsoup 对源码进行解析，拿到需要的元素：标题、演员表、剧情简介、集数、对应集数的下载链接以及链接的分类。

选择一部影片，复制 URL 然后运行 content(url)，运行脚本看一下效果。

```
进击的巨人第三季在线观看
主演：
梶裕贵 石川由依 井上麻里奈 神谷浩史 三上枝织
                《进击的巨人第三季》简介：
            历经百年的时光，将人类与外侧世界隔开的墙壁。在墙壁的另一侧，似乎有前所未见的世界延伸开
```

来。火焰之水、冰之大地、砂之雪原……记载在书中的，尽是些激发少年探究心的文字。在时间流转，墙壁被巨人毁坏的现在，人类正一步步接近世界的真相。巨人的真实身份是什么？为何墙壁中会埋着巨人？巨人化的艾伦·耶格尔所持有的"坐标"之力？以及西斯托利亚·雷斯究竟知道这个世界的什么事情？在艾伦等104期兵的加入下，建立新体制的利威尔班。最强、最恶的敌人，阻拦在开始行动的他们面前。

终端输出的内容，我们需要爬取的字段都出来了，代码能够正常运行。数据暂时存在字典 item 之中，存放的格式为：

{'title': '电影名', 'chapter': [{'title': 集数, 'url': 下载地址, 'type': 磁力链接 or 迅雷链接}], 'cast': '演员名单', 'story': '简介'}

content 方法可以说已经完成，电影详情内容都已经爬下来了，接下来要爬取的是列表页。

24.2.2 爬取列表页

列表页需要抓取的是跳转电影详情的 URL，以及实现翻页抓取。77kp 这个网站比较简单，数据都在源码之中，翻页请求也是用 GET 方式实现的，通过重构 URL 发送请求就可以实现翻页。但在列表页抓取的 coding 开始之前，有个选择题需要我们去完成，假设要爬取的恐怖片有500页，要如何爬取这500页？思路有两个：

（1）单线程阻塞的方式，每获得一个详情页的 URL 即时调用 content 方法去爬取详情页，单页的所有 URL 爬取结束以后通过递归的方式再请求下一页的内容。

```
def list_page(url):
    ……
    for I in url_list:
        content(Url)
        list_page(url)
```

这种方式就像开车走直路，遇到堵车就等待，一直走到最后，直线简单，但是效率低下。多线程、多进程、异步都比这个方式要高效，但是写起来稍微有点麻烦。

（2）创建一个新的方法，list_page_thread。list_page 提前将此类别的总页码获取，然后构建出 URL。然后通过 map 的方式一一映射到 list_page_thread 中，list_page_thread 单独去请求 URL，再获取所有电影详情的 URL 之后用循环遍历的方式去调用 content 方法。

```
def list_page_thread(url):
    res=requests.get(url)
    ……
    url_list = [获取所有详情页 url]
    for I in url_list:
        content(url)                        #调用 content 方法
def list_page(url):
    url_list=[所有页码的 url]
    pool.map(list_page_thread(list_page,url_list))
```

这只是一段伪代码，无法运行，用来帮助理清思路。代码中的 pool 是使用多进程的方式，重命名为 pool。

```
def list_page_thread(url):
    print(url.center(50,'*'))
    headers = {
        'user-agent': "Mozilla/5.0 (Windows NT 10.0; WOW64) AppleWebKit/537.36 (KHTML, like Gecko) Chrome/54.0.2840.99 Safari/537.36"}    #伪装的请求头
```

```
        res = requests.get(url=url,headers=headers)    #发送请求
        res.encoding = 'utf-8'                          #修改编码为utf8
        res = res.text                                  #获取源码文本
        soup = BeautifulSoup(res,'lxml')                #解析源码
        for i in soup.find('ul',id='contents').find_all('li'):#获取当前页码内所有电影详情页url
            content_url = 'https://www.77kan.com' + i.find('a').get('href')#拼接生成url
            print(content_url)
            content(content_url)                        #调用content方法,爬取详情页
    def list_page(url):                                 #列表页
        headers = {
            'user-agent': "Mozilla/5.0 (Windows NT 10.0; WOW64) AppleWebKit/537.36 (KHTML, like Gecko) Chrome/54.0.2840.99 Safari/537.36"}  #伪装的请求头
        res = requests.get(url=url,headers=headers)     #发送请求
        res.encoding = 'utf-8'                          #修改编码
        res = res.text                                  #获取文本
        soup = BeautifulSoup(res,'lxml')                #解析源码
        pagenum = soup.find_all('div',class_='pages')[-1].find_all('a')[-1].get('href')#获取页码(未清洗)
        pagenum = re.findall(r'\d{1,3}',pagenum.split('pg')[-1])[0]#获取页码(清洗提取数字,数据类型为字符串)
        print(pagenum)
        print(url.split('pg')[0]+'pg-%s.html'%str(pagenum))
        list_url_list = [ url.split('pg')[0]+'pg-%s.html'%str(i)  for  i  in range(1,int(pagenum)+1)]    #列表推导式,生成所有列表页的url
        pool = ThreadPool(2)#多进程,太快的话会被封禁,用2个进程比较安全
        pool.map(list_page_thread,list_url_list[:2])    #通过映射的方式调用函数
        pool.close()
        pool.join()                                     #堵塞直到任务完成
```

list_page_thread 方法接收列表页 URL 为入参,通过 Requests 请求后获取网页源码,然后使用 Beautifulsoup 定位到 ul,id 为 content 的列表,通过遍历的方式获取 ul 列表下的所有详情页的 href,将其重新拼接成可以访问的 URL 作为入参调用 content 方法进行详情页的爬取。当然 list_page_thread 方法不是直接调用的。列表页的爬取首先要调用 list_page 方法。list_page 的入参为指定电影类别的 URL,如恐怖片、科幻片、动作片。通过 Requests 请求入参 URL 获取源码后使用 Beautifulsoup 定位获取此类别的电影最大页码,如恐怖片共有 500 页。获取了页码 pagenumber 之后,使用列表推导式重构出 500 页的 URL 存放进 list_url_list 之中。最后使用多进程,将 500 个 URL 通过 map 方法一一映射到 list_page_thread 之中并调用 list_page_thread 方法。在 list_page_thread 运行的同时,在其内部调用 content 方法进行爬取,列表页的爬取也就完成了。

24.2.3 爬取首页

接下来的就是主页类别的爬取,从主页中获取各个电影类别的跳转链接,先看一下伪代码。

```
    def main(url):
        …..
        url_list=[所有类别的url]
        for I in url_list:
            list_page(i)
```

main 方法的主要功能就是获取所有类别的 URL 并调用 list_page 方法。其实由于类别比较少

和电影详情都是单独抓取的原因，只有爬取所有列表页的时候使用到多进程。其他时候因为数量少，即使使用多进程也并不会带来太大的提升，还有可能造成冲突发生错误。

```
def main_page(url):                                    #主页
    headers = {
        'user-agent': "Mozilla/5.0 (Windows NT 10.0; WOW64) AppleWebKit/537.36 (KHTML, like Gecko) Chrome/54.0.2840.99 Safari/537.36"}    #伪装的请求头
    res = requests.get(url=url,headers=headers)        #发送请求
    res.encoding = 'utf-8'                             #修改编码
    res = res.text                                     #获取文本
    soup = BeautifulSoup(res,'lxml')                   #解析源码
    type_url_list = soup.find('div',class_='index-tags fn-clear').find_all('a')#类别url集合
    for i in type_url_list:
        list_url='https://www.77kan.com/'+i.get('href')#拼接完整的电影类别url
        list_page(list_url)调用list_page方法
def run():                                             #运行
    #list_page('https://www.77kan.com/vod-type-id-9-pg-1.html')#抓取指定类
    #content('https://www.77kan.com/dongman/89097/')   #抓取指定某部电影
    main_page('https://www.77kan.com/')                #全站抓取
if __name__ == '__main__':
    run()
```

创建 main_page(url) 函数，入参为首页 URL。同样是使用 Requests 对首页 URL 发送请求，获取源码后使用 Beautifulsoup 对其进行解析，获取首页中所有电影类别的 URL 后，通过循环遍历每一个 URL，将 URL 传入 list_page 中并调用方法。

新建 run 函数，根据需求不同调用不同的方法。抓取指定类别电影则调用 list_page 方法，指定抓取某部电影则调用 content 方法，全站抓取则调用 main_page。

到这里代码其实已经基本完成了，但是还差最后的写入数据库。

24.2.4 写入数据库

最后写一个连接 mongo 数据库的函数，在详情页中调用这个函数通过遍历的方式插入数据库。

```
from pymongo import MongoClient
import sys
class MGClient(object):
    try:
        uri = "mongodb://127.0.0.1:27017/"              #连接本地MongoDB
        self.c = MongoClient(uri)
    except Exception as e:
        sys.stderr.write("Could not connect to MongoDB: %s" % e)#异常处理
        sys.exit(1)
    def get_mongo_client(self, database="test"):        #建立方法，连接数据库
        dbh = self.c[database]
        return dbh
db=MGClient().get_mongo_client().movie                  #建立数据库连接，创建movie表
```

content 方法最后增加插入数据库。

```
def content(url):
```

```
for i in download_url:
    ……
db.insert(item)
```

至此，全站爬取已经完成，爬虫运行一次就可以爬取全站所有资源。还可以根据不同的需求抓取指定类别或者指定单部电影资源。不过有个问题，如果网站更新了资源，数据会不会重复插入，怎样去重？这个问题，可以思考一下。

第 25 章 综合实战：建立电影小站

前面已经将电影网站爬取了下来，不如接下来建立一个属于自己的电影小站，并把资源分享给朋友。

25.1 搭建项目

这次的目标是建立一个网站，可以分享爬取的各种资源。这个电影小站只算是其中的一个板块。因此项目的搭建还要从宏观和长远出发，方便其他板块的添加。

25.1.1 sqlite 数据库

之前使用的数据库一直都是 MongoDB，而这次搭建的网站过程中需要用到 sqlite 数据库。sqlite 是一个关系行的微型 SQL 数据库，麻雀虽小，五脏俱全。在开始之前可以查看一下电脑中有没有安装 sqlite 数据库、在命令行输入 sqlite3 可以检测。如果没有，可以到 https://www.sqlite.org/download.html 进行下载。Windows 直接下载安装即可使用，Linux 稍微有点麻烦，这里讲解一下。

（1）网址 https://www.sqlite.org/download.html，下载源码 sqlite-autoconf-3250200.tar.gz。

（2）输入命令：

```
$tar xvfz sqlite-autoconf-3071502.tar.gz
$cd sqlite-autoconf-3071502
$./configure --prefix=/usr/local
$make
$make install
```

（3）检查安装结果，命令行输入 sqlite3。

```
leon@leon-F83VF:~/crawler/flask-movie$ sqlite3
SQLite version 3.25.2 2018-09-25 19:08:10
Enter ".help" for usage hints.
Connected to a transient in-memory database.
Use ".open FILENAME" to reopen on a persistent database.
```

这样 Linux 上的安装就完成了。

25.1.2 创建项目

创建项目的步骤如下：

（1）搭建框架，建立电影蓝图。以后还会加入其他板块，电影只是其中一个板块。以后增加的板块可以通过蓝图去添加。

（2）建立电影类别视图函数，从数据库中查询，渲染模板，展示数据，对电影进行分类展示。

（3）建立详情页视图函数，通过电影的 id 进行数据库查询，渲染模板，展示数据。

（4）增加搜索功能，在除了详情函数以外的各电影类别视图函数开头增加搜索查询功能，用 if 条件判断用户是否有进行查询。

这四个步骤将分成几个小节来逐步完成。首先创建一个 flask-movie 的目录，下面各层级为：

```
├── 77kpDB.db
├── 77kp.py
├── app
│   ├── __init__.py
│   ├── models.py
│   ├── movie
│   │   ├── __init__.py
│   │   ├── __pycache__
│   │   │   ├── __init__.cpython-35.pyc
│   │   │   └── view.cpython-35.pyc
│   │   └── view.py
│   ├── __pycache__
│   │   ├── __init__.cpython-35.pyc
│   │   └── models.cpython-35.pyc
│   └── templates
├── config.py
├── manage.py
└── __pycache__
    └── config.cpython-35.pyc
```

77kpDB.db 为存储电影数据的数据文件，之前是存放在 MongoDB 数据库中，现在需要转过来存入 sqlite 数据库。如果觉得转换麻烦，可以使用 77kp.py 爬虫重新爬取，当然插入数据库的代码需要修改为 sqlite。

```
conn = sqlite3.connect('77kpDB.db')
sql = """CREATE TABLE movie( id INT  PRIMARY KEY  autoincrement  ,title text,actor text ,url text ,body text, pic text)"""
conn.execute('DROP TABLE IF EXISTS movie')    #如果存在table则删除
conn.execute(sql)                              #创建table
def content(url):
    ……                                         #省略之前代码
    try:
        conn.execute('INSERT INTO movie(id,title,actor,body,pic,url) \
         VALUES(null,"{title}","{actor}","{body}","{pic}","{url}")'.format(title=item['title'],actor=item['cast'],body=item['story'],pic=None,url=item['chapter']))
    except Exception:
        traceback.print_exc()
        print('faild')
    conn.commit()
```

打开之前的 77kp.py 爬虫，将连接 MongoDB 数据库的代码修改为连接 sqlite 数据库，创建 title、actor、body、pic、URL 字段，修改 content 方法中的插入数据方式。

app 文件夹用来存放应用，即各板块内容分别存放在里面，movie 文件作为单独的一个板，现在只存放 view.py 视图文件，templates 文件存放的是 html 模板。最外层的 manage.py 文件用来启动项目，config 为配置，__init__是存放初始化的，model.py 文件存放数据模型。

25.1.3 通过蓝图建立电影板块

视图函数是进入某个页面时所调用的路由所在的函数。现在需要一个可以访问查看数据库中的电影信息，并具有翻页功能的页面。这次的电影小站是作为网站中的一个板块，需要用到蓝图。蓝图使用起来就像应用中的子应用一样，可以有自己的模板、视图函数、URL 规则、静态文件，蓝图之间互不影响。

（1）在 movie 目录下创建__init__.py 文件。

```
from flask import Blueprint
movie = Blueprint('movie', __name__)        #给 movie 建立，然后可以使用 movie 的路由
```

movie 作为一个独立的包，在__init__.py 后面添加将 movie 写入蓝图。

（2）在 app 目录下创建__init__.py 文件，在 app 中注册 movie 蓝图和建立其他的基本配置。

```
from flask import Flask
from flask_sqlalchemy import SQLAlchemy
from config import config
db = SQLAlchemy()
def create_app(config_name):
    app = Flask(__name__)                                  #创建应用
    app.config.from_object(config[config_name])            #导入配置
    db.init_app(app)                                       #初始化数据库
    from .movie import movie as douban_blueprint
    app.register_blueprint(douban_blueprint)               #注册蓝图
    return app
```

之前只有一个独立文件的时候，创建应用只有 app=Flask(__name__)一行代码。但现在是作为一个比较大的项目，创建 app 需要一个专门的方法 create_app。并且除了创建 app 应用，还要对数据库初始化，注册蓝图。

（3）在 movie 目录下创建 view.py 文件。

```
@movie.route('/movie', methods=['GET', 'POST'])
def movie():
    return 'hello world'                    #返回文字"hello world"
```

这样蓝图 movie 已经注册到蓝图中，可以有自己独立的路由和模板，当然这些会在后面完善。现在项目还不能运行起来，需要配置一下 config.py 和 manage.py 文件。

（4）在最顶层目录/flask-movie 下创建 config.py 文件，用于配置数据库地址和其他密码等。在开发中测试环境、开发环境、生成环境都用自己的一套配置。config.py 文件就是用于存放各种环境的配置，并根据条件进行使用。

```
import os
basedir = os.path.abspath(os.path.dirname(__file__))  #获取路径
class TestingConfig():
```

```
    SQLALCHEMY_DATABASE_URI = 'sqlite:///' + os.path.join(basedir, '77kpDB.db')
#sqlite 数据集所在位置
    config = {
        'test': TestingConfig}                          #导入配置
```

获取数据集所在的位置，其他文件通过 import 方式导入 config.py 文件中的配置。

（5）顶层目录/flask-movie 下创建 manage.py 文件，作为启动服务器的开关，直接运行可以启动服务器。

```
from app import create_app
from flask_script import Manager
app = create_app('test')                    #创建app
manager = Manager(app)                      #使用flask-script管理项目运行
if __name__ == '__main__':
    manager.run()
```

Manager 方法比 app.run() 函数启动服务器更加强大，它可以启动 shell 运行维护任务或测试，还可以调试异常，但是需要先用 pip 命令安装 flask-script。命令行输入：

```
python3 manage.py runserver
```

脚本成功运行。

```
 * Serving Flask app "app" (lazy loading)
 * Environment: production
   WARNING: Do not use the development server in a production environment.
   Use a production WSGI server instead.
 * Debug mode: off
 * Running on http://127.0.0.1:5000/ (Press CTRL+C to quit)
```

浏览器输入：

```
127.0.0.1: 5000/movie
```

网页成功返回"hello world"，项目基本上就算运行起来了，接下来要添加内容，把之前爬回来的数据拿来使用。flask 使用 sqlachemy 实现对象和数据库之间的映射，不需要使用 SQL 语句，直接通过代码来完成对数据库的操作。但 SQL 关系型数据库比 MongoDB 要麻烦一点，需要提前创建表并设置好各字段的属性。在写入过程中如果字段类型不同，会造成写入失败，或者即使写入成功但在 flask 中查询不到。例如，77kp.py 爬虫中如果设置 id 为主键但没设置为自增。写入的时候 id 为 null，在 flask 中通过 query 命令是无法查询到数据的。可以在 flask 的 models.py 中设置字段格式 id 为主键，属性为整型。通过 manager shell 调试插入的数据是有 id 的，能够查询得到。因为自增这个问题会导致在 flask 中根本查询不到爬虫爬回来的数据。而在 MongoDB 中，一切都很简单。

（6）在 app 目录下创建 models.py 文件，建立数据库字段模型。

```
from . import db#通过__init__.py引入db
class Movie(db.Model):
    __tablename__ = 'movie'                 #表明
    """ 建立字段并设置格式"""
    id = db.Column(db.Integer,primary_key = True)#id,自增,主键
    title = db.Column(db.Text)              #标题 文本
    actor = db.Column(db.Text)              #演员 文本
    body = db.Column(db.Text)               #简介 文本
```

```python
    pic = db.Column(db.Text)              #图片url 文本
    url = db.Column(db.Text)              #下载链接文本
    def to_json(self):
        json_movie = {
            'actor': self.actor,
            'title':self.title,
            'body': self.body,
            'url': self.url,
            'pic':self.pic}
        return json_movie
```

建立模型，然后可以通过代码直接进行数据库的操作，可以在 shell 中进行调试，命令行输入：

```
python3 manage.py manager shell
```

进入 shell 操作界面，然后在 shell 中输入以下命令：

```
In [4]: from app.models import Movie    #从 models 引入 Movie 的数据库模型
In [8]: a=Movie.query.first()           #查询数据库中第一条数据
In [9]: a.title                         #获取数据的 title
Out[9]: '路障在线观看'
In [10]: a.body                         #获取数据的内容
Out[10]: '《路障》简介: \n\t\t\t\n\n\t\t\t 导演: Andrew Currie 编剧: Michaelbrent Collings
主演: 朱迪·汤普森 / 艾瑞克·麦柯马克 / Ryan Grantham   类型: 动作制片   国家/地区: 美国   语言: 英语
上映日期: 2012-09-25(美国) IMDb 链接: tt1861279 路障的剧情简介······\u3000\u3000 在妻
子莉 (朱迪·汤普森 Jody Thompson 饰) 去世一年后的圣诞节，年轻有为的医生泰伦斯·赛德 (艾瑞克·麦柯马克 Eric
McCormack 饰) 驱车带着女儿辛希娅 (科娜·德维利 Conner Dwelly 饰) 和儿子杰克 (瑞恩·格莱瑟姆 Ryan
Grantham 饰) 前往位于某个山林腹地的小木屋共度佳节。一路上车马劳顿，加上半路突发的一个小车祸，这些都没有
冲淡孩子们心中对快乐的期待。夜幕降临，辛希娅和杰克，沉沉睡去，泰伦斯物资怀念着妻子生前的种种，可就在此时，
一张恐怖的面孔从窗口一闪而过。\u3000\u3000 在此之后，赛德父子三人时不时会发现奇怪的影像与痕迹，似乎有
某种神秘而未知的东西逡巡在他们的周围。在这个大雪纷飞、信号全无的孤寂所在，最恐怖的经历渐次展开……'
```

如果想查看原来的 SQL 语句，可以将 query 对象字符串化。

```
In [14]: str(Movie.query.filter_by())    #将语句字符串化输出
Out[14]: 'SELECT movie.id AS movie_id, movie.title AS movie_title, movie.actor AS
movie_actor, movie.body AS movie_body, movie.pic AS movie_pic, movie.url AS movie_url
\nFROM movie'
```

输出的就是 SQL 语句。通过这样的方法，view 里的视图函数可以直接查询数据库并使用数据了。

（7）进入 app/movie/view.py 从数据库中查询获取数据并展示数据。

```python
from flask import request,render_template, redirect,url_for
from ..models import Movie
from . import movie                      #引入蓝图路由
@movie.route('/movie', methods=['GET', 'POST'])
def movie():
    page = request.args.get('page',1, type=int)   #传入参数
    pagination = Movie.query.order_by(Movie.title).paginate(
        page,per_page=10,
        error_out=False)                  #查询第一页，每页获取十个对象
    movie = pagination.items              #查询获得所有对象
    a=[]
    for i in movie:
```

```
        a.append(i.title)
    return str(a)                                    #返回电影标题集合
```

运行脚本 python3 manage.py runserver，打开网页 127.0.0.1：5000/movie。

```
['一眉道人在线观看', '人鬼神/灵幻至尊在线观看', '他在那在线观看', '哗鬼旅行团/猛鬼旅行团在线观看
', '妖怪都市在线观看', '新僵尸先生在线观看', '灵女天师之凶宅探秘在线观看', '画皮之阴阳法王在线观看', '
瘦长鬼影在线观看', '第三只眼睛在线观看']
```

数据已经成功输出了，不过只是单纯的文本输出。下一步为建立模板。

25.2 建立模板

整个项目的基本框架已经基本搭建，有了"骨"和"肉"现在需要把"皮"也补上。使用模板，将数据优雅的展示，这就是我们的"皮"。

25.2.1 flask-bootstrap

之前有介绍过 bootstrap 这个大受欢迎的前端框架，其实 flask 有自己的 flask-bootstrap 拓展包。只需要建立基础模板，然后供其他模板进行使用。通过 pip 命令安装 flask-bootstrap。

（1）安装 bootstrap 框架。

```
pip install flask-bootstrap
```

（2）在 flask 中使用 bootstrap 框架，需要打开 app/__init__.py 文件在应用中注册 bootstrap。

```
from flask_bootstrap import Bootstrap
bootstrap = Bootstrap()
def create_app(config_name):
    …...
    bootstrap.init_app(app)
```

app/__init__.py 文件增加 boostrap 框架，这样就可以直接使用 bootstrap 框架的基本模板，而不需要另外再写<scrip>标签去导入 bootstrap 框架。

（3）app 目录下建立新的文件夹 templates，然后在 app/templates 文件中建立基础模板 base.html。flask 所有的模板读取都会默认从 templates 文件夹中进行读取。

```
{% extends "bootstrap/base.html" %}
<!--声明从bootstrap基础模板中延伸-->
{% block title %}Flasky{% endblock %}
<!--重新定义title-->
{% block head %}
{{ super() }}
<!--继承和重新定义head-->
<link rel="shortcut icon" href="{{ url_for('static', filename='favicon.ico') }}" type="image/x-icon">
<link rel="icon" href="{{ url_for('static', filename='favicon.ico') }}" type="image/x-icon">
<link rel="stylesheet" type="text/css" href="{{ url_for('static', filename='styles.css') }}">
{% endblock %}
{% block navbar %}
```

```html
    <div class="container-fluid">
        <div class="row clearfix">
            <div class="col-md-12 column">
                <nav class="navbar navbar-Success" role="navigation">
                    <div class="navbar-header">
                        <button type="button" class="navbar-toggle" data-toggle="collapse" data-target="#bs-example-navbar-collapse-1"> <span class="sr-only">Toggle navigation</span><span class="icon-bar"></span><span class="icon-bar"></span><span class="icon-bar"></span></button> <a class="navbar-brand" href="#">首页</a>
                    </div>
                    <div class="collapse navbar-collapse" id="bs-example-navbar-collapse-1">
                        <ul class="nav navbar-nav">
                            <li class="active">
                                <a href="#">电影版快</a>
                            </li>
                            <li>
                                <a href="#">暂缺</a>
                            </li>
                        </ul>
                        <form class="navbar-form navbar-left" role="search">
                            <div class="form-group">
                                <input type="text" class="form-control" />
                            </div> <button type="submit" class="btn btn-Primary">Submit</button>
                        </form>
                    </div>
                </nav>
            </div>
        </div>
    </div>
{% endblock %}
{% block scripts %}
<!--继承原来的scripts-->
{{ super() }}
{% endblock %}
```

base.html 是从 flask-bootstrap 拓展中延伸出来的基础模板。block 标签定义的元素可以在衍生模板中修改。如果基础模板中有内容，可以通过 super() 来继承获取。base.html 只定义了标题和头部导航条。

（4）修改 app/movie/view.py 文件夹中路由函数，对模板进行渲染。

```python
from flask import request,render_template, redirect,url_for
from ..models import Movie
from . import movie#引入蓝图路由
@movie.route('/movie', methods=['GET', 'POST'])
def movie():
    return render_template('base.html')
```

然后运行：

```
python3 manage.py runserver
```

打开浏览器输入：

```
127.0.0.1:5000/movie
```

得到的效果如图 25-1 所示。

图 25-1　基础模板

25.2.2　电影页面

有了基础模板，把整个网站的基调和风格定下来。然后其他板块无论怎么修改都只是内容和布局的变化。

（1）在 templates 目录下创建新的模板 movie.html。movie.html 模板继承 base.html 的模板基本布局，用作展示电影内容。

```
{% extends "base.html" %}<!--从base.html进行延伸-->
{% block title %}Movie{% endblock %}
{% block content %}<!--重新定义内容-->
<div class="container">
    <div class="row clearfix">
        <div class="col-md-12 column">
            <div class="row">
                {% for movie in movies %}<!--通过遍历循环的方式添加内容-->
                <div class="col-md-4">
                    <div class="thumbnail">
                        <img alt="300x200" src={{movie.pic}} />
                        <div class="caption">
                            <h3>
                                {{movie.title}}
                            </h3>
                            <p>
                                <a class="btn btn-primary" href="#">Action</a> <a class="btn" href="#">Action</a>
                            </p>
                        </div>
                    </div>
                </div>
                {% endfor %}<!--停止循环-->
            </div>
        </div>
    </div>
</div>
    {% block page_content %}{% endblock %}
</div>
{% endblock %}
```

（2）movie.html 模板只是从 base.html 模板延伸，使用 block 标签修改了 content 内容，使用 jinja2 的 for 循环添加内容，内容从 view.py 文件的视图函数通过读取数据库渲染到模板。

```
from flask import request,render_template, redirect,url_for
from . import movie
```

```python
from ..models import Movie
def movie():
    page = request.args.get('page',1, type=int)  #页码
    pagination = Movie.query.order_by(Movie.title).paginate(
        page,per_page=10,
        error_out=False)                         #查询数据
    movies = pagination.items                    #获取数据内容
    return render_template('movie.html',movies=movies,pagination=pagination)#渲染模板
```

通过视图函数 movie 对模板进行渲染，运行服务器后得到效果如图 25-2 所示。

图 25-2　页面效果

视图函数设置每次查询只获取 10 条数据，还需要制作翻页功能来查询更多的数据。翻页的功能需要用到宏，宏类似于 Python 代码中的函数。为了重复使用宏，可以将其单独保存在一个 html 文件中，然后在需要使用的模板中导入。

（3）在 templates 文件夹中创建新的 marcros.html 作为分页宏。

```
{% macro pagination_widget(pagination, endpoint, fragment='') %}<!--创建翻页宏-->
<ul class="pagination">
    <li{% if not pagination.has_prev %} class="disabled"{% endif %}>
    <!--如果处于第一页则按钮失效-->
    <!--向前翻页-->
        <a href="{% if pagination.has_prev %}{{ url_for(endpoint, page=pagination.prev_num, **kwargs) }}{{ fragment }}{% else %}#{% endif %}">
            &laquo;
        </a>
    </li>
    {% for p in pagination.iter_pages() %}   <!--遍历循环生成页码-->
        {% if p %}
            {% if p == pagination.page %}
            <li class="active">
                <a href="{{ url_for(endpoint, page = p, **kwargs) }}{{ fragment }}">{{ p }}</a>
            </li>
            {% else %}
            <li>
                <a href="{{ url_for(endpoint, page = p, **kwargs) }}{{ fragment }}">{{ p }}</a>
            </li>
            {% endif %}
        {% else %}
            <li class="disabled"><a href="#">&hellip;</a></li>
```

```
        {% endif %}
    {% endfor %}
    <li{% if not pagination.has_next %} class="disabled"{% endif %}> <!--如果是最后
一页，下一页功能将失效-->
        <a href="{% if pagination.has_next %}{{ url_for(endpoint, page=pagination.
next_num, **kwargs) }}{{ fragment }}{% else %}#{% endif %}">
            &raquo;
        </a>
    </li>
</ul>
{% endmacro %}
```

建立翻页宏，设置好翻页栏的风格，并根据各种可能条件使按钮生效或者失效。

- "上一页"链接，如果当前为第一页，则使其失效。
- "下一页"链接，如果当前为最后一页，则使其失效。
- 使用 url_for 方法生成链接，endpoint 为路由/movie，"page=p"作为 get 的参数进行翻页。

（4）接下来要在 movie.html 模板中使用翻页宏，实现翻页功能。

```
{% if pagination %}
<div class="pagination">   <!--使用翻页宏，.movie 为路由-->
    {{ macros.pagination_widget(pagination, '.movie') }}
</div>
{% endif %}
```

运行脚本，效果如图 25-3 所示。

图 25-3　翻页导航

```
{{ macros.pagination_widget(pagination, '.movie') }}
```

　　macros.pagination_widget 方法是从 macros.html 模板中调用 pagination_widget 这个函数，而 pagination 和 movie 是两个入参。pagination 是 view.py 文件中的视图函数 movie 传入的数据对象，包含页码和数据内容。在进行翻页的时候，视图函数 movie 通过 get 的请求方式接收了参数 page。参数 page 在视图函数 movie 中是默认为 1，通过接收的参数不同而发生变化。然后进入数据库查询，渲染模板，将数据传入模板，如此循环。

25.2.3　电影分类

　　虽然说已经成功完成将爬回来的电影数据通过页面展示出来，也使用了 bootstrap 框架对页面进行美化。但是不管怎么看，这都还只是一个半成品，还需要精心雕琢。对比其他的电影网站，导航栏上有很多电影分类，而这里却什么都没有，这样一点儿都不专业，所以接下来做电影分类。

（1）修改 content 方法，新增分类的字段。

```
    conn = sqlite3.connect('77kpDB.db')
    sql = """CREATE TABLE movie( id INTEGER  PRIMARY KEY  autoincrement ,title text,actor
text ,url text ,body text, pic text,movietype text)"""      #建立字段，新增 movietype 字段
    conn.execute('DROP TABLE IF EXISTS movie')              #如果存在 table 则删除
    conn.execute(sql)                                        #创建 table
    def content(url):
        ……
        item['type'] = soup.find('div',class_='position w960 fn-clear').find('div',
class_='fn-left').find_all('a')[-2].text              #电影类别
        ……
        try:
            conn.execute('INSERT INTO movie(id,title,actor,body,pic,url,movietype) \
             VALUES(null,"{title}","{actor}","{body}","{pic}","{url}","{movietype}")'.
format(title=item['title'],actor=item['cast'],movietype=item['type'],body=item['story
'],pic=item['pic'],url=str(item['chapter'])))        #写入新增 movietype 字段
        except Exception:
            traceback.print_exc()
            print('faild')
    conn.commit()
```

修改 77kp.py 爬虫中的 content 方法，新增电影分类的字段 movietype。然后运行 77kp.py 重新抓取一遍数据。

（2）然后在基础模板 base.html 修改 block 标签下的 navbar 部分，把电影的类别加上。

```
{% block navbar %}
<div class="container-fluid">
    <div class="row clearfix">
        <div class="col-md-12 column">
            <nav class="navbar navbar-Success" role="navigation">
                <div class="navbar-header">
                    <button type="button" class="navbar-toggle" data-toggle="collapse"
data-target="#bs-example-navbar-collapse-1"> <span class="sr-only">Toggle navigation
</span><span class="icon-bar"></span><span class="icon-bar"></span><span class="icon-
bar"></span></button> <a class="navbar-brand" href="#">首页</a>
                </div>
                <div class="collapse navbar-collapse" id="bs-example-navbar-collapse-1">
                    <ul class="nav navbar-nav">
                        <li class="active">
                            <a href="#">动作片</a>
                        </li>
                        <li>
                            <a href="#">恐怖片</a>
                        </li>
                        <li>
                            <a href="#">喜剧片</a>
                        </li>
                        <li>
                            <a href="#">剧情片</a>
```

```html
                </li>
                <li>
                    <a href="#">科幻片</a>
                </li>
                <li>
                    <a href="#">战争片</a>
                </li>
                <li>
                    <a href="#">纪录片</a>
                </li>
                <li>
                    <a href="./cartoon">动漫</a>
                </li>
                <li>
                    <a href="#">国产剧</a>
                </li>
                <li>
                    <a href="#">日韩剧</a>
                </li>
                <li>
                    <a href="#">欧美剧</a>
                </li>
            </ul>
            <form class="navbar-form navbar-left" role="search">
                <div class="form-group">
                    <input type="text" class="form-control" />
                </div> <button type="submit" class="btn btn-Primary">Submit</button>
            </form>
        </div>
    </nav>
  </div>
 </div>
</div>
{% endblock %}
```

在 base.html 模板，新增电影分类的导航栏，跳转的链接为对应电影类别的路由。如动漫则跳转到./cartoon 路由。其他电影类别暂时不做任何跳转处理。

（3）models.py 模型也要把电影类型的字段 movietype 加上。

```python
class Movie(db.Model):
    ........#之前的字段略
    movietype = db.Column(db.Text)#影片类型文本
    def to_json(self):
        json_movie = {
            'actor': self.actor,
            'title':self.title,
            'body': self.body,
            'url': self.url,
            'pic':self.pic,
            'type':self.movietype}
        return json_movie
```

在原有的模型基础上，新增 movietype 电影类别这个字段，更新数据表的时候就会有这个新字段。

重新启动一下服务器，刷新网页看下最新的效果，如图 25-4 所示。

图 25-4　电影类别

（4）前端已经做好了电影分类，但是这些功能的实现还需要由后端完成。针对每一个类别，需要单独建立一个视图函数，原来的视图函数 movie 可以直接修改为动漫视图函数 cartoon。

```
@movie.route('/movie/cartoon', methods=['GET', 'POST'])
def cartoon():
    endpoint = 'movie.cartoon'                              #路由，传入翻页宏
    page = request.args.get('page',1, type=int)             #页码，默认为1
    pagination = Movie.query.filter_by(movietype='动漫').paginate(
        page,per_page=10,
        error_out=False)                                    #从数据库查询数据，根据movietype进行筛选
    movies = pagination.items                               #获取数据
    return render_template('movie.html',movies=movies,pagination=pagination,e=endpoint)  #渲染模板
```

然后 movie.html 的分页宏也要做变化，endpoint 由原来的固定写死的改成变量。

```
{{ macros.pagination_widget(pagination, e) }}
```

这样在导航栏中点击动漫就可以跳转到动漫页面，翻页的时候也是更新动漫的数据。而其他类型片也按照动漫的视图函数格式，写一个属于自己的视图函数即可，其他 html 已经设置为变量，无须再更改。

```
@movie.route('/movie/cartoon', methods=['GET', 'POST'])
def cartton():
    pass
@movie.route('/movie/action', methods=['GET', 'POST'])
def action():
    pass
@movie.route('/movie/horrible', methods=['GET', 'POST'])
def horrible():
    pass
@movie.route('/movie/science', methods=['GET', 'POST'])
def science():
    pass
@movie.route('/movie/story', methods=['GET', 'POST'])
def story():
    pass
@movie.route('/movie/love', methods=['GET', 'POST'])
def love():
    pass
@movie.route('/movie/war', methods=['GET', 'POST'])
def war():
    pass
@movie.route('/movie/record', methods=['GET', 'POST'])
```

```python
def record():
    pass
@movie.route('/movie/comedy', methods=['GET', 'POST'])
def comedy():
    pass
```

这样把其他类别的电影视图函数加上，就可以实现通过点击类别切换电影类别并且实现翻页功能。

25.2.4 电影详情页

电影分类的列表页已经做好了，现在可以做电影的详情页。需要做一个详情的视图函数，一个电影详情的模板。每一条电影数据中都有一个属于自己的 id，这个 id 在电影分类的列表页中通过视图函数查询已经一起渲染模板了。所以可以在列表页中构建电影详情的 URL，通过点击而调用 view 中的电影详情视图函数查询此电影的数据，然后渲染到电影详情的模板，生成一个全新的电影详情页。

（1）在 view.py 文件中创建一个详情页的视图函数 content。这个函数根据 URL 中传入的 id 在数据库进行查询，如果有，则渲染到模板 moviedetail.html 中，如果无，则直接返回 404 页面。

```python
@movie.route('/movie/<int:id>', methods=['GET', 'POST'])#传入id
def content(id):
    film = Movie.query.get_or_404(id)                    #通过传入的id获取电影数据
    return render_template('moviedetail.html', film=film,url=list(eval(film.url)))
#渲染模板
```

（2）movie.html 之前只展示了电影的名字和图片，没有跳转的功能。因此现在要增加跳转链接，实现跳转。

```html
{% for movie in movies %}<!--通过遍历循环的方式添加内容-->
        <div class="col-md-4">
            <div class="thumbnail">
                <img alt="300x200" src={{movie.pic}} />
                <div class="caption">
                    <h3>
                        {{movie.title}}
                    </h3>
                    <p><!--生成电影详情页的url, 调用content视图函数-->
                        <a class="btn btn-primary" href=/movie/{{movie.id}}>详情</a>
                    </p>
                </div>
            </div>
        </div>
        {% endfor %}
```

在循环中增加按钮，id 通过电影分类视图函数获取，按照详情视图函数 content 的路由构建 URL 进行跳转。

（3）建立电影详情页内容的 moviedetail.html。

```html
{% extends "base.html" %}
{% import "macros.html" as macros %}
<!--从base.html进行延伸-->
<!--从macros.html进行延伸-->
```

```
{% block title %}Movie{% endblock %}
{% block content %}
<div class="container-fluid">
    <div class="row-fluid">
        <div class="span12">
            <h3>
                {{film.title}}
            </h3><img alt="440x440" src={{film.pic}} />
            <h4>
                简介
            </h4>
            <p>{{film.body}}</p>
            <h4>
                演员
            </h4>
            <p>{{film.actor}}</p>
            <div class="row-fluid">
                <div class="span12">
                    <h4>
                        下载链接
                    </h4>
                    <ul>    <!--使用遍历逐一添加下载地址,增加按钮方便下载-->
                        {% for i in url %}
                        <li>
                            {{i.title}}
                            {{i.url}}
                            <a class="btn btn-primary" type="button" href={{i.url}}>下载</a>
                        </li>
                        {%endfor%}
                    </ul>
                </div>
            </div>
        </div>
    </div>
</div>
{% endblock %}
```

电影详情页的效果如图 25-5 所示。

图 25-5　电影详情页

到目前为止，除了单调一点，该有的都有了，功能也实现了。还给用户增加了一个下载按钮，点击就能下载。不过之后会慢慢完善，把整个 html 变得美美哒。

25.2.5 电影搜索页

导航栏里有一个输入框和按钮还空在那里没有使用。这个可以做成搜索栏来使用。用户输入电影名，通过 post 方式传参到视图函数，然后通过正则模糊匹配返回数据渲染 movie.html 模板。由于搜索导航栏每一个电影类别都有，所以每一个视图函数都要添加搜索功能，在原来的代码基础上增加，以 cartton 函数为例，在函数最开始添加代码。

```
@movie.route('/movie/cartoon', methods=['GET', 'POST'])
def cartoon():
    if request.method =='POST':                    #判断条件,如果用户提交了搜索
        searchkey=request.form.get('searchkey')    #提交按钮时输入的关键词
        movies=Movie.query.filter(Movie.title.like('%{searchkey}%'.format(searchkey=searchkey))).all()
                                                   #模糊查询数据库中包含关键词的数据
        return render_template('movie.html',movies=movies)#渲染模板
    …...
```

其他各个电影类别的视图函数也要添加这段代码。否则当你处于其他页面的时候，这个页面是没有搜索功能的，搜索栏只是摆设。

导航栏在 base.html 中，对导航栏的修改只需给输入框命名和对 form 的请求方式进行定义。

```
<!--定义method为post的方式-->
            <form class="navbar-form navbar-left" role="search" method="POST">
                <div class="form-group">
                    <!--输入框命名为searchkey-->
                    <input type="text" name="searchkey" class="form-control" />
                </div> <button type="submit" class="btn btn-Primary">查找</button>
            </form>
```

现在可以在动漫页面进行搜索，可以试一下输入关键字"爱"，然后点击查找按钮，结果如图 25-6 所示。

可能有人会有疑惑，为什么只是对 base.html 做了一点修改，就可以直接展示搜索结果了呢。这里可以解释一下，首先修改 base.html 只是为了把搜索的关键词 searchkey 传入到视图函数之中，让程序知道你要查询的关键词，然后通过关键词查询获得数据结果。这里查询获得的数据结果和之前电影分类返回的数据结果是一样的，就连变量命名也是一样的 movie。然后对模板进行渲染，在这个视图函数下将数据传入 movie.html，得到搜索的结果。得到搜索结果后可以试着点击详情，也是能跳转到详情页的，如图 25-7 所示。

图 25-6 搜索结果

图 25-7 电影详情页

这一章简单地展示了如何从头开始创建一个网站。从电影分类展示到详情展示，再到实现搜索功能，将每一个详细步骤记录下来。使用 Flask 来打造一个属于自己的网页就是这样一个流程，想要展示什么就在 view.py 文件通过视图函数实现。想要对数据库字段进行修改，就在 models.py 模型中直接修改。虽然这个项目是单人开发项目，但也已经使用到了蓝图功能。Flask 的蓝图可以帮助我们在多人开发的模式中各自开发功能，最后合并在一块。

第 26 章 综合实战：磁力搜索

完成了电影板块，发现这个网站的资源不是很多，好多电影都没有下载链接。这种情况下，用户一般点开只能看到空白页面，这样的用户体验就会很差。这时可以开发一个之前爬取的磁力搜索功能，让用户可以通过自己搜索获取下载链接。

26.1 磁力搜索

磁力搜索是指通过输入电影或电视名，搜索与之相关的资源磁力链接。这个功能如果是自己开发，的确有难度，因为不知道其中的实现方式。但是可以用爬虫借别人的网站去搜索。之前做过磁力链接的爬虫，现在也可以用同样的方式做一个磁力搜索的功能。

26.1.1 如何高效爬取

在 coding 之前，先理清思路。上次做的是一个分布式爬虫，由 master 爬虫提供任务，slave 爬虫去爬取。这次需要实现的是即时查询返回，与上次不同，这次是 flask+爬虫，是两者的结合。用户通过搜索关键词启动爬虫爬取另一个磁力搜索，然后把结果写进数据库。爬取的数据不会一次性返回给用户，而是做成分页，每页大概展示十条数据。爬虫爬取的时候，每爬取一个详情页就作为一条数据写进数据库。这样用户不需要等待太长的响应时间，就能看到数据。

内容属于电影一块，所以不需要增加新的蓝图，可以直接使用原来的 movie 蓝图。view 视图函数需要增加一个，用来获取参数，爬虫在函数下调用，使用堵塞的方式，等待响应时间是个问题。让我们先来测试一下使用哪种方式效率最高。

首先用多进程爬虫的方式，写一个测试用的爬虫，只爬取两页，检查最快完成时间需要多少。在之前写过一个爬取磁力链接的爬虫，现在可以把爬虫代码找出来重新改写。

```
def get_url( link):                    #进入列表页，爬取列表页里详情页的url
    start()
def crawl(name):                       #定义协程，搜索关键词
    ......
    get_url()
def start(url,key):                    #爬取详情
    pass
start_time = time.time()
crawl('吸血鬼日记')
```

```
print(time.time()-start_time)                    #查看耗时
```

这里用堵塞的方式去写一个爬虫。爬虫由三个函数组成，crawl、get_url 和 start。

（1）crawl 函数。

```
def crawl(name):                                 #定义协程，搜索关键词
    url = 'https://www.kkcili.com/main-search-kw-%s-px-1-page-1.html' % name
    print(headers['user-agent'])
    res = requests.get(url, headers)             #发送请求
    res.encoding = 'utf-8'                       #修改编码
    soup = BeautifulSoup(res.text, 'html.parser') #解析源代码
    # print(soup)
    # temp=soup.find('ul',class_='pagination col-md-8').find_all('li')[-1].find('a').get('href')
    page = re.findall(r'\d*',
              soup.find('ul', class_='pagination col-md-8').find_all('li')[-1].find('a').get('href').split('-')[
                      -1])[0]                    # 获取页数
    link_lis = ['https://www.kkcili.com/main-search-kw-%s-px-1-page-%s.html' % (name, str(i)) for i in
                  range(1, int(page))]
    pool = ThreadPool(10)                        # 进程池
    pool.map(get_url, link_lis[:2])              #从url列表映射到函数，只爬取两页
    pool.close()
    pool.join()                                  #直到任务完成关闭
```

专门用来搜索关键词，从搜索结果中获取页数，并根据页数重新去生成每一页的 URL。然后通过多进程的方式去调用 get_url 方法，将生成的 URL 逐一映射。

（2）get_url 函数。

```
def get_url( link):#进入列表页，爬取列表页里详情页的url
    key = re.findall(r'kw-(.*?)-px',link)
    #print(link)
    res = requests.get(link, headers)            #发送请求
    soup = BeautifulSoup(res.text, 'html.parser') #解析源代码
    for i in soup.find_all('div', class_='panel-body'):
        item = 'https://www.kkcili.com/' + i.find('a').get('href')#详情页url
        print(item)
        start(item,key)                          #爬取详情页
```

用来爬取每一页中的详情页 URL。进入列表页时有很多个结果，每个结果所对应的页面就是详情页。从 get_url 中获取的详情页通过调用方法 start 爬取详细内容。

（3）start 函数。

```
def start(url,key):
    conn = sqlite3.connect('77kpDB.db')
    headers = {
    'Connection' : 'keep-alive',
    'User-Agent' : 'Mozilla/5.0 (Windows NT 10.0; Win64; x64; rv:58.0) Gecko/20100101 Firefox/58.0',
    }
    try:
        res = requests.get(url,headers,verify=False)
```

```
        res.encoding = 'utf-8'                #修改encoding,不然中文会显示乱码
        soup = BeautifulSoup(res.text,'lxml')
        item={}
        item['download']=soup.find_all('div','container')[5].find('a',class_='btn
btn-sm btn-success').get('href')              #下载链接
        item['name']=soup.find_all('div','container')[3].find('h3').text#电影名
        item2={soup.find_all('div','container')[4].find_all('div',class_='col-xs-
4')[i].find('b').text:soup.find_all('div','container')[4].find_all('div',class_='col-
xs-4')[i].find('span').text for i in range(0,6)}
        item3 =ChainMap(item,item2)
        try:                                  #插入数据库
            conn.execute('INSERT INTO magnet(id,title,filenum,url,activetime,hotindex,
speed,creattime,file,key) \
            VALUES(null,"{title}","{filenum}","{url}","{activetime}","{index}","
{speed}","{creattime}","{file}")'.format(title=item3['name'],
filenum=item3['文件数量'],
creattime=item3['创建时间'],
activetime=item3['活跃时间'],
index=item3['热度指数'],
url=item3['download'],file=item3['文件大小'],speed=item3['连接速度'],key=key))
        except Exception:
            traceback.print_exc()
        print(item3)
        conn.commit()                         #提交到数据库
    except Exception:
        traceback.print_exc()
```

这样爬虫就像从一个点到一个网辐射开来,进行全方位的爬取。详情页数据因为要与 flask 做交互,所以选择使用 sqlite。

(4) 在爬虫开始之前检查是否有表存在。

```
import asyncio
import re
import time
import traceback
from collections import ChainMap
from multiprocessing.dummy import Pool as ThreadPool
import requests
from bs4 import BeautifulSoup
import sqlite3
conn = sqlite3.connect('77kpDB.db')
sql = """CREATE TABLE magnet( id INTEGER  PRIMARY KEY autoincrement ,title
text,filenum INTEGER ,url text ,activetime text,hotindex text,speed text,creattime
text,file text key text )"""                  #建立字段
conn.execute('DROP TABLE IF EXISTS magnet')#如果存在table则删除
conn.execute(sql)                             #创建table
conn.commit()
```

每次进行爬取都会检查是否有表存在，如果有则删除重建。关于这一点的考虑是因为查询是基于即时查询，所以返回的数据也要求使用最新的。假如将数据存放在数据库中，随着时间推移，磁力链接失效等各种情况都有可能发生，后期的运营成本将会大大增加。作为一个练手的项目，出发点都是维护越简单越好。所以每次查询，都选择删除原有的表，建立新的表。

运行脚本，测试只爬取两页的速度，返回结果：

```
176.69367003440857
```

176 秒，也就是说用户点击查询的时候会卡住等待爬虫的运行结果。爬虫去到别的磁力搜索，爬取两页详情页需要的时间是 176 秒。只有这两页爬取结束，才能进行下一步的操作。这是我们完全不能接受的结果，我们的需求是 10 秒之内可以查询到结果。这里必须要做出修改。要把堵塞的方式，改成异步。

Celery 是一个分布式异步消息任务队列，可以将查询爬取两个动作分开进行。用户点击查询以后，马上爬取列表页中的详情 URL，通过队列传输到 Celery，在 Celery 中进行详情爬取并写进数据库。爬取列表页 URL 的速度，修改一下 get_url 方法。

```
def get_url( link):                                    #进入列表页，爬取列表页里详情页的url
    #print(link)
    res = requests.get(link, headers)                  #发送请求
    soup = BeautifulSoup(res.text, 'html.parser')      #解析源代码
    for i in soup.find_all('div', class_='panel-body'):
        item = 'https://www.kkcili.com/' + i.find('a').get('href')#详情页 url
        print(item)
        start(item)#爬取详情页
```

将 start(item)这行代码删除，运行脚本，查看结果：

```
3.8580920696258545
```

爬取两页的速度是三秒多一点。尝试放开两页限制，爬取所有列表页，查看所需时间：

```
13.858158826828003
```

十三秒的时间虽然说有点儿长，但还是可以接受的。如果想要更短的时间，可以限制爬取的页数。大家可能这里会有点儿迷惑，为什么要将 start(item)这行代码注销或删除？删除注销 start(item)的目的是为了模拟出 Celery 的运行状态。searchcrawl.py 爬虫只需要访问每一页的搜索结果，获取所有详情页的 URL。但是详情页的爬取就是 start 方法的运行是不在 searchcrawl.py 爬虫中进行的，而是在 Celery 的后台运行。Start 方法从 searchcrawl 中分离出来。这里把 start(item)删除，可以模拟出这一情景，大概推测出抓取所有详情页 URL 所需要的时间。

26.1.2 建立 Celery 任务

上一节爬取列表页需要大概十三秒的时间，在这十三秒的过程中是不断将详情 URL 传输到 Celery 的 task 中进行后台运行。现在需要在当前目录/movie 新建一个 task 的脚本文件。

1. 建立 movie/searchcrawl_task.py 文件

```
from celery import Celery
import requests
from bs4 import BeautifulSoup
from collections import ChainMap
```

第 26 章 综合实战：磁力搜索

```python
import traceback
import sqlite3
app = Celery('tasks', broker='redis://127.0.0.1:6379//0',backend= 'redis://127.0.0.1:6379//1')                                          #创建Celery实例
@app.task
def start(ur,key):
    conn = sqlite3.connect('77kpDB.db')          #连接数据库
    headers = {
    'Connection' : 'keep-alive',
    'User-Agent' : 'Mozilla/5.0 (Windows NT 10.0; Win64; x64; rv:58.0) Gecko/20100101 Firefox/58.0',
    }                                            #伪装的请求头
    try:
        res = requests.get(url,headers,verify=False)  #发送请求
        res.encoding = 'utf-8'                   #修改encoding，不然中文会显示乱码
        soup = BeautifulSoup(res.text,'lxml')
        item={}
        item['download']=soup.find_all('div','container')[5].find('a',class_='btn btn-sm btn-success').get('href')           #下载链接
        item['name']=soup.find_all('div','container')[3].find('h3').text#电影名
        item2={soup.find_all('div','container')[4].find_all('div',class_='col-xs-4')[i].find('b').text:soup.find_all('div','container')[4].find_all('div',class_='col-xs-4')[i].find('span').text for i in range(0,6)}  #其他信息
        item3 =ChainMap(item,item2)              #合并两个字典
        try:                                     #插入数据
            conn.execute('INSERT INTO magnet(id,title,filenum,url,activetime,hotindex,speed,creattime,file,key) \
                VALUES(null,"{title}","{filenum}","{url}","{activetime}","{index}","{speed}","{creattime}","{file}")'.format(title=item3['name'],filenum=item3['文件数量'],creattime=item3['创建时间'],activetime=item3['活跃时间'],index=item3['热度指数'],url=item3['download'],file=item3['文件大小'],speed=item3['连接速度'],key=key))
        except Exception:
            traceback.print_exc()
        print(item3)
        conn.commit()                            #提交数据库
    except Exception:
        traceback.print_exc()
```

连接本地 sqlite 数据库和 Redis 数据库，创建 Celery 实例。Start 函数作为任务 task 从 Celery 队列中获取任务 URL 进行详情页爬取并将清洗后但数据写入 sqlite 数据库中。

searchcrawl_task.py 只有一个 start 函数，专门用来爬取详情页内容并写进数据库。

2. 对 movie/searchcrawl.py 爬虫进行部分修改

```python
from searchcrawl_task import start
```

```python
def get_url(link):                              #进入列表页，爬取列表页里详情页的url
    #print(link)
    res = requests.get(link, headers)           #发送请求
    soup = BeautifulSoup(res.text, 'html.parser')#解析源代码
    for i in soup.find_all('div', class_='panel-body'):
        item = 'https://www.kkcili.com/' + i.find('a').get('href')#详情页url
        print(item)
        start.delay(item)                       #爬取详情页
```

新增加了 searchcrawl_task.py 爬虫，通过装饰器 app.task 将 start 函数注册为 task。然后在 searchcrawl.py 爬虫中导入这个任务，并将详情 URL 传输到 Celery 后台中执行爬取。注意，这里一定要将原来 searchcrawl.py 爬虫中的 start 函数删除或者注释掉，使用从 searchcrawl_task.py 爬虫引入的 start 函数。

```
searchcrawl.py
def start(url,key):
    conn = sqlite3.connect('77kpDB.db')
    headers = {
    'Connection' : 'keep-alive',
    'User-Agent' : 'Mozilla/5.0 (Windows NT 10.0; Win64; x64; rv:58.0) Gecko/20100101 Firefox/58.0',
    }
    try:
        res = requests.get(url,headers,verify=False)
        res.encoding = 'utf-8'                  #修改encoding，不然中文会显示乱码
        soup = BeautifulSoup(res.text,'lxml')
        item={}
        item['download']=soup.find_all('div','container')[5].find('a',class_='btn btn-sm btn-success').get('href')           #下载链接
        item['name']=soup.find_all('div','container')[3].find('h3').text#电影名
        item2={soup.find_all('div','container')[4].find_all('div',class_='col-xs-4')[i].find('b').text:soup.find_all('div','container')[4].find_all('div',class_='col-xs-4')[i].find('span').text for i in range(0,6)}
        item3 =ChainMap(item,item2)
        try:                                    #插入数据库
            conn.execute('INSERT INTO magnet(id,title,filenum,url,activetime,hotindex,speed,creattime,file,key) \
                VALUES(null,"{title}","{filenum}","{url}","{activetime}","{index}","{speed}","{creattime}","{file}")'.format(title=item3['name'],
                filenum=item3['文件数量'],
                creattime=item3['创建时间'],
                activetime=item3['活跃时间'],
                index=item3['热度指数'],
                url=item3['download'],file=item3['文件大小'],speed=item3['连接速度'],key=key))
        except Exception:
            traceback.print_exc()
```

```
            print(item3)
            conn.commit()#提交到数据库
    except Exception:
        traceback.print_exc()
```

3. Celery 使用 Redis 做存储，在运行 Celery 之前要确认 Redis 服务端已经运行

输入命令：

```
celery -A searchcrawl_task worker --loglevel=info
```

如果运行失败可以尝试：

```
celery -A app.movie.searchcrawl_task worker --loglevel=info
```

成功运行 Celery 后输出为：

```
 -------------- celery@DESKTOP-16G2IT2 v4.2.1 (windowlicker)
---- **** -----
--- * ***  * -- Linux-4.4.0-17134-Microsoft-x86_64-with-Ubuntu-14.04-trusty 2018-
10-11 21:40:57
-- * - **** ---
- ** ---------- [config]
- ** ---------- .> app:         tasks:0x7f27660439b0
- ** ---------- .> transport:   redis://127.0.0.1:6379//0
- ** ---------- .> results:     redis://127.0.0.1:6379//1
- *** --- * --- .> concurrency: 4 (prefork)
-- ******* ---- .> task events: OFF (enable -E to monitor tasks in this worker)
--- ***** -----
 -------------- [queues]
                .> celery           exchange=celery(direct) key=celery
[tasks]
  . searchcrawl_task.start
```

这里可以看到 searchcrawl_task 这个 task 已经处于待命状态，运行：

```
python3 searchcrawl.py
```

脚本运行就会把任务存入到 Redis 中，searchcrawl_task 就会执行任务。每一个详情 URL 都会作为单个任务在 Celery 中执行，执行结束会返回执行使用的时间。平均每个 URL 的爬取在 1～2s 之间。

```
 [2018-10-11 21:43:35,883: WARNING/ForkPoolWorker-3] ChainMap({'name': '[破烂熊][吸血鬼日记.The.Vampire.Diaries.S06E02].rmvb', 'download': 'magnet:?xt=urn:btih:0e40af769ce64672556eb3dd6c7f52ea33a18956&dn=[破烂熊][吸血鬼日记.The.Vampire.Diaries.S06E02].rmvb'}, {'活跃时间': '2018-10-11', '文件数量': '0', '热度指数': '17 ° C', '创建时间': '2018-02-18', '文件大小': '0.16GB', '连接速度': '很快'})
 [2018-10-11 21:43:35,947: INFO/ForkPoolWorker-3] Task searchcrawl_task.start[1f87d0d3-4b91-47ea-95d3-1848ca5f5ec1] succeeded in 2.6625890000000254s: None
```

到这里已经成功完成了爬取磁力链接的分布式爬虫。searchcrawl.py 爬虫负责爬取指定关键词搜索结果列表页中每一页的详情页跳转 URL，通过 Celery 传递到 searchcrawl_task.py 爬虫中执行详情页的爬取。现在数据已经被成功写入数据库，接下来要在 view 视图函数读取数据并展示到前端页面中。

26.2 Web 部分

爬虫部分通过 Celery 分布式队列任务去完成。接下来可以进行 Web 部分的功能开发，将爬虫和 flask 结合起来，然后前端展示数据。

26.2.1 建立模型

flask 通过 sqlalchemy 读写数据库要先通过 models 建立数据模型，即使你已经通过运行爬虫，建立了数据表。但是没有在 models 建立模型的话，还是无法在 flask 中正常读取数据并展示。

（1）在 /app/models.py 模型文件新增类 Magnet。

```
class Magnet(db.Model):
    __tablename__ = 'magnet'                                  #表名
    """ 建立字段并设置格式 """
    id = db.Column(db.Integer,primary_key = True)             #id，自增，主键
    title = db.Column(db.Text)                                #标题 文本
    filenum = db.Column(db.Integer)                           #文件数量 整型
    activetime = db.Column(db.Text)                           #活跃时间 文本
    hotindex = db.Column(db.Text)                             #热度指数 文本
    url = db.Column(db.Text)                                  #下载链接 文本
    speed = db.Column(db.Text)                                #速度 文本
    creattime = db.Column(db.Text)                            #创建时间 文本
    file = db.Column(db.Text)                                 #文件大小 文本
    key = db.Column(db.Text)                                  #搜索关键词
```

（2）运行 python manage.py shell 来测试一下是否能查询到数据。

```
>>> from app.models import Magnet
>>> Magnet.query.all()
[<Magnet 1>, <Magnet 2>, <Magnet 3>, <Magnet 4>, <Magnet 5>, <Magnet 6>, <Magnet 7>, <Magnet 8>, <Magnet 9>, <Magnet 10>]
>>> Magnet.query.first().title
'[破烂熊][吸血鬼日记.The.Vampire.Diaries.S06E02].rmvb'
>>>
```

可以看到通过 query.all() 的方法查询到数据库中已经存在 10 条数据。再使用 query.first().title 方法获取第一条数据的标题是 '[破烂熊][吸血鬼日记.The.Vampire.Diaries.S06E02].rmvb'，证明 Magnet 的数据库模型已经建立并生效。

26.2.2 视图函数

完成这个功能需用到两个视图函数，一个负责搜索，另一个负责展示数据，可以共用一个模板。通过 jinja2 的 if 语法条件来控制隐藏和展示数据。

（1）在 movie 下建立 view.py 文件。

```
from .searchcrawl import crawl
@movie.route('/movie/search/', methods=['GET', 'POST'])
def search():
    if request.args.get('searchkey'):                         #通过 get 的方法获取 searchkey
        searchkey=request.args.get('searchkey')
        print(searchkey)
```

第26章 综合实战：磁力搜索

```
        crawl(searchkey)                                      #调用爬虫
        time.sleep(5)                                         #等待结果
        return redirect(url_for('movie.searchkey',searchkey=searchkey))#跳转到数据展示
函数
    return render_template('magnetsearch.html')               #默认渲染模板
```

建立 search 的视图函数，当用户请求/movie/search/这个路由的时候，默认跳转到一个搜索页面。如果用户通过搜索栏搜索关键词，则会将用户通过 GET 方法传进来的关键词作为入参调用爬虫 crawl()进行爬取，然后跳转到路由 movie.searchkey，searchkey 也作为参数传递过去。movie.searchkey 是一个新的路由，对应 searchkey 视图函数，用作数据展示。

（2）在/templates 下新建 magnetsearch.html 模板作为搜索页面。

```
{% block content %}
<!--重新定义内容-->
    <div class="container-fluid">
    <div class="row clearfix">
        <div class="col-md-12 column">
            <div class="page-header">
                <h1>
                    磁力搜索 <small>寻你所爱</small>
                </h1>
            </div>
        </div>
    </div>
</div>
{% if not searchresults %}
<!--没有数据时候展示搜索框-->
    <div class="container-fluid">
        <div class="row">
            <div class="col-md-6">
                <form class="navbar-form navbar-right" role="search" method="GET">
                    <div class="input-group">
                        <input   type="text"   class="form-control"   name="searchkey"
placeholder="请输入检索关键字">
                        <span class="input-group-btn">
                            <button class="btn btn-primary">检索</button>
                        </span>
                    </div>
                </form>
            </div>
        </div>
    </div>
{% endif %}
{% endblock %}
```

访问 127.0.0.1/search，效果如图 26-1 所示。

这时候搜索的话会报错，因为还差一个展示用的视图函数和 html 界面。

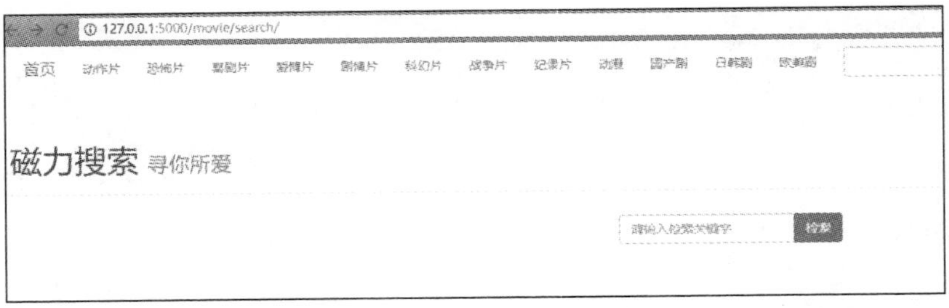

图 26-1　磁力搜索界面

（3）在 movie/view.py 文件下新增视图函数 searchkey。

```
@movie.route('/movie/searchresult/<searchkey>', methods=['GET', 'POST'])
def searchkey(searchkey):
        print(searchkey)
        searchresults = Magnet.query.filter_by(key=searchkey).all()#数据库查询
        return render_template('magnetsearch.html',searchresults=searchresults,
searchkey=searchkey)#返回数据
```

这里设置得比较简单，没有分页，每刷新一次就去数据库中查询返回这次搜索的所有数据。手动刷新比较麻烦，可以在前端页面加一个刷新的按钮。入参增加一个 searchkey 方便重构 URL 刷新。搜索和展示都共用一个 magnetsearch.html 模板。

（4）修改 templages/magnetsearch.html 模板，增加条件判断展示搜索结果。

```
<div class="container">
    <div class="row clearfix">
        <div class="col-md-12 column">
            <table class="table">
                {% if searchresults %}
                <a class="btn btn-primary" type="button" href='/movie/searchresult/
{{searchkey}}'>刷新</a>
                <thead>
                    <tr>
                        <th>
                            id
                        </th>
                        <th>
                            标题
                        </th>
                        <th>
                            下载链接
                        </th>
                        <th>
                            文件大小
                        </th>
                    </tr>
                </thead>
                {% endif %}
                <tbody>
                {% for searchresul in searchresults %}
                    <tr class="success">
                        <td>
```

```html
                                {{searchresul.id}}
                            </td>
                            <td>
                                {{searchresul.title}}
                            </td>
                            <td>
                                {{searchresul.url}}
                                <a class="btn btn-primary" type="button" href={{searchresul.url}}>下载</a>
                            </td>
                            <td>
                                {{searchresul.file}}
                            </td>
                        </tr>
                    {% endfor %}
                </tbody>
            </table>
        </div>
    </div>
</div>
```

重新运行服务器，进入到 search 界面，搜索关键词。然后它就会跳转到数据展示的界面，如图 26-2 所示。

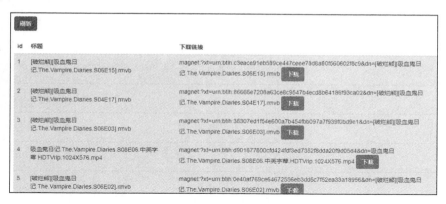

图 26-2　数据展示

不过这里少了一个返回搜索页面的按键，可以在刷新按钮旁边加上这个功能。

```html
<a class="btn btn-success" type="button" href='/movie/search/'>返回</a>
```

然后点击返回的时候就可以重新返回上一次的搜索界面。在数据展示界面你可以发现，搜索界面已经被隐藏。同时在搜索界面下的表格也是处于隐藏状态的。

26.2.3　关于产品

爬虫是一个采集数据的工具，但爬虫的终点是产品。学会使用爬虫，爬取想要的数据是最初的出发点。但是随着时间的推移，需求从获取数据来满足自己到做一个产品出来为大家服务。所以需求变得越来越难、变得越来越复杂，使用到的技术也越来越多，并且不再局限于爬虫，还涉及 Web 开发、前端开发。用爬虫爬取数据变成制作基于爬虫技术的产品。只做爬虫不是说不好，如何爬取更难的网站，如何一天之内爬取 1000 万+数据，这些都是值得钻研的问题。但是做产品，可以接触更多的技术和语言，可以站在更宏观的角度去看待问题。思考的方式，也是从纯技术的角度转变为用户的角度，如何做这个功能让用户更方便，提高用户的愉悦感和舒适感。仅从技术的角度出发，我们甚至不需要界面，只要一个命令行就能够完成所有的工作。

我们的工作不只是爬取数据，展示数据才能够展现数据的价值。存放在数据库中的数据，只是一堆字符罢了。所以做好数据展示的工作，直接决定了之前的数据抓取是否有意义。